全国监理工程师职业资格考试一本通

陈江潮　丛书主编

建设工程合同管理一本通

王竹梅　主编

中国建筑工业出版社

图书在版编目（CIP）数据

建设工程合同管理一本通 / 王竹梅主编. — 北京：
中国建筑工业出版社，2023.2
全国监理工程师职业资格考试一本通 / 陈江潮主编
ISBN 978-7-112-28433-7

Ⅰ. ①建…　Ⅱ. ①王…　Ⅲ. ①建筑工程-经济合同-
管理-资格考试-自学参考资料　Ⅳ. ①TU723.1

中国国家版本馆 CIP 数据核字（2023）第 036628 号

责任编辑：朱晓瑜
文字编辑：李闻智
责任校对：张惠雯

全国监理工程师职业资格考试一本通
陈江潮　丛书主编
建设工程合同管理一本通
王竹梅　主编
*
中国建筑工业出版社出版、发行（北京海淀三里河路9号）
各地新华书店、建筑书店经销
北京鸿文瀚海文化传媒有限公司制版
天津安泰印刷有限公司印刷
*
开本：787 毫米×1092 毫米　1/16　印张：17　字数：421 千字
2023 年 3 月第一版　2023 年 3 月第一次印刷
定价：**55.00** 元
ISBN 978-7-112-28433-7
（40846）

前　言

一、监理工程师相关规定

为确保建设工程质量，保护人民生命和财产安全，充分发挥监理工程师对施工质量、建设工期和建设资金使用等方面的监督作用，《中华人民共和国建筑法》《建设工程质量管理条例》《监理工程师职业资格制度规定》《监理工程师职业资格考试实施办法》等有关法律法规和国家职业资格制度对建设工程监理作出了相关规定。

下列建设工程必须实行监理：

(1) 国家重点建设工程；

(2) 大中型公用事业工程；

(3) 成片开发建设的住宅小区工程；

(4) 利用外国政府或者国际组织贷款、援助资金的工程；

(5) 国家规定必须实行监理的其他工程。

国家设置监理工程师准入类职业资格，纳入国家职业资格目录，凡从事工程监理活动的单位，应当配备监理工程师。

二、报名条件

凡遵守中华人民共和国宪法、法律、法规，具有良好的业务素质和道德品行，具备下列条件之一者，可以申请参加监理工程师职业资格考试：

(1) 具有各工程大类专业大学专科学历（或高等职业教育），从事工程施工、监理、设计等业务工作满4年；

(2) 具有工学、管理科学与工程类专业大学本科学历或学位，从事工程施工、监理、设计等业务工作满3年；

(3) 具有工学、管理科学与工程一级学科硕士学位或专业学位，从事工程施工、监理、设计等业务工作满2年；

(4) 具有工学、管理科学与工程一级学科博士学位。

2022年继续在北京、上海开展提高监理工程师职业资格考试报名条件试点工作，试点专业为土木建筑工程专业，试点地区报考人员应当具有大学本科及以上学历或学位。原参加2019年度监理工程师职业资格考试，学历为大专及以下，且具有有效期内科目合格成绩的人员，可以在试点地区继续报名参加考试。

已取得监理工程师一种专业职业资格证书的人员，报名参加其他专业科目考试的，可免考基础科目。考试合格后，核发人力资源和社会保障部门统一印制的相应专业考试合格证明。该证明作为注册时增加执业专业类别的依据。

具备以下条件之一的，参加监理工程师职业资格考试可免考基础科目：

(1) 已取得公路水运工程监理工程师资格证书；

(2) 已取得水利工程建设监理工程师资格证书。

三、丛书介绍

《全国监理工程师职业资格考试一本通》系列丛书由当前一线监理工程师职业培训教学名师编写。针对监理工程师职业资格考试备考时间紧、记忆难、压力大的客观实际情况，依据最新版考试大纲、命题特点和考试辅导教材，集合行业、培训优势与教学、科研经验，将经过高度凝练、整合、总结的高频考点，通过简单明了的编排方式呈现出来，以满足考生高效备考的需求。

全书在编写过程中力求将复习内容抽丝剥茧，在教师多年教学和培训的基础上开发出全新体系。全书通过分析核心考点、提炼主要知识点、经典题型训练三个层次，为考生搭建系统、清晰的知识架构，对各门课程的核心考点、考题设计等进行全面的梳理和剖析，使考生能够站在系统、整体的角度学习考试内容。通过本系列丛书的学习和训练，使考生能够夯实基础，强化应试能力。此外，丛书针对主要知识点及考核要点，通过图表、口诀、对比分析等方法帮助考生快速准确掌握。本书辅以线上交流平台，通过抖音、微信群等多种学习交流平台方便考生学习交流，高效完成备考工作。

《全国监理工程师职业资格考试一本通》系列丛书的各册编写人员如下：

《建设工程监理基本理论和相关法规一本通》唐忍

《建设工程合同管理一本通》王竹梅

《建设工程目标控制（土木建筑工程）一本通》李娜

《建设工程监理案例分析（土木建筑工程）一本通》陈江潮　董宝平

本系列丛书在编写、出版过程中，得到了诸多专家学者的指点帮助，在此表示衷心感谢！由于时间仓促、水平有限，虽经仔细推敲和多次校核，书中难免出现纰漏和瑕疵，敬请广大考生、读者批评和指正。

目　录

2020～2022 年知识点分值分布统计 ……………………………………… 1

第一章　建设工程合同管理法律制度 …………………………………… 2
　　第一节　合同管理任务和方法 ……………………………………… 2
　　第二节　合同管理相关法律基础 …………………………………… 7
　　第三节　合同担保 …………………………………………………… 16
　　第四节　工程保险 …………………………………………………… 26
　　本章精选习题 ………………………………………………………… 31
　　习题答案及解析 ……………………………………………………… 36

第二章　建设工程勘察设计招标 ………………………………………… 41
　　第一节　工程勘察设计招标特征及方式 …………………………… 41
　　第二节　工程勘察设计招标主要工作内容 ………………………… 45
　　第三节　工程勘察设计开标和评标 ………………………………… 54
　　本章精选习题 ………………………………………………………… 60
　　习题答案及解析 ……………………………………………………… 63

第三章　建设工程施工招标及工程总承包招标 ………………………… 66
　　第一节　工程施工招标方式和程序 ………………………………… 66
　　第二节　投标人资格审查 …………………………………………… 78
　　第三节　施工评标办法 ……………………………………………… 82
　　第四节　工程总承包招标 …………………………………………… 87
　　本章精选习题 ………………………………………………………… 90
　　习题答案及解析 ……………………………………………………… 94

第四章　建设工程材料设备采购招标 …………………………………… 98
　　第一节　材料设备采购招标特点及报价方式 ……………………… 98
　　第二节　材料采购招标 ……………………………………………… 103
　　第三节　设备采购招标 ……………………………………………… 109
　　本章精选习题 ………………………………………………………… 113
　　习题答案及解析 ……………………………………………………… 115

第五章　建设工程勘察设计合同管理 ································· 118
　第一节　工程勘察合同订立和履行管理 ···························· 118
　第二节　工程设计合同订立和履行管理 ···························· 130
　本章精选习题 ··· 132
　习题答案及解析 ··· 135

第六章　建设工程施工合同管理 ····································· 137
　第一节　施工合同标准文本 ·· 137
　第二节　施工合同有关各方管理职责 ······························ 142
　第三节　施工合同订立 ·· 144
　第四节　施工合同履行管理 ·· 154
　本章精选习题 ··· 182
　习题答案及解析 ··· 188

第七章　建设工程总承包合同管理 ·································· 193
　第一节　工程总承包合同特点 ······································· 194
　第二节　工程总承包合同有关各方管理职责 ····················· 195
　第三节　工程总承包合同订立 ······································· 197
　第四节　工程总承包合同履行管理 ································· 203
　本章精选习题 ··· 212
　习题答案及解析 ··· 216

第八章　建设工程材料设备采购合同管理 ························· 219
　第一节　材料设备采购合同特点及分类 ···························· 219
　第二节　材料采购合同履行管理 ····································· 223
　第三节　设备采购合同履行管理 ····································· 228
　本章精选习题 ··· 236
　习题答案及解析 ··· 238

第九章　国际工程常用合同文本 ····································· 240
　第一节　FIDIC 施工合同条件 ······································· 241
　第二节　FIDIC 设计采购施工（EPC）/交钥匙工程合同条件 ···· 245
　第三节　NEC 施工合同（ECC）及合作伙伴管理 ················ 250
　第四节　AIA 系列合同及 CM 和 IPD 合同模式 ················· 254
　本章精选习题 ··· 259
　习题答案及解析 ··· 262

2020～2022 年知识点分值分布统计

2020～2022 年知识点分值分布统计表

知识点所在章节	2020 年	2021 年	2022 年上半年	2022 年下半年
第一章　建设工程合同管理法律制度	11	11	8	11
第二章　建设工程勘察设计招标	7	8	10	7
第三章　建设工程施工招标及工程总承包招标	14	18	15	17
第四章　建设工程材料设备采购招标	9	11	8	6
第五章　建设工程勘察设计合同管理	10	12	14	13
第六章　建设工程施工合同管理	29	23	22	19
第七章　建设工程总承包合同管理	8	12	13	17
第八章　建设工程材料设备采购合同管理	12	8	13	12
第九章　国际工程常用合同文本	10	7	7	8
合计	110	110	110	110

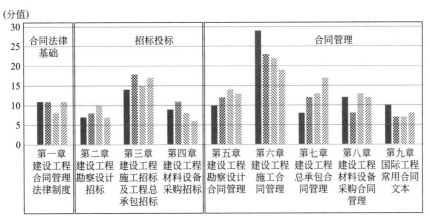

2020～2022 年知识点分值分布统计图

第一章　建设工程合同管理法律制度

本章内容框架及知识点分值分布如表 1-1、图 1-1 所示。

本章内容框架及知识点分值分布　　　　表 1-1

知识点分布	2020 年			2021 年			2022 年上半年			2022 年下半年		
	单选（道）	多选（道）	分值	单选（道）	多选（道）	分值	单选（道）	多选（道）	分值	单选（道）	多选（道）	分值
合同管理任务和方法	2	1	4		1	2		1	2	1	2	5
合同管理相关法律基础		1	2		1	2		1	2	1	1	3
合同担保	2		2	2	1	4	2		2	1		1
工程保险	1	1	3	1	1	3		1	2		1	2
合计	5	3	11	3	4	11	2	23	8	3	4	11

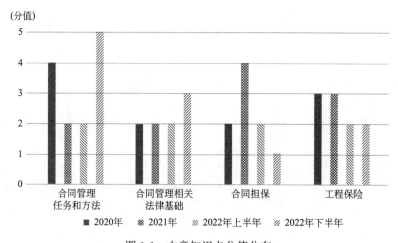

图 1-1　本章知识点分值分布

第一节　合同管理任务和方法

知识点一：合同管理的目标及作用

1. 建设工程合同管理的目标

建设工程合同管理在招标采购、合同签订及履行阶段的目标如表 1-2 所示。

建设工程两大阶段合同管理的目标　　　　　　　　　　　　　　表 1-2

阶段	目标
招标采购阶段	①开展建设工程项目招标采购的总体策划(招标策划) ②根据标准文本编制招标文件和合同条件(标准文本) ③细化项目参建各相关方的合同界面管理(界面划分) ④合理选择适合建设工程特点的合同计价方式(计价方式)
合同签订及履行阶段	①组织做好合同评审工作 ②制定完善的合同管理制度和实施计划 ③落实细化合同交底工作 ④及时进行合同跟踪诊断和纠偏(PDCA 循环) ⑤灵活规范应对处理合同变更问题 ⑥开发和应用信息化合同管理系统 ⑦正确处理合同履行中的索赔和争议 ⑧开展合同管理评价与经验教训总结 ⑨构建合同各方合作共赢机制

2. 合同标准示范文本的作用

① 确保招标和合同文件中的内容符合法律法规的要求。

② 可以帮助当事人正确拟定招标和合同文件条款,保证各项内容的完整性和准确性,避免缺款漏项,防止出现显失公平的条款,保证交易安全。

> **易错点辨析:**是降低交易成本,不是降低合同价格

③ 有助于降低**交易成本**,提高交易效率。

④ 有利于保证当事人履行合同的规范和顺畅。

⑤ 有利于对合同的审计和监督。

⑥ 有助于仲裁机构或人民法院裁判纠纷。

3. 合同界面划分

① 工作范围界面;

② 风险界面;

③ 组织界面;

④ 费用界面;

⑤ 进度界面。

【例题 1】我国工程建设领域推行标准招标合同文件,当事人选用标准合同文本将有利于(　　　)。(2022 年上半年考试真题)

A. 降低合同价格　　　　　　　　　　　B. 避免条款缺项漏项

C. 提高交易效率　　　　　　　　　　　D. 审计监督合同

E. 确保条款符合法规要求

【答案】BCDE

【解析】本题考查采用标准文本的作用。选项 A,是降低交易成本,不是降低合同价格。

【例题 2】建设工程招标采购阶段管理工作的主要内容有(　　　)。(2022 年下半年考试真题)

A. 编制项目建议书

B. 进行招标采购工作总体策划

C. 论证可行性研究报告

D. 编制招标文件和合同条件

E. 选择适合的合同计价方式

【答案】BDE

【解析】选项 A、C 属于招标采购前的管理工作。

【例题 3】以下（　　）是招标采购阶段的合同管理的内容。

A. 开展项目招标采购的总体策划

B. 落实细化合同交底工作

C. 根据标准文本编制招标文件和合同条件

D. 合理选择合同计价方式

E. 灵活规范应对处理合同变更

【答案】ACD

【解析】选项 B、E 是合同签订及履行阶段的合同管理的目标。

知识点二：合同计价方式

分别有单价合同、总价合同和成本加酬金合同，如图 1-2、表 1-3 所示。

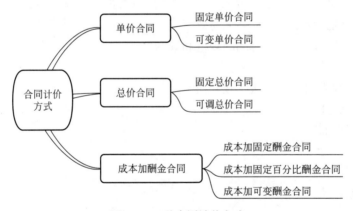

图 1-2　三种合同计价方式

合同计价方式的特点及适用范围　　　　表 1-3

分类		量的风险	价的风险	风险分担	特点	适用范围
单价合同	固定单价合同	发包人	承包人	价和量方面的风险分配对合同双方公平	优点： 工程款＝实际发生工程量×约定的单价 可缩短招标投标时间，有利于尽早开工 缺点： 实际工程款可能超过估算，控制投资难度较大	①适用于在发包时工程内容和工程量尚不能确定的情况 ②适合于工期较短、工作内容和工程量变化幅度不大的项目
	可变单价合同	发包人	发包人、承包人分担			

分类		量的风险	价的风险	风险分担	特点	适用范围
总价合同	固定总价合同	承包人	承包人	承包商几乎承担了工作量及价格变动的全部风险，业主承担的风险较小		适用于施工期限一年左右的项目
	可调总价合同	承包人	发包人、承包人分担	市场价格变动等风险由业主承担，降低承包商的风险		适用于建设周期一年半以上的工程项目
成本加酬金合同		发包人	发包人	价格变化或工程量变化的风险基本都由业主承担	承包商利润有保证，但承包商往往缺乏降低成本的激励，还可能通过提高工程成本而增加自身利润，不利于业主的投资控制	通常适用于工程复杂，工程技术、结构方案难以预先确定，时间特别紧迫（如抢险救灾）的项目

【例题1】 不同合同计价方式下承包商的风险不同，承包商的合同风险从大到小排序正确的是（　　）。（2022年下半年考试真题）

A. 总价合同—可变单价合同—固定单价合同—成本加酬金合同

B. 总价合同—固定单价合同—可变单价合同—成本加酬金合同

C. 成本加酬金合同—可变单价合同—总价合同—固定单价合同

D. 成本加酬金合同—固定单价合同—可变单价合同—总价合同

【答案】 B

【解析】 不同合同计价方式下承包商的风险从大到小排序为：总价合同（固定＞可调）＞单价合同（固定＞可变）＞成本加酬金合同。

【例题2】 与单价合同相比，固定总价合同的特点有（　　）。（2021年真题）

A. 适用于地下条件复杂的工程　　　　B. 适用于时间特别紧迫的工程

C. 业主控制投资的难度大　　　　　　D. 承包商承担价格变化的风险较大

E. 对承包商准确预估工程量的要求高

【答案】 DE

【解析】 本题考查招标采购阶段的管理任务和方法。选项A、B错误，固定总价合同一般适用于工程范围和任务明确，工程设计图纸完整详细，承包商了解现场条件、能确定工程量及施工计划，施工期较短、价格波动不大的项目；选项C错误，承包商在报价时应对价格变动因素以及不可预见因素进行充分估计。对业主而言，在合同签订时就可以基本确定项目总投资额，有利于投资控制。

知识点三：合同评审、实施、变更、索赔等相关规定

1. 合同评审、合同实施计划、合同交底、合同跟踪诊断和纠偏

具体内容如表1-4所示。

合同评审、合同实施计划、合同交底、合同跟踪诊断和纠偏的具体内容　　表1-4

项目	具体内容
合同评审	①合法性、合规性评审 ②合理性、可行性评审 ③合同严密性、完整性评审 ④与产品或过程有关要求的评审 ⑤合同风险评估
合同实施计划	①合同实施总体安排 ②合同分解与管理策划 ③合同实施保证体系的建立
合同交底	①合同的主要内容 ②合同订立过程中的特殊问题及待定问题 ③合同实施计划及责任分配 ④合同实施的主要风险 ⑤其他应进行交底的合同事项
合同跟踪诊断和纠偏	PDCA循环（计划—执行—检查—处置）

2. 合同变更的条件

① 变更的内容应符合合同约定或者法律法规规定。变更超过原设计标准或批准标准时，应办理变更审批手续。

② 变更或变更异议的提出，应符合合同约定或者法律法规规定的程序和期限。

③ 变更应经当事方或其授权人员签字或盖章后实施。

④ 变更对合同价格及工期有影响时，相应调整合同价格和工期。

3. 合同索赔的条件

① 索赔应依据合同约定提出。

② 应全面、完整地收集和整理索赔资料。

③ 索赔意向通知及索赔报告应按照约定或法定的程序和期限提出。

④ 索赔报告应说明索赔理由，提出索赔金额及工期。

【例题1】建设工程合同订立时评审的主要内容有（　　）。（2022年下半年考试真题）

A. 合法合规性评审　　　　　　B. 投资效益评审

C. 合同完整性评审　　　　　　D. 合同风险评估

E. 合同履行后评估

【答案】ACD

【解析】本题考查合同评审的内容。

【例题2】大中型建设工程设计变更超过原设计标准或批准标准时，正确的处理方式为（　　）。（2020年真题）

A. 业主根据变更重新与承包商签订合同

B. 承包商与设计人协商变更事项并报监理人批准

C. 业主按照规定程序办理变更审批手续

D. 设计人决定按变更后的标准或规模进行设计

【答案】C

【解析】变更超过原设计标准或批准标准时，应由当事方按照规定程序办理变更审批手续。

【例题3】合同实施计划应包括（　　）。（2020年真题）

A. 合同文体比选　　　　　　　　B. 合同实施总体安排

C. 合同分解与管理策划　　　　　D. 合同实施保证体系的建立

E. 合同索赔结果分析

【答案】BCD

【解析】合同实施计划应包括：①合同实施总体安排；②合同分解与管理策划；③合同实施保证体系的建立。

第二节　合同管理相关法律基础

知识点一：合同法律关系

1. 合同法律关系的构成要素（三主体、三客体、两内容）

合同法律关系的构成要素如图1-3所示。

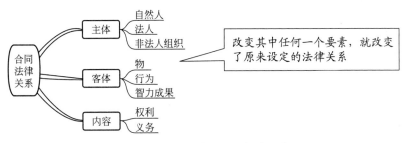

图1-3　合同法律关系的构成要素

2. 合同法律关系的主体

其内涵及分类如表1-5所示。

合同法律关系的主体的内涵及分类　　　　　　　　　　　　　表 1-5

主体	内涵	分类	
自然人	具备相应的民事权利能力和民事行为能力	完全民事行为能力人	①18周岁以上的成年人 ②16周岁以上的未成年人，以自己的劳动收入为主要生活来源的 ③可独立实施民事法律行为
		限制民事行为能力人	①8周岁以上18周岁以下的未成年人 ②由其法定代理人实施民事法律行为，或者经其法定代理人同意、追认 ③可以独立实施纯获利益的民事法律行为，或者与其年龄、智力相适应的民事法律行为
		无民事行为能力人	①不满8周岁的未成年人 ②不能辨认自己行为的成年人 ③由法定代理人代理实施

主体	内涵	分类	
法人	概念: 依法独立享有民事权利和承担民事义务的组织 条件: ①应当依法成立 ②应当有自己的名称、组织机构、住所、财产或者经费 ③设立法人,法律、行政法规规定须经有关机关批准的,依照其规定	营利法人	①有限责任公司 ②股份有限公司 ③其他企业法人
		非营利法人	①事业单位 ②社会团体 ③基金会 ④社会服务机构
		特别法人	①机关法人 ②农村集体经济组织法人 ③城镇农村的合作经济组织法人 ④基层群众性自治组织法人
非法人组织	①不具有法人资格,但是能够依法以自己的名义从事民事活动的组织 ②非法人组织的财产不足以清偿债务的,其出资人或者设立人承担无限责任	①个人独资企业 ②合伙企业 ③不具有法人资格的专业服务机构	

3. 两对易混概念

两对易混概念的辨析如图 1-4 所示。

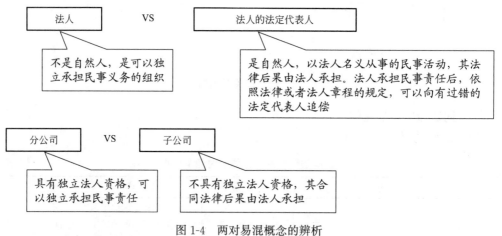

图 1-4 两对易混概念的辨析

4. 合同法律关系的客体

具体内容如表 1-6 所示。

合同法律关系的客体   表 1-6

客体	具体内容
物	①货币作为一般等价物也是物(如借款合同) ②**注意施工合同的客体不是物,而是施工行为**

续表

客体	具体内容
行为	①指人的有意识的活动 ②表现为完成一定的工作（如勘察设计、施工安装） ③表现为提供一定的劳务（如绑扎钢筋、土方开挖）
智力成果	①知识产权 ②技术秘密 ③在特定情况下的公知技术

5. 合同法律关系的内容

具体内容如表 1-7 所示。

合同法律关系的内容　　　　　　　　　　　　　　表 1-7

内容	内涵
权利	①有权按照自己的意志作出某种行为 ②权利主体也可以要求义务主体作出一定的行为或不作出一定的行为 ③当权利受到侵害时，有权得到法律保护
义务	必须按法律规定或约定承担应负的责任，否则义务人应承担相应的法律责任

6. 法律事实

具体内容如表 1-8 所示。

法律事实　　　　　　　　　　　　　　表 1-8

项目		具体内容
内涵		①能够引起合同法律关系产生、变更和消灭的客观现象和事实，即法律事实 ②法律事实包括行为和事件 ③行政行为和发生法律效力的法院判决、裁定，以及仲裁机构发生法律效力的裁决也是法律事实
分类	行为	①主体有意识的活动 ②作为/不作为 ③合法行为/违法行为
	事件	①不以合同法律关系主体的主观意志为转移而发生，是当事人无法预见和控制的 ②自然事件/社会事件

【**例题 1**】下列组织或机构中，不能成为合同主体的是（　　）。

A. 政府机关　　　　　　　　　B. 企业法人

C. 监理单位的监理项目部　　　D. 社会团体

【**答案**】C

【**解析**】本题考查合同法律关系的主体。项目监理机构为监理公司设立的监理项目部，不具有法人资格。

【**例题 2**】合同法律关系的构成要素有（　　）。（2021 年真题）

A. 目标　　　　　　　　　　　B. 主体

C. 客体　　　　　　　　　　　D. 内容

E. 性质

【答案】BCD

【解析】本题考查合同法律关系。合同法律关系包括合同法律关系主体、合同法律关系客体、合同法律关系内容三个要素。

【例题3】合同法律关系的客体包括（　　）。（2020年真题）

A. 当事人
B. 物
C. 行为
D. 权利
E. 智力成果

【答案】BCE

【解析】合同法律关系的客体，是指参加合同法律关系的主体享有的权利和承担的义务所共同指向的对象。合同法律关系的客体主要包括物、行为、智力成果。

【例题4】下列合同法律关系主体中，不属于法人的有（　　）。

A. 某商业银行北京分行
B. 某股份有限公司
C. 某合伙制企业
D. 某项目经理部
E. 某施工企业法定代表人

【答案】ACDE

【解析】选项A，分公司不具有独立法人资格；选项C，合伙制企业属于非法人组织，可以作为合同主体但不具备法人资格；选项D，项目经理部不具有法人资格；选项E，法人的法定代表人是自然人，不是组织机构。

【例题5】下列合同中，合同法律关系客体属于物的是（　　）。（2016年真题）

A. 借款合同
B. 勘察合同
C. 施工合同
D. 技术转让合同

【答案】A

【解析】本题考查的是合同法律关系的客体。选项B、C的客体是行为；选项D的客体是智力成果。货币作为一般等价物也是法律意义上的物，可以作为合同法律关系的客体。

【例题6】能够引起合同法律关系产生、变更和消灭的情形有（　　）。（2019年真题）

A. 当事人订立合法合同
B. 法律对合同形成作出规定
C. 合同一方当事人违约
D. 行政机关作出罚款
E. 人民法院对合同纠纷作出判决

【答案】ACDE

【解析】本题考查法律事实的内涵。选项B是法律规定，不是当事人的行为或是外部客观条件。

【例题7】下列引起合同法律关系产生、变更与消灭的法律事实中，属于"行为"的是（　　）。（2016年真题）

A. 因国际禁运解除进口设备运输合同

B. 因战争导致在建工程合同工期延长

C. 因建设意图改变，建设单位和施工单位协商变更工程承包范围

D. 因工程所在地山体滑坡，建设单位和施工单位协商解除合同

【答案】C

【解析】本题考查法律事实的内涵。能够引起合同法律关系的产生、变更与消灭的有两种：一种是行为，另一种是事件。行为是指法律关系主体有意识的活动；事件是指不以合同法律关系主体的主观意志为转移而发生的事情。选项 A、B、D 均属于事件，不受主体的意识影响。

知识点二：代理关系

1. 代理

具体内容如表 1-9 所示。

代理的概念、图解、特征及种类 表 1-9

项目	具体内容
概念	①代理是借助他人代本人为意思表示,本人自己享有意思表示后果的法律行为(如招标代理机构代理招标) ②依照法律规定或双方当事人约定,应当由**本人实施**的民事法律行为,不得代理
图解	
特征	①代理人必须在代理权限范围内实施代理 ②代理人以被**代理人名义**实施代理 ③代理人在被代理人授权范围内独立地表现自己的意志 ④**被代理人**对代理行为承担民事责任:既包括对代理人在执行代理任务时的**合法行为**承担民事责任,也包括对代理人的**不当代理行为**承担民事责任
种类	①委托代理:基于委托授权形成的代理关系,又称为意定代理(委托合同关系、合伙合同关系、工作隶属关系) ②法定代理:法律直接规定产生的代理关系,适用于无行为能力或限制行为能力人(如未成年人的代理人是其父母)

2. 委托代理

其形式、特点及典型案例如表 1-10 所示。

委托代理的形式、特点及典型案例 表 1-10

项目	内容
形式	委托代理授权采用书面形式的,授权委托书应当载明代理人的姓名或者名称、代理事项、权限和期间,并由被代理人签名或者盖章
特点	①仅被代理人一方授权即可产生效力,**无须对方同意** ②被代理人有权随时撤销授权,代理人有权随时辞去所受委托 ③代理人辞去委托时,不能给被代理人和善意第三人造成损失,否则应负赔偿责任

续表

项目	内容
典型案例	①项目经理是施工企业的委托代理人 ②总监理工程师是监理单位的委托代理人 ③招标代理机构是发包人的委托代理人

3. 代理法律后果的承担

具体内容如表 1-11 所示。

基本原则：如单方有过错，由过错方承担责任，如双方均有过错，则过错各方承担连带责任

特定情况下代理法律后果的承担　　　　　　　　表 1-11

情况	法律后果
超出授权范围或者职权范围的行为	应由行为人自己承担
授权范围不明确	被代理人与代理人承担**连带责任**
①代理人知道或者应当知道代理事项违法仍然实施代理行为 ②被代理人知道或者应当知道代理人的代理行为违法，但未作反对表示的	被代理人与代理人承担连带责任

4. 无权代理

具体内容如表 1-12 所示。

有关无权代理的具体内容　　　　　　　　表 1-12

项目	内涵
无权代理的概念	指行为人没有代理权而以他人名义进行民事、经济活动
无权代理的种类	无权代理、越权代理、代理权终止后的代理
无权代理的追认与撤销	①相对人可以催告被代理人自收到通知之日起 30 日内予以追认；被追认前，善意相对人有撤销的权利 ②撤销应当以通知的方式作出
无权代理的效力（取决于被代理人是否追认）	①被代理人**追认**，即转化为合法的代理，由被代理人承担民事责任 ②被代理人**拒绝**，即为无权代理，由行为人承担民事责任 ③被代理人**未作表示**的，视为拒绝追认

5. 代理关系的终止

具体内容如表 1-13 所示。

两种代理类型的代理关系的终止条件　　　　　　　　表 1-13

代理类型	终止条件
委托代理	①代理期间届满或者代理事务完成（完成或到期的） ②被代理人取消委托或代理人辞去委托（单方取消的） ③代理人丧失民事行为能力（代理人不能做事了） ④代理人或者被代理人死亡（主体有一个不存在了） ⑤作为代理人或者被代理人的法人、非法人组织终止（主体有一个不存在了）

续表

代理类型	终止条件
法定代理	①被代理人取得或者恢复完全民事行为能力 ②代理人丧失民事行为能力 ③代理人或者被代理人死亡 ④法律规定的其他情形

【例题1】关于民事代理的说法，正确的有（　　）。（2019年真题）

A. 代理人必须在代理范围内实施代理行为

B. 代理人只能依照被代理人的意志实施代理行为

C. 代理人以自己的名义实施代理行为

D. 被代理人对代理人的代理行为承担责任

E. 被代理人对代理人的不当代理行为不承担责任

【答案】AD

【解析】本题考查代理的特征。选项B，代理人在被代理人授权范围内独立地表现自己的意志；选项C，代理人以被代理人的名义实施代理行为；选项E，被代理人对代理行为承担民事责任。

【例题2】在施工合同关系中，关于施工企业项目经理的说法，正确的有（　　）。（2018年真题）

A. 项目经理是施工企业的代理人

B. 项目经理是项目经理部的代理人

C. 施工企业应对项目经理的行为承担民事责任

D. 项目经理部应对项目经理的行为承担民事责任

E. 项目经理应对其行为承担民事责任

【答案】AC

【解析】本题考查的是代理关系。本题一定记清楚，项目经理是施工企业的代理人，而不是项目部的代理人。代理关系中，应由被代理人，即施工企业承担民事责任。

【例题3】因被代理人对代理人授权不明确，给第三人造成损失，关于损失承担的说法，正确的是（　　）。（2019年真题）

A. 由被代理人自行承担责任

B. 由代理人自行承担责任

C. 由第三人自行承担责任

D. 由被代理人与代理人承担连带责任

【答案】D

【解析】本题考查的是代理关系。如果授权范围不明确，则应当由被代理人（单位）向第三人承担民事责任，代理人负连带责任，但是代理人的连带责任是在被代理人无法承担责任的基础上承担的。

【例题4】关于无权代理的说法，正确的有（　　）。（2016年真题）

A. 超越代理权限而为的代理行为属于无权代理

B. 代理权终止后的代理行为的后果直接归属被代理人

C. 对无权代理行为，被代理人可以行使追认权

D. 无权代理行为按一定程序可以转化为合法代理行为

E. 无权代理行为由行为人承担民事责任

【答案】ACD

【解析】本题考查无权代理。选项 B、E，无权代理的后果取决于被代理人是否予以追认。被代理人若追认，则后果由被代理人承担；若拒绝，后果由行为人承担。

知识点三：民事责任

1. 民事责任的概念与责任承担方式

具体内容如表 1-14 所示。

民事责任的概念与责任承担方式 表 1-14

项目	内容
民事责任的概念	①民事主体因实施了民事违法行为,根据法律规定或者合同约定所承担的对其不利的民事法律后果 ②民事责任包括合同责任与侵权责任 ③合同责任包括违约责任与缔约过失责任
民事责任的责任承担方式	①停止侵害 ②排除妨碍 ③消除危险 ④返还财产 ⑤恢复原状 ⑥修理、重做、更换 ⑦继续履行 ⑧赔偿损失 ⑨支付违约金 ⑩消除影响、恢复名誉 ⑪赔礼道歉

2. 民事责任的承担原则

具体内容如表 1-15 所示。

两种民事责任的承担原则 表 1-15

项目	内容
按份责任	①能够确定责任大小的,各自承担相应的责任 ②难以确定责任大小的,平均承担责任
连带责任	①权利人有权请求部分或者全部连带责任人承担责任(对外责任) ②连带责任人的责任份额根据各自责任大小确定,难以确定责任大小的,平均承担责任(对内责任) ③实际承担责任超过自己责任份额的连带责任人,有权向其他连带责任人追偿

3. 不可抗力免除承担民事责任

① 不可抗力是指不能预见、不能避免且不能克服的客观情况。

② 因不可抗力不能履行民事义务的，不承担民事责任。

③ 法律另有规定的，依照其规定。

4. 监理单位的民事责任

① 监理单位不按照委托监理合同的约定履行监理义务，对应当监督检查的项目不检查或者不按照规定检查，给建设单位造成损失的，应当承担相应的赔偿责任。（不好好干活的）

② 工程监理单位与承包单位串通，为承包单位谋取非法利益，给建设单位造成损失的，应当与承包单位承担连带赔偿责任。（和施工单位串通的）

5. 承担违约责任的条件

① 当事人一方不履行合同义务或者履行合同义务不符合约定的，应当承担继续履行、采取补救措施或者赔偿损失等违约责任。

② 当事人一方明确表示或者以自己的行为表明不履行合同义务的，对方可以在履行期限届满之前要求其承担违约责任。

6. 发包人承担过错责任的情形

① 提供的设计有缺陷。

② 提供或者指定购买的建筑材料、建筑构配件、设备不符合强制性标准。（甲供材不符合强制性标准的）

③ 直接指定分包人分包专业工程。

7. 施工合同中未经竣工验收擅自使用的责任

① 建设工程未经竣工验收，发包人擅自使用后，又以使用部分质量不符合约定为由主张权利的，不予支持。

② 承包人应当在建设工程的合理使用寿命内对地基基础工程和主体结构质量承担民事责任。（这两部分终身保修，即使不验收，施工单位也得终生承担质量责任）

8. 施工合同中借用资质的连带赔偿责任

缺乏资质的单位或者个人借用有资质的建筑施工企业名义签订建设工程施工合同，发包人请求出借方与借用方对建设工程质量不合格等因出借资质造成的损失承担连带赔偿责任的，人民法院应予支持。（挂靠方和被挂靠方承担连带责任）

【例题 1】甲、乙、丙三人向丁借债，约定为连带之债，借款后甲、乙各使用了 25%，丙使用了 50%，则下列说法正确的有（　　）。

A. 丁可以要求甲一人偿还所有的债务

B. 甲最多只应该偿还 25% 的债务，其余部分与其无关

C. 丁有权要求丙偿还 80% 的债务

D. 如果乙一人偿还了所有的债务，则乙可以向其他人索要替对方支付的部分

E. 丁只能向借款份额最多的丙索偿债务

【答案】ACD

【解析】本题考查连带之债的特点。选项 B 和 E 错误，债权人丁可以向任一债务人要求任意比例的债务。

【例题 2】下列承担法律责任的方式中，属于民事责任承担方式的有（　　）。

A. 停止侵害　　　　　　　　　　　　B. 没收非法财物

C. 排除妨碍   D. 罚款

E. 消除影响、恢复名誉

【答案】ACE

【解析】本题考查民事责任承担方式。选项 B、D 属于行政责任。

【例题3】关于建设工程未经竣工验收，建设单位擅自使用后，又以使用部分质量不符合约定为由主张权利的说法，正确的是（   ）。

A. 建设单位以装饰工程质量不符合约定主张保修的，应予支持

B. 凡不符合合同约定或者验收规范的工程质量问题，施工企业均应当承担民事责任

C. 未经竣工验收的，施工企业不再对工程质量承担民事责任

D. 施工企业应当在工程的合理使用寿命内对地基基础和主体结构质量承担民事责任

【答案】D

【解析】本题考查工程未经竣工验收的处理。建设工程未经竣工验收，发包人擅自使用后，又以使用部分质量不符合约定为由主张权利的，不予支持；但是承包人应当在建设工程的合理使用寿命内对地基基础工程和主体结构质量承担民事责任。

第三节　合同担保

知识点一：担保的概念与种类

1. 担保的概念（四主体和两合同）

具体内容如图 1-5、表 1-16 所示。

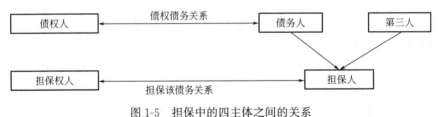

图 1-5　担保中的四主体之间的关系

担保中的四主体和两合同的关系   表 1-16

四主体	两合同
①债务人 ②债权人 ③担保权人 ④担保人	①债权人与债务人之间的债权债务合同 ②担保权人与担保人之间的担保合同 ③担保合同是从合同，被担保合同是主合同 ④主合同无效，从合同也无效，但担保合同另有约定的，按照约定执行

2. 担保的种类及区别

具体内容如图 1-6、表 1-17 所示。

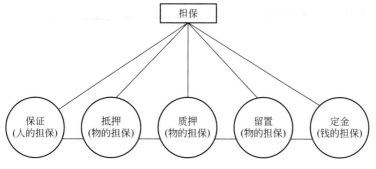

图 1-6　担保的种类

五种担保方式的区别　　　　　表 1-17

类型	种类	担保主体	标的物	占有方式	典型案例
人的担保	保证	第三人	—	—	由第三方代替借款人向债主还款
物的担保	抵押	债务人本人 第三人	不动产 特殊动产	不转移 占有	把房子抵押给银行借款
	质押	债务人本人 第三人	动产 权利	转移占有	把存单质押给银行借款
	留置	债务人本人	动产	转移占有	支付不了保管费扣物
钱的担保	定金	债务人本人	钱	转移占有	交了定金不履行不返还定金

【例题】保证法律关系应当参加的主体至少有（　　）。（2019 年真题）

A. 保证人、被保证人　　　　　　　B. 保证人、被保证人、债权人

C. 被保证人、债权人　　　　　　　D. 保证人、债权人

【答案】B

【解析】本题考查的是担保方式。保证法律关系必须至少有三方参加，即保证人、被保证人（债务人）和债权人。

知识点二：担保方式——保证

1. 保证的概念及保证方式（两种）

保证是指保证人和债权人约定，当债务人不履行债务时，保证人按照约定履行债务或者承担责任的行为。两种保证方式如表 1-18 所示。

两种保证方式　　　　　表 1-18

一般保证	连带责任保证
①先由债务人清偿债务,债务人不能清偿债务时(经审判仲裁,并强制执行仍无法履行),才由保证人代为清偿 ②无约定或约定不明确时采用	保证人与债务人承担连带责任,债权人可以直接要求保证人偿还

2. 保证人的资格

具体内容如表 1-19 所示。

保证人的资格 表 1-19

项目	规定	例外
可以作保证人	具有代为清偿债务能力的法人、其他组织或者公民	
不能作保证人	企业法人的分支机构、职能部门	**分支机构**有法人书面授权的,可在授权范围内提供保证
	国家机关	经国务院批准,使用外国政府或国际经济组织贷款进行转贷的除外
	学校等**以公益为目的**的事业单位、社会团体	非公益类除外

3. 保证合同的内容

① 被保证的主债权种类、数额;

② 债务人履行债务的期限;

③ 保证的方式;

④ 保证担保的范围;

⑤ 保证的期间;

⑥ 双方认为需要约定的其他事项。

> 易错点辨析:试题中仅说学校、医院等,未表明是否以公益为目的的,按谨慎原则,能不选则不选,即多选题已有两个其他选项的,则此项不选,若除此项之外不足两个答案的,可以选

> 关注点:主合同变动应当取得保证人的书面同意,否则保证人不再承担保证责任

4. 保证的范围及保证期间

具体内容如表 1-20 所示。

保证的范围及保证期间 表 1-20

项目	保证的范围	保证期间
有约定的	从其约定	从其约定
无约定或约定不明的	应对全部债务承担责任,具体包括: ①主债权 ②利息 ③违约金 ④损害赔偿金 ⑤实现债权的费用	时间为主债务履行期届满之日起**6个月**

【例题】关于保证担保方式的说法,正确的有( )。

A. 保证可分为一般保证和连带责任保证两种方式

B. 当事人没有约定保证方式的,按连带保证承担保证责任

C. 以公益为目的的事业单位不能作为保证人

D. 连带责任保证的责任重于一般保证的责任

E. 保证担保的范围仅限于违约金和损害赔偿金

【答案】ACD

【解析】选项 A,保证的方式有两种,即一般保证和连带责任保证;选项 B,担保方式由当事人约定,如果当事人没有约定或者约定不明确的,则按照一般保证承担保证责任;选项 C,以公益为目的的事业单位、企业法人不能作为保证人;选项 D,连带责任保证的责任重于一般保证的责任;选项 E,保证的范围包括主债权及利息、违约金、损害赔偿金及实现债权的费用。

知识点三：担保方式——抵押

1. 抵押的概念及抵押物

抵押是指债务人或者第三人向债权人以不转移占有的方式提供一定的财产作为抵押物，用以担保债务履行的担保方式。债务人不履行到期债务时，或者发生当事人约定的实现抵押权的情形时，债权人有权依照法律规定以抵押物折价或者从变卖抵押物的价款中优先受偿。

关于抵押物的内容如表 1-21 所示。

可以抵押的财产和禁止抵押的财产　　　　　　　　　　　　　　　　　　表 1-21

可以抵押的财产	禁止抵押的财产
①建筑物和其他土地附着物 ②建设用地使用权 ③**海域使用权** ④生产设备、原材料、半成品、产品 ⑤正在建造的建筑物、船舶、航空器 ⑥交通运输工具 ⑦法律、行政法规未禁止抵押的其他财产	①土地所有权 ②宅基地、自留地、自留山等集体所有的土地使用权,但法律规定可以抵押的除外 ③学校、幼儿园、医院等以**公益为目的**的事业单位,社会团体的教育设施,医疗卫生设施和其他社会公益设施 ④所有权、使用权不明或者有争议的财产 ⑤依法被查封、扣押、监管的财产 ⑥依法不得抵押的其他财产

2. 抵押的生效

具体内容如表 1-22 所示。

两类抵押生效　　　　　　　　　　　　　　　　　　　　　　　　　表 1-22

自**登记之日**起设立(必须登记否则无效)	自**合同签订之日**设立(有无登记均生效)
①建筑物和其他土地附着物 ②建设用地使用权 ③荒地等承包经营获得的土地使用权 ④正在建造的建筑物	①其他财产 ②**未经登记,不得对抗善意第三人**

3. 抵押的效力

① 抵押人经**抵押权人同意**转让抵押财产的，应当将转让所得的价款向抵押权人提前清偿债务或者提存。

② 转让的价款超过债权数额的部分归**抵押人**所有，不足部分由**债务人**清偿。

③ 抵押人未经抵押权人同意，不得转让抵押财产，**但受让人代为清偿债务消灭抵押权的除外**。

④ 抵押权与其担保的债权同时存在，抵押权不得与债权分离而单独转让或者作为其他债权的担保。

4. 抵押权的实现

① 可协议将抵押财产折价或以拍卖、变卖该抵押财产所得的价款优先**受偿**。

② 协议损害其他债权人利益的，其他债权人可以在知道或者应当知道撤销事由之日起一年内请求人民法院撤销该协议。

③ 抵押物折价或者拍卖、变卖后，价款超过债权部分归抵押人所有，不足部分由债务人清偿。

5. 同一财产设定多重抵押的处理

其流程如图 1-7 所示。

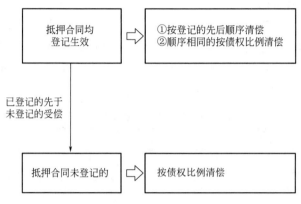

图 1-7 同一财产设定多重抵押的处理流程

【例题 1】 关于抵押权的说法，正确的有 （ ）。（2021 年真题）

A. 以动产抵押的，抵押权在主债务履行时生效

B. 以建设用地使用权抵押的，该土地上建筑物一并抵押

C. 以正在建造的建筑物抵押的，应办理在建工程抵押登记

D. 设立抵押权，当事人应采用书面形式订立抵押合同

E. 使用权不明的财产不得抵押

【答案】 BCDE

【解析】 选项 A 错误，当事人以生产设备、原材料、半成品、产品，交通运输工具，或者正在建造的船舶、航空器抵押的，抵押权自抵押合同生效时设立；未经登记，不得对抗善意第三人。

【例题 2】 不可用于抵押的财产是 （ ）。（2020 年真题）

A. 建设用地使用权　　　　　　　B. 正在建造的建筑物

C. 土地所有权　　　　　　　　　D. 正在使用的交通工具

【答案】 C

【解析】 本题考查可以抵押的财产。土地所有权归国家所有，不可以抵押。

【例题 3】 公司甲以其自有办公楼作为抵押物为公司乙向银行申请贷款提供抵押担保，并在登记机关办理了抵押登记，该担保法律关系中，抵押人为 （ ）。（2016 年真题）

A. 公司甲　　　　　　　　　　　B. 公司乙

C. 银行　　　　　　　　　　　　D. 登记机关

【答案】 A

【解析】 本题考查的是抵押的法律关系。在此抵押担保关系中，银行是债权人，也是抵押权人，乙公司是债务人，甲公司为抵押人。

【例题 4】 同一财产向两个以上的债权人抵押的，正确处理变卖抵押财产价款的方法有（ ）。

A. 抵押权已登记的，按登记的先后顺序清偿

B. 抵押权登记的顺序相同的，先主张权利的先清偿

C. 抵押权已登记的先于未登记的先清偿

D. 抵押权都未登记的，按照债权比例清偿

E. 抵押权都未登记的，先保全的先清偿

【答案】ACD

【解析】本题考查的是抵押权的实现。

【例题5】根据《民法典》，不得抵押的财产有（　　）。

A. 建设用地使用权　　　　　　　　　B. 正在建造的建筑物

C. 宅基地的土地使用权　　　　　　　D. 海域使用权

E. 公立学校的教育设施

【答案】CE

【解析】本题考查的是可以抵押和不得抵押的财产。《民法典》规定下列财产不得抵押：土地所有权；宅基地、自留地、自留山等集体所有的土地使用权，但法律规定可以抵押的除外；学校、幼儿园、医院等以公益为目的的事业单位，社会团体的教育设施，医疗卫生设施和其他社会公益设施；所有权、使用权不明或者有争议的财产；依法被查封、扣押、监管的财产；依法不得抵押的其他财产。

【例题6】在抵押合同中，某些抵押财产应当办理抵押物登记手续。抵押合同自登记之日起生效的包括（　　）等抵押合同。

A. 土地使用权　　　　　　　　　　　B. 城市房地产

C. 在建工程　　　　　　　　　　　　D. 机器

E. 土地所有权

【答案】ABC

【解析】本题考查的是担保方式。土地所有权不能抵押，机器可以抵押，但不强制登记，签订合同时即可设立。

知识点四：担保方式——质押

1. 质权的概念

质押是指债务人或者第三人将其动产或权利移交债权人占有，用以担保债权履行的担保。当债务人不履行到期债务，或者发生当事人约定的实现质权的情形时，债权人依法有权就该动产或权利折价或以拍卖、变卖所得的价款优先得到清偿。

抵押和质押的区别如表1-23所示。

抵押和质押的区别　　　　　　　　　　　　　　　　　　　　表1-23

项目	抵押	质押
对象	①不动产 ②特殊大型动产	①动产 ②股利凭证
占有形式	不转移占有	转移占有
设立	不动产抵押：自登记之日起设立 特殊的动产抵押：自签订抵押合同之日起设立	自出质人交付质押财产时设立

2. 质押的类型

具体内容如表 1-24 所示。

质押的类型 表 1-24

类型	具体内容
动产质押	各类动产
权利质押	①汇票、支票、本票 ②债券、存款单 ③仓单、提单 ④可以转让的基金份额、股权 ⑤可以转让的注册商标专用权、专利权、著作权等知识产权中的财产权 ⑥**应收账款**

【例题 1】关于质押担保方式的说法，正确的有（　　）。（2018 年真题）

A. 质押中的质物需转移占有　　　　B. 专利权可以质押

C. 股权不可质押　　　　　　　　　D. 建设用地使用权不可质押

E. 土地所有权可以质押

【答案】ABD

【解析】本题考查的是质押的相关规定。选项 A，质押以转移占有为特征；选项 B、C，股权、专利权均属权利类，可以质押；选项 D，建设用地使用权属于不动产权属类，可以抵押，不可以质押；选项 E，土地所有权既不可以抵押，也不可以质押。

【例题 2】施工企业从银行贷款，可作为质押担保的有（　　）。

A. 应收账款　　　　　　　　　　　B. 应付账款

C. 土地所有权　　　　　　　　　　D. 支票

E. 可以转让的注册商标专用权

【答案】ADE

【解析】本题考查的是担保方式。质押的对象是动产和权利凭证。选项 B 是负债，不是资产，不能质押。

【例题 3】根据《民法典》，关于质押的说法，正确的有（　　）。

A. 出质人只能是债务人

B. 存款单可以用于质押

C. 质押必须转移财产占有

D. 质押必须通过约定建立

E. 建筑物可以用于质押

【答案】BCD

【解析】本题考查的是担保方式。选项 A，出质人可以是债务人，也可以是第三人；选项 E，质押的标的物是动产或者权利凭证，不动产只能抵押不能质押。

知识点五：担保方式——留置

留置的内涵及典型案例如表 1-25 所示。

留置的内涵及典型案例　　　　　　　　　　　　　　　表 1-25

项目	内容
内涵	指债务人不履行到期债务时,债权人对已经合法占有的债务人的动产,可以留置不返还占有,并有权就该动产折价或以拍卖、变卖所得的价款优先受偿。法律规定或者当事人约定不得留置的动产,不得留置
典型案例	甲委托乙运输一批货物,乙按约定将货物运至某地,但甲却无钱支付运输费,此时,乙可以留置部分货物,用变卖货物的钱来抵付运输费

【例题】根据《民法典》,关于留置的说法,正确的是（　　）。

A. 能够留置的财产仅限于动产

B. 材料采购合同可以采用留置担保

C. 施工合同可以采用留置担保

D. 留置的财产不限于按照合同约定占有的财产

【答案】A

【解析】本题考查的是担保方式。《民法典》规定,能够留置的财产仅限于动产,且只有因保管合同、运输合同、承揽合同发生的债权,债权人才有可能实施留置。

知识点六：担保方式——定金

有关定金的具体内容如表 1-26 所示。

有关定金的具体内容　　　　　　　　　　　　　　　表 1-26

项目		内容
概念		一方当事人向另一方当事人提供一定数额的金钱作为担保的担保方式
形式		定金应以**书面形式**约定
生效		定金合同从实际**交付**定金之日起生效
数量		由当事人约定,但不得超过主合同标的额的 20%
处理	履约	①定金抵作价款 ②定金收回
	不履约	①给付定金一方不履约,无权要求返还定金 ②收受定金一方不履约,应当双倍返还定金

【例题 1】设计合同中,定金条款约定发包人向设计人支付设计费的 20% 作为定金,则该定金自（　　）之日起生效。（2019 年真题）

A. 合同签字盖章

B. 实际交付

C. 发包人完成实际任务书审批

D. 设计人收到发包人设计基础资料

【答案】B

【解析】本题考查的是定金合同的生效。定金合同要采用书面形式,并在合同中约定交付定金的期限,定金合同从实际交付定金之日生效。

【例题2】甲建设单位与乙设计单位签订设计合同，约定设计费用200万元，甲按约定向乙支付了定金50万元。如果乙在规定期限内不履行设计合同，应该返还给甲（   ）。

A. 50万元   B. 80万元

C. 90万元   D. 100万元

【答案】C

【解析】本题考查的是定金的规定。给付定金的一方不履行约定的债务的，无权要求返还定金；收受定金的一方不履行约定的债务的，应当双倍返还定金。定金的数额由当事人约定，但不得超过主合同标的额的20%。本题中约定定金为50万元，但定金的上限为 $200 \times 20\% = 40$ 万元，多出的10万元不产生定金的效力，可以理解为预付款。预付款不能双倍返还，只能原数返还，故返还 $10 + 2 \times 200 \times 20\% = 90$ 万元。

知识点七：保证在建设工程中的应用

1. 建设工程中的三种保证

具体内容如图1-8所示。

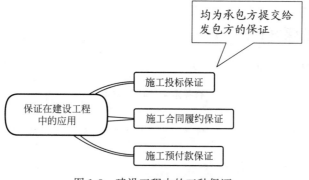

图1-8   建设工程中的三种保证

三种保证的内容对比如表1-27所示。

三种保证的内容对比   表1-27

项目	作用	具体形式	数额要求	有效期	不予退还的情形
施工投标保证	投标人保证规规矩矩投保及签订合同	①现金 ②银行出具的银行保函 ③保兑支票 ④银行汇票 ⑤现金支票	不得超过招标项目估算价的2%	提交投标文件截止日（起始点） 招标文件规定（终止点）	①投标人在投标有效期内撤回其投标 ②中标人在规定期限内无正当理由未签订合同，或根据规定接受对错误的修正 ③中标人根据规定未能提交履约保证金 ④投标人采用不正当的手段骗取中标

项目	作用	具体形式	数额要求	有效期	不予退还的情形
施工合同履约保证	施工单位保证履行合同	①履约担保金(由投标人自身承担) ②履约银行保函(由银行出具) ③履约担保书(由担保公司等出具)	合同价格的10% 合同价格的10% 合同价格的30%	提交履约保证→起始点 一般情况到保修期满并颁发保修责任终止证书后15天或14天止→终止点	①施工中承包人中途毁约,或任意中断工程,或不按规定施工 ②承包人破产、倒闭
施工预付款保证	施工单位保证返还预付款	银行保函	与预付款金额相同 预付款在工程的进展过程中每次结算工程款(中间支付)分次返还时,担保金额也应当随之减少	预付款支付之日→起始点 发包人向承包人全部收回预付款之日→终止点	承包人中途毁约、中止工程,使发包人不能在规定期限内从应付工程款中扣除全部预付款

2. 投标保证金的退还

具体内容如图 1-9 所示。

① 投标保函或者保证书在评标结束之后应退还给承包商。

② 只要在招标期间无违规,无论中标与否,均可退还保证金。

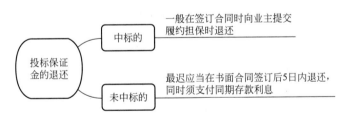

图 1-9 投标保证金的退还

【例题 1】 关于施工预付款保函的说法,正确的是( )。(2022 年上半年考试真题)

A. 预付款保函应由招标人委托第三方开具

B. 预付款保函应在签订施工合同前出具

C. 预付款保函金额应与预付款金额相同

D. 预付款保函应在整个施工期内有效

【答案】 C

【解析】 预付款担保的主要形式为银行保函,金额应当与预付款金额相同。预付款担保的有效期从预付款支付之日起至发包人向承包人全部收回预付款之日止。

【例题 2】 根据施工合同履约担保规定,发包人有权凭履约保证向合同担保人索取保证金作为赔偿的情形是( )。(2022 年下半年考试真题)

A. 承包人遇不可抗力使施工受阻

B. 中标人拒绝签订施工合同

C. 承包人在施工中毁约

D. 承包人提出不合理的索赔

【答案】C

【解析】若发生下列情况，发包人有权凭履约保证向银行或者担保公司索取保证金作为赔偿：①施工过程中，承包人中途毁约，或任意中断工程，或不按规定施工；②承包人破产、倒闭。

【例题3】建设工程招标投标过程中，投标保证金将被没收的情形是（　　）。（2021年真题）

A. 投标人的投标报价明显低于其实际成本

B. 投标人的资格文件中有虚假材料并导致废标

C. 投标人在投标有效期内要求撤销其投标文件

D. 投标人向招标人提出修改招标文件的要求

【答案】C

【解析】本题考查没收投标保证金的情形。

【例题4】招标人对施工投标保函的正确处理方式是（　　）。

A. 未中标的，投标人不退还

B. 中标的，投标人在中标的同时退还

C. 在中标的投标人向业主提交履约担保后退还

D. 投标人在投标有效期内撤销投标书后退还

【答案】C

【解析】本题考查的是投标保函的退还。选项A、B，未中标的可退还，中标的在提交履约担保后退还；选项D，投标人在投标有效期内撤销投标书的不退还。

第四节　工程保险

知识点一：建筑工程一切险

1. 建筑工程一切险和第三者责任险的概念要点

如表1-28所示。

建筑工程一切险和第三者责任险的概念要点　　　　　　　　　　　表1-28

保险	项目	内容
建筑工程一切险	原因	①自然灾害(包括地震) ②意外事故(包括火灾和爆炸)
	时间	在建设过程中(开工前、竣工验收后不保)
第三者责任险	谁是第三者	不是参建主体的员工(不是建筑工程一切险的被保险人)
	原因	因工地上发生意外事故造成工地及邻近地区的第三人身伤亡或财产损失

> 建筑物竣工移交后投保财产保险，地震属于除外责任，但在竣工前建设期内投保建筑工程一切险，地震属于保险责任范围

2. 投保人与被保险人

建设工程一切险的投保人和被保险人的具体内容如表 1-29 所示。

建筑工程一切险的投保人和被保险人   表 1-29

项目	具体内容
投保人	①国外:承包人(施工单位) ②合同示范文本:发包人(建设单位) ③标准施工招标文件:承包人应以发包人和承包人的共同名义向双方同意的保险人投保
被保险人	①业主或工程所有人 ②承包商或者分包商 ③技术顾问:业主聘用的建筑师、工程师及专业顾问

3. 建筑工程一切险的除外责任

具体内容如表 1-30 所示。

建筑工程一切险的除外责任   表 1-30

除外责任类型	内容
必然的、正常的、无法避免的损失(不属于意外事故)	①自然磨损、内在或潜在缺陷、自燃、渐变原因造成的损失 ②非外力引起的机械或电气装置本身失灵的损失 ③维修保养或正常检修费用 ④盘亏
责任事故	①设计错误引起的损失 ②因原材料缺陷或工艺不善引起的损失
保险范围外、期限外的损失	①文字资料及包装物料 ②工地内及周围已有的财产 ③期限终止前已竣工验收或实际占用的部分
已有其他保障	领有公共运输执照或已保险的运输设备的损失

4. 保险期限

具体内容如表 1-31 所示。

建筑工程一切险的保险期限   表 1-31

保险期限	内容
期限开始(以两类中先发生者为准)	①工地动工 ②材料设备运至工地
期限结束(以两类中先发生者为准)	①工程所有人对部分或全部工程签发完验收证书或验收合格 ②工程所有人实际占用、使用或接受工程
期限最长时间	不超过保险单中列明的保险期终止日

【例题 1】某工程投保建筑工程一切险,保险人负责赔偿损失的有(　　)。(2022 年上半年考试真题)

A. 设备锈蚀造成的损失　　　　B. 盘点时发现的材料短缺

C. 水灾造成的损失　　　　　　D. 原材料缺陷造成的损失

E. 雷电造成的损失

【答案】 CE

【解析】 建筑工程一切险保险人对下列原因造成的损失和费用负责赔偿：①自然灾害；②意外事故。选项 A、B、D 属于除外责任。

【例题 2】 建设工程一切险的被保险人通常有（　　）。（2022 年下半年考试真题）

A. 施工分包商　　　　　　　　　　B. 项目贷款银行

C. 业主　　　　　　　　　　　　　D. 业主聘用的建筑师

E. 承包商

【答案】 ACDE

【解析】 建设工程一切险的被保险人通常包括：①业主或工程所有人；②承包商或者分包商；③技术顾问，包括业主聘用的建筑师、工程师及其他专业顾问。

【例题 3】 建设工程施工过程中发生化学品泄漏，造成工程外部邻近人员中毒住院，其医疗费用应由保险公司支付的前提是该工程投保了建筑工程（　　）。（2017 年真题）

A. 一切险　　　　　　　　　　　　B. 一切险加第三者责任险

C. 一切险加人身保险　　　　　　　D. 一切险加人身意外伤害险

【答案】 B

【解析】 本题考查的是第三者责任险。第三者责任险是指凡工程期间的保险有效期内因工地上发生意外事故造成工地及邻近地区的第三者人身伤亡或财产损失，依法应由被保险人承担的经济赔偿责任。

【例题 4】 建设单位与施工企业签订的施工合同约定开工日期为 2021 年 5 月 1 日。同年 2 月 10 日，该建设单位与保险公司签订了建筑工程一切险保险合同。施工企业为保证工期，于同年 4 月 20 日将建筑材料运至工地。后因设备原因，工程实际开工日为同年 5 月 10 日，该建筑工程一切险保险责任的生效日期为（　　）。

A. 2021 年 2 月 10 日　　　　　　B. 2021 年 4 月 20 日

C. 2021 年 5 月 1 日　　　　　　　D. 2021 年 5 月 10 日

【答案】 B

【解析】 建筑工程一切险的保险责任自保险工程在工地动工或用于保险工程的材料、设备运抵工地之时起始，至工程所有人对部分或全部工程签发完工验收证书或验收合格，或工程所有人实际占用或使用或接收该部分或全部工程之时终止，以先发生者为准。

知识点二：安装工程一切险

部分内容可参考本书"知识点一：建筑工程一切险"，其余内容详见表 1-32。

安装工程一切险的要点　　　　　　　　　　　　　　　　表 1-32

项目	内容
除外责任（考频较高）	①由于超负荷、超电压、碰线、电弧、漏电、短路、大气放电及其他电气原因造成电气设备或电气用具本身的损失 ②施工机具、设备、装置**失灵**造成**本身**的损失
保险期限	①通常应以**整个工期**为保险期限 ②一般是从被保险项目被卸至施工地点时起生效，到工程预计竣工验收交付使用之日止 ③如验收完毕先于保险单列明的终止日，则验收完毕时保险期也终止

【例题】某工程投保安装工程一切险，保险人负责赔偿的损失有（ ）。（2020年真题）

A. 超负荷原因造成的设备损失 B. 地面下陷造成的损失
C. 维修保养的费用支出 D. 机械装置失灵造成的本体损失
E. 水灾造成的设备损失

【答案】BE

【解析】保险人对下列原因造成的损失和费用负责赔偿：①自然灾害，指地震、海啸、雷电、飓风、台风、龙卷风、风暴、暴雨、洪水、水灾、冻灾、冰雹、地崩、山崩、雪崩、火山爆发、地面下陷下沉及其他人力不可抗拒的破坏力强大的自然现象；②意外事故，指不可预料的以及被保险人无法控制并造成物质损失或人身伤亡的突发性事件，包括火灾和爆炸。

知识点三：施工企业职工意外伤害险

1. 施工企业职工意外伤害险

具体内容如表1-33所示。

施工企业职工意外伤害险　　　　　表1-33

项目	内容
性质	①鼓励建筑施工企业为从事危险作业的职工办理意外伤害保险 ②施工企业一般办理建筑施工人员团体意外伤害险
投保人	施工企业或其他对被保险人具有保险利益的团体
被保险人	<u>16</u>～65周岁
投保人数	按被保险人人数投保时,其投保人数必须占约定承保团体人员的75%以上,且投保人数不低于5人

2. 责任范围（被保险人自意外伤害发生之日起180日内）

具体内容如表1-34所示。

责任范围　　　　　表1-34

项目	内容
身故保险责任	①<u>死亡</u>:按保险金额给付死亡保险金,保险责任终止 ②<u>下落不明</u>:经人民法院宣告死亡的,按保险金额给付身故保险金 ③<u>被保险人被宣告死亡后又生还的</u>:应于知道或应当知道被保险人生还后30日内退还身故保险金
伤残保险责任	①合同所列残疾程度之一的:按该表所列给付比例乘以保险金额给付残疾保险金 ②如第180日治疗仍未结束的:按第180日的身体情况进行残疾鉴定,据此给付残疾保险金

3. 不承担保险责任的期间（四期）

① 战争期：战争、军事行动、暴动或武装叛乱等其他类似情况期间。
② 非法犯罪期：被保险人从事非法、犯罪活动期间。
③ 药物影响期：被保险人醉酒或受毒品、管制药物的影响期间。
④ 酒后无证驾驶期：被保险人酒后驾驶、无有效驾驶证驾驶或驾驶无有效行驶证的

机动车或无有效资质操作施工设备期间。

4. 保险期间

具体内容如表 1-35 所示。

两类计收保费方式下的保险期间 表 1-35

项目	保险期间
按照被保险人**人数**计收保险费的	①保险期间为 1 年或根据施工项目期限的长短确定 ②起点:自保险人同意承保、收取保险费并签发保险单的次日零时起 ③终止:至约定的终止日的 24 时止
按照建筑工程项目**总造价或建筑面积**计收保险费的	①起点:自施工工程项目被批准**正式开工**,并且投保人已交付保险费的次日(或约定保险期间开始之日)零时起 ②终止:至施工合同规定的工程竣工之日止

5. 特殊情况下的保险期间

具体内容如表 1-36 所示。

特殊情况下的保险期间 表 1-36

项目	内容
提前竣工的	保险责任**自行终止**
工程延长工期的	需书面通知保险人并办理保险期间顺延手续
工程停工的	①需书面通知保险人并办理保险期间顺延手续 ②工程停工期间,**保险责任中止**,保险人不承担保险责任
工程重新开工的	①投保人可书面申请恢复保险合同效力 ②累计有效保险期间**不得超过**保险合同对保险期间的约定
保险合同期间届满工程仍未竣工的	需办理**续保**手续

【例题 1】关于施工企业意外伤害险的说法正确的是 ( )。(2020 年真题)

A. 施工企业必须为全体职工办理

B. 团体意外伤害保险责任是指伤残保险责任

C. 年龄 18~60 周岁的施工人员均可作为被保险人

D. 停工期间保险人不承担保险责任

【答案】D

【解析】选项 A,施工单位为现场从事危险作业的人员办理施工企业职工意外伤害保险,不是全体职工;选项 B,团体意外伤害保险合同的保险责任一般包括身故保险责任和伤残保险责任;选项 C,被保险人年满 16 周岁(含 16 周岁)至 65 周岁。

【例题 2】以下有关施工企业职业意外伤害保险的说法中,不正确的是 ( )。

A. 施工企业应当为施工现场从事危险作业的人员办理施工企业职工意外伤害保险

B. 按建筑面积计收保险费的项目,施工企业职工意外伤害保险的保险期间,从工程开工或材料设备运至工地时开始

C. 施工企业职工意外伤害保险的责任包括身故责任和伤残责任

D. 被保险人因遭受意外伤害事故下落不明的,施工企业职工意外伤害保险不承担保

险责任

E. 按照被保险人人数计收保险费的，施工企业职工意外伤害保险期间至施工合同规定的工程竣工之日止

【答案】ABDE

【解析】本题考查的是施工企业职工意外伤害险。选项 A，施工企业职工意外伤害保险不是强制性的保险，鼓励施工企业投保，不是应当投保；选项 B，按建筑面积计收保险费的项目，施工企业职工意外伤害保险的保险期间自施工工程项目被批准正式开工，并且投保人已交付保险费的次日（或约定保险期间开始之日）零时起；选项 D，发生意外事故且下落不明的，经人民法院宣告死亡的，按保险金额给付身故保险金；选项 E，按照被保险人人数计收保险费的，施工企业职工意外伤害保险的保险期间至约定的终止日的 24 时止，而不是竣工之日止。

本章精选习题

一、单项选择题

1. 以下有关标准合同示范文本的说法正确的是（   ）。

A. 工程项目应当采用标准合同示范文本

B. 可以防止出现显失公平的合同条款

C. 有助于降低合同价格，提高交易效率

D. 采用标准合同示范文本可以避免在履行中发生合同变更

2. 对于抢险救灾的工程，一般采用（   ）的计价方式。

A. 单价合同   B. 固定总价合同

C. 可调总价合同   D. 成本加酬金合同

3. 以下合同计价模式下，（   ）方式中承包商所承担的风险最小。

A. 固定单价合同   B. 可变单价合同

C. 固定总价合同   D. 成本加酬金合同

4. 根据《民法典》，自然人作为合同法律关系主体必须具备的条件是（   ）。

A. 取得相应的执业资格证书   B. 有依法成立的公司

C. 具有中华人民共和国国籍   D. 具备相应的民事权利能力和民事行为能力

5. 关于法人应当具备的条件的说法，正确的是（   ）。

A. 法人应在政府主管部门备案   B. 法人应具有规定数额的经费

C. 法人应有自己的组织机构   D. 法人应有与经营规模相适应的财产

6. 下列法人中，属于特别法人的是（   ）。

A. 基金会法人   B. 事业单位法人

C. 社会团体法人   D. 农村集体经济组织法人

7. 合同法律关系客体的智力成果指的是（   ）。

A. 建筑物   B. 设计工作

C. 技术秘密   D. 工艺技术设备

8. 下列合同法律关系中，建筑材料可以成为合同客体的是（　　）。

A. 施工合同
B. 设计合同
C. 买卖合同
D. 勘察合同

9. 关于法律事实的说法，正确的是（　　）。

A. 法律事实不包括事件
B. 罢工属于法律事实中的行为
C. 法院判决不属于法律事实
D. 合同当事人违约属于法律事实中的行为

10. 施工企业负责人授权项目经理负责工程项目管理，其授权行为构成（　　）。

A. 表见代理
B. 法定代理
C. 指定代理
D. 委托代理

11. 施工企业法定代表人授权项目经理进行工程项目投标，中标后形成的合同义务应由（　　）承担。

A. 施工企业法定代表人
B. 拟派项目经理
C. 施工项目部
D. 施工企业

12. 关于保证的说法，正确的是（　　）。

A. 保证法律关系只有两方参加
B. 对债权人而言，一般保证比连带责任保证更能保护其利益
C. 如果合同未约定保证方式，则按一般保证处理
D. 债权人应当在要求债务人之前先要求保证人履行债务

13. 下列组织或机构中，不能作为保证人的是（　　）。

A. 非银行金融机构
B. 国家机关
C. 股份有限公司
D. 合伙企业

14. 根据《民法典》中的合同编，当事人在保证合同中对保证方式没有约定或约定不明确的，保证人按照（　　）方式承担保证责任。

A. 连带责任保证
B. 仲裁协议约定
C. 一般保证
D. 当事人诉讼请求

15. 保证合同中，债务人与保证人对保证期间没有约定或者约定不明确的，保证期间为主债务履行期届满之日起（　　）个月。

A. 1
B. 3
C. 6
D. 12

16. 安装工程一切险通常应以（　　）为保险期限。

A. 整个工期
B. 设备生产至安装完成期间
C. 工程全寿命期
D. 施工安装合同有效期

17. 下列合同计价方式中，在工程施工中"量"与"价"方面的风险分配对合同双方均显公平的是（　　）。

A. 单价合同
B. 固定总价
C. 可调总价
D. 成本加酬金

18. 定金不得超过主合同标的额的（　　）。

A. 20%
B. 30%
C. 40%
D. 50%

19. 关于抵押的说法，正确的是（　　）。

A. 抵押物只能由债务人提供 　　　　B. 正在建造的建筑物可用于抵押

C. 提单可用于抵押 　　　　D. 抵押物应当转移占有

20. 关于人身保险合同的说法，正确的是（　　）。

A. 保险合同只能由被保险人和保险人签订

B. 受益人由被保险人或投保人指定

C. 被保险人或受益人必须是投保人

D. 保险人可以用诉讼方式要求投保人支付保险费

21. 根据《标准施工招标文件》，建筑工程项目一般应由（　　）投保建筑工程一切险。

A. 发包人 　　　　B. 承包人

C. 监理人 　　　　D. 分包人

22. 在施工企业职工意外伤害保险中，保险人承担保险责任的期间是被保险人自意外伤害发生之日起（　　）内。

A. 60 日 　　　　B. 90 日

C. 120 日 　　　　D. 180 日

23. 关于保险索赔的说法，正确的是（　　）。

A. 保险事故发生后，索赔时仅需被保险人向保险人提供与确认保险事故有关的证明和资料

B. 保险单上载明的保险财产没有全部损失，但其损害程度已无法修理，只能按照部分损坏进行索赔

C. 保险事故发生后，应当及时通知保险人

D. 如果一个建设工程项目，同时由多家保险人承保，则应当平均分配赔偿金额

24. 在施工招标投标中，银行为投标人出具的投标保函属于（　　）。

A. 留置担保 　　　　B. 保证担保

C. 抵押担保 　　　　D. 质押担保

25. 关于投标保证有效期的说法，正确的是（　　）。

A. 投标保证有效期应从投标时起算

B. 投标保证有效期应从开标日起算

C. 投标保证有效期不得延长

D. 投标保证有效期应长于投标有效期

26. 根据《招标投标法实施条例》，建设工程项目招标结束后，招标人退还投标保证金时间限定在（　　）。

A. 与中标人签订书面合同后的 15 日内

B. 与中标人签订书面合同后的 5 日内

C. 招标投标结束后的 30 日内

D. 招标投标结束后的 15 日内

27. 在施工招标投标中，下列投标人的行为不构成没收投标保证金的情形是（　　）。

A. 投标文件没有按要求密封

B. 投标人在投标有效期内撤销投标

C. 中标人无正当理由拒绝订立合同

D. 中标人不接受根据规定对投标文件错误的修正

28. 根据《招标投标法实施条例》，建设工程项目招标文件中，若要求中标人提供履约保证金的，其额度不应超过合同价格的（　　）。

A. 2%

B. 10%

C. 15%

D. 30%

29. 根据《招标投标法实施条例》，投标人提交的投标保证金不得超过招标项目估算价的（　　）。

A. 2%

B. 3%

C. 5%

D. 10%

30. 某工程投保了建设工程一切险，在施工期间现场发生下列事件造成损失，保险人负责赔偿的事件是（　　）。

A. 大雨造成现场档案资料毁损

B. 雷电击毁现场施工用配电柜

C. 设计错误导致部分工程拆除重建

D. 施工机械过度磨损需要停工检修

31. 在任何情况下，建筑工程一切险保险人承担损害赔偿义务的期限不超过（　　）。

A. 保险单列明的建筑期保险终止日

B. 工程所有人对全部工程验收合格之日

C. 工程所有人实际占用全部工程之日

D. 工程所有人使用全部工程之日

二、多项选择题

1. 以下（　　）属于合同评审的内容。

A. 合同是否合法、合规

B. 合同是否严密、完整

C. 合同的价格是否公平合理

D. 合同的风险评估

E. 合同是否经批准

2. 以下（　　）属于合同交底的内容。

A. 合同报价的计算依据

B. 合同订立过程中的特殊问题及合同待定问题

C. 合同实施计划及责任分配

D. 合同实施的主要风险

E. 合同的主要内容

3. 以下有关单价合同的说法，正确的是（　　）。

A. 承包商几乎承担了工作量及价格变动的全部风险

B. 业主承担的风险较小

C. 价和量方面的风险分配对合同双方公平

D. 可缩短招标投标时间，有利于尽早开工

E. 多适用于在发包时施工工程内容和工程量尚不能确定的情况

4. 委托代理采用书面形式授权的，授权委托书应当载明的内容有（　　）。

A. 代理事项

B. 代理权限

C. 代理人姓名或名称

D. 代理费用

E. 代理期限

5. 对于无权代理行为，被代理人可以根据无权代理的行为后果行使的权利有（ ）。

A. 催告权   B. 默认权

C. 拒绝权   D. 追认权

E. 撤销权

6. 合同法律关系包含的要素有（ ）。

A. 主体   B. 内容

C. 法律规范   D. 法律事实

E. 客体

7. 民法典中的"无权代理"主要包括（ ）的代理行为。

A. 没有代理权   B. 代理权授权范围不明

C. 超越代理权   D. 代理权终止以后

E. 授权代理时限不清

8. 下列施工合同条款中，属于合同法律关系内容的有（ ）。

A. 发包人名称   B. 承包人名称

C. 发承包项目名称   D. 提供施工场地的约定

E. 工程价款结算的约定

9. 在代理关系中，委托代理关系终止的条件包括（ ）。

A. 被代理人的法人终止   B. 被代理人取得民事行为能力

C. 被代理人取消委托   D. 代理事项完成

E. 代理人丧失民事行为能力

10. 根据《最高人民法院关于审理建设工程施工合同纠纷案件适用法律问题的解释》，发包人的下列行为中，造成建设工程质量缺陷，应当承担过错责任的有（ ）。

A. 提供的设计有缺陷

B. 提供的建筑材料不符合强制性标准

C. 同意总承包人选择分包人分包专业工程

D. 指定购买的建筑构配件不符合强制性标准

E. 直接指定分包人分包专业工程

11. 《民法典》规定的保证合同的主要内容包括（ ）。

A. 被保证的主债权种类、数额   B. 债务人履行债务的方式

C. 保证的期间   D. 保证担保的范围

E. 债务人履行债务的期限

12. 根据《民法典》，保证合同对担保范围没有约定时，保证担保的范围包括（ ）。

A. 主债权及利息   B. 违约金

C. 行政罚款   D. 损害赔偿金

E. 实现债权的费用

13. 投保建筑工程一切险的工程，保险人对（ ）造成的损失不予赔偿。

A. 地面下陷   B. 设计错误

C. 维修保养   D. 正常检修

E. 气温变化

14. 下列情形中，可能导致建筑工程一切险的保险责任期限终止的有（　　）。

A. 工程所有人对全部工程签发完工验收证书

B. 承包人撤出施工现场

C. 工程所有人实际占用全部工程

D. 工程保修期满

E. 工程合理使用期满

习题答案及解析

一、单项选择题

1.【答案】B

【解析】本题考查的是招标采购阶段的管理任务和方法。选项 A，并不是所有项目均必须采用示范文本；选项 C，使用示范文本，可以降低交易成本，不是降低合同价格；选项 D，无法避免。

2.【答案】D

【解析】本题考查的是招标采购阶段的管理任务和方法。成本加酬金合同通常适用于工程复杂，工程技术、结构方案难以预先确定，时间特别紧迫（如抢险救灾）的项目。

3.【答案】D

【解析】本题考查合同计价方式。成本加酬金计价模式下，成本部分是据实结算的，承包商的风险最小。

4.【答案】D

【解析】本题考查合同法律关系的主体。作为合同法律关系主体的自然人必须具备相应的民事权利能力和民事行为能力。

5.【答案】C

【解析】本题考查法人的规定。选项 A，法人应当经政府主管机关批准或核准登记，不是备案；选项 B、D，法人有必要的财产或者经费，此处表述不准确。

6.【答案】D

【解析】本题考查法人的分类。选项 A、B、C 均属于非营利法人。机关法人、农村集体经济组织法人、城镇农村的合作经济组织法人、基层群众性自治组织法人，为特别法人。

7.【答案】C

【解析】本题考查智力成果的内涵。选项 A、D 属于物；选项 B 属于行为。

8.【答案】C

【解析】选项 A，施工合同的客体是施工行为，不是建筑物本身。选项 B、D 客体是勘察设计行为。只有买卖合同的客体是建筑物本身，包括建筑材料。

9.【答案】D

【解析】本题考查法律事实的内涵。选项 A，法律事实包括行为和事件；选项 B，罢工属于法律事实中的事件；选项 C，发生法律效力的法院判决是法律事实。

10.**【答案】**D

【解析】本题考查代理关系。项目经理作为施工企业的代理人、总监理工程师作为监理单位的代理人，均为委托代理。

11.**【答案】**D

【解析】本题考查代理关系。项目经理为施工企业的代理人，施工企业是被代理人，法律后果由被代理人承担。

12.**【答案】**C

【解析】本题考查的是担保的内涵。选项 A，保证法律关系至少必须有保证人、被保证人（债务人）和债权人三方参加；选项 B，连带责任保证更能保护债权人利益；选项 D，一般保证债权人必须先要求债务人履行债务，只有当债务人确实无法履行债务时，才要求保证人承担保证责任。连带责任保证既可以要求债务人履行债务，也可以要求保证人在其保证范围内承担保证责任。具体情况应具体分析。

13.**【答案】**B

【解析】本题考查的是担保人的资格。不能作为保证人的组织包括：①企业法人的分支机构、职能部门；②国家机关；③学校、幼儿园、医院等以公益为目的的事业单位、社会团体。

14.**【答案】**C

【解析】本题考查保证方式。当事人在保证合同中对保证方式没有约定或约定不明确的，保证人按照一般保证方式承担保证责任。

15.**【答案】**C

【解析】本题考查担保方式中保证的期间。一般保证的保证人未约定保证期间的，保证期间为主债务履行期届满之日起 6 个月。

16.**【答案】**A

【解析】本题考查工程建设涉及的主要险种。安装工程一切险的保险期限，通常应以整个工期为保险期限。

17.**【答案】**A

【解析】本题考查的是招标采购阶段的管理任务和方法。在工程施工中"量"与"价"方面的风险分配对合同双方均显公平的是单价合同。

18.**【答案】**A

【解析】本题考查定金。定金的数额由当事人约定，但不得超过主合同标的额的 20%。

19.**【答案】**B

【解析】本题考查的是抵押的相关规定。选项 A，债务人或者第三人都可以提供抵押物；选项 C，提单可用于质押，不能抵押；选项 D，抵押物不转移占有。

20.**【答案】**B

【解析】本题考查的是保险的内涵。选项 A 错误，投保合同应该是投保人与保险人签订的；选项 C 错误，投保人、被保险人可以为受益人；选项 D 错误，保险人对人身保险的保险费，不得用诉讼方式要求投保人支付。

21. 【答案】B

【解析】本题考查的是建筑工程一切险的投保人与被保险人。承包人应以发包人和承包人的共同名义向双方同意的保险人投保。

22. 【答案】D

【解析】本题考查的是施工企业职工意外伤害险中保险责任的承担期限。保险人承担保险责任的期间是被保险人自意外伤害发生之日起180日内。

23. 【答案】C

【解析】本题考查的是保险索赔。选项A，投保人、被保险人或者受益人应当向保险人提供其所能提供的与确认保险事故的性质、原因、损失程度等有关的证明和资料；选项B，财产虽然没有全部毁损或者灭失，但其损坏程度已达到无法修理，或者虽然能够修理但修理费将超过赔偿金额的，也应当按照全损进行索赔；选项D，一个建设工程项目同时由多家保险公司承保，则应当按照约定的比例分别向不同的保险公司提出索赔要求。

24. 【答案】B

【解析】本题考查的是保证在建设工程中的应用。银行是保证人。

25. 【答案】B

【解析】本题考查的是保证在建设工程中的应用。投标保证有效期从投标截止日起，截止日期根据招标项目的情况由招标文件规定。投标保证金的有效期应当与投标有效期一致。

26. 【答案】B

【解析】本题考查的是投标保证金的相关规定。招标人最迟应当在书面合同签订后5日内向中标人和未中标的投标人退还投标保证金及银行同期存款利息。

27. 【答案】A

【解析】本题考查的是保证在建设工程中的应用。投标文件没有密封，直接拒收。

28. 【答案】B

【解析】本题考查的是履约保证的金额。履约担保金一般情况下额度为合同价格的10%。

29. 【答案】A

【解析】本题考查的是投标保证金的规定。投标保证金数额不得超过招标项目估算价的2%。

30. 【答案】B

【解析】本题考查的是建筑工程一切险的保险责任和除外责任。选项A、C、D均属于建设工程一切险的除外责任。选项A，档案、文件、票据、现金、有价证券、包装物料等不保；选项C，设计错误属于责任事故不保；选项D，维修保养或正常检修不保。

31. 【答案】A

【解析】本题考查的是建筑工程一切险的期限。在任何情况下，保险人承担损害赔偿义务的期限不超过保险单明细表中列明的建筑期保险终止日。

二、多项选择题

1.【答案】ABD

【解析】本题考查的是合同签订及履行阶段的管理任务和方法。合同评审主要包括：合法性、合规性评审；合理性、可行性评审；合同严密性、完整性评审；与产品或过程有关要求的评审；合同风险评估。

2.【答案】BCDE

【解析】本题考查合同交底的内容。选项 A，报价的计算依据不需要说明。

3.【答案】CDE

【解析】本题考查的是招标采购阶段的管理任务和方法。选项 A、B 适用于固定总价合同。

4.【答案】ABCE

【解析】委托代理授权采用书面形式的，授权委托书应当载明代理人的姓名或者名称、代理事项、权限和期间，并由被代理人签名或者盖章。

5.【答案】CD

【解析】无权代理中，被代理人可根据无权代理的行为后果行使的权利有：①追认权，将无权代理行为转化为合法的代理行为，由被代理人承担民事责任；②拒绝权，由行为人承担民事责任。

6.【答案】ABE

【解析】本题考查合同法律关系的构成。合同法律关系包括合同法律关系主体、合同法律关系客体、合同法律关系内容三个要素。

7.【答案】ACD

【解析】本题考查代理关系。无权代理包括以下三种情况：①没有代理权而为的代理行为；②超越代理权限而为的代理行为；③代理权终止后的代理行为。

8.【答案】DE

【解析】本题考查合同法律关系的构成。选项 A、B 属于合同法律关系的主体；选项 C 属于客体。

9.【答案】ACDE

【解析】本题考查的是代理关系。选项 B 是法定代理关系终止的条件。

10.【答案】ABDE

【解析】本题考查竣工质量争议的规定。选项 C 是发包人的合法权利。

11.【答案】ACDE

【解析】本题考查的是保证合同的内容。保证合同的内容：①被保证的主债权种类、数额；②债务人履行债务的期限；③保证的方式；④保证担保的范围；⑤保证的期间；⑥双方认为需要约定的其他事项。

12.【答案】ABDE

【解析】本题考查的是担保方式。保证担保的范围包括主债权及利息、违约金、损害赔偿金及实现债权的费用。

13.【答案】BCDE

【解析】本题考查建筑工程一切险的保险责任。选项 B 属于责任事故；选项 C、

D、E属于正常的情况，均不是意外事故，属于除外责任。

14.【答案】AC

【解析】本题考查的是建筑工程一切险的期限。保险责任自保险工程在工地动工或用于保险工程的材料、设备运抵工地之时起始，至工程所有人对部分或全部工程签发完工程验收证书或验收合格，或工程所有人实际占用或使用或接受部分或全部工程之时终止，以先发生为准。

第二章 建设工程勘察设计招标

本章内容框架及知识点分值分布如表2-1、图2-1所示。

本章内容框架及知识点分值分布 表 2-1

知识点分布	2020 年			2021 年			2022 年上半年			2022 年下半年		
	单选（道）	多选（道）	分值	单选（道）	多选（道）	分值	单选（道）	多选（道）	分值	单选（道）	多选（道）	分值
工程勘察设计招标特征及方式	0	2	4	0	0	0	1	2	5	0	1	2
工程勘察设计招标主要工作内容	2	0	2	2	2	6	3	0	3	1	1	3
工程勘察设计开标和评标	1	0	1	2	0	2	2	0	2	2	0	2
合计	3	2	7	4	2	8	6	2	10	3	2	7

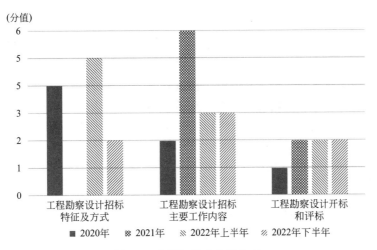

图 2-1 本章知识点分值分布

第一节 工程勘察设计招标特征及方式

知识点一：工程勘察设计招标的特征

其九大特征如表2-2所示。

工程勘察设计招标的九大特征 　　　　　　　　　　　　　　　　　　　表 2-2

特征	内容
在招标标的物特征上	设计阶段是决定建设项目性能,优化和控制工程质量及工程造价**最关键、最有利**的阶段
在招标工作性质上	①是**专业服务性质**的招标,设计工作对技术要求高 ②设计方案的优劣往往需要经过较长时间的检验,不易在短期内准确地量化评判
在招标条件上	①招标人只能向潜在投标人提供项目概况、功能要求等工程前期的初步性基础资料,更多内容需投标人创造提供智力成果 ②**无具体量化的工作量**,灵活性较大
在招标阶段划分上	①可以按设计工作深度的不同,**分期、分阶段招标,逐步细化**落实设计成果(如方案设计/初步设计/施工图设计) ②设计进度计划需要满足总体投资计划及配合施工安装和采购工作的要求
在投标书编制要求上	设计投标首先提出**设计构思和初步方案**,论述方案的优点和实施计划,在此基础上提出报价
在开标形式上	设计招标在开标时由各投标人自己**说明投标方案的基本构思和意图**,以及其他实质性内容,而不是由招标单位的主持人宣读投标书并按报价高低排定标价次序
在评标原则上	设计招标评标时,评标专家更加注重所提供设计的技术先进性、所达到的技术指标、方案的合理性,以及对工程项目投资效果的影响等方面的因素,**而不是过于追求低报价**
在投标经济补偿上	①对未中标的有效投标人给予**费用补偿** ②对选为优秀设计方案的投标人给予**奖励**
在知识产权保护上	①招标人如果要采用未中标人投标文件中的技术方案,应保护其知识产权 ②征得未中标人的书面同意并给予合理的**使用费**

【例题 1】工程设计招标与施工招标相比,主要特征有 ( )。(2022 年上半年考试真题)

A. 设计工作无具体量化的工作量,灵活性较大

B. 设计方案对工程项目投资更具全局性影响

C. 招标人可以给予未中标的有效投标人费用补偿

D. 招标工作量大、要求评标专家人数多

E. 可允许投标人提供备选投标方案

【答案】ABC

【解析】本题考查工程设计招标的特点。

【例题 2】与施工招标和材料设备采购招标相比,工程设计招标的特点有 ( )。(2022 年下半年考试真题)

A. 投标方案的灵活性较大　　　　　　　　B. 招标人须设最高投标限价

C. 易于量化评价　　　　　　　　　　　　D. 可考虑给予投标人费用补偿

E. 一般采用最低投标价中标

【答案】AD

【解析】本题考查工程设计招标的特点。

知识点二:公开招标与邀请招标

其规定及优缺点对比如表 2-3 所示。

公开招标与邀请招标的规定及优缺点对比　　　　表 2-3

内容	公开招标	邀请招标
规定	邀请**不特定**主体投标参加	邀请**三家**以上具备条件的投标人投标
优点	符合条件的潜在投标人都能参加,公开、公平、公正,有利于实现充分竞争	①招标人对发出投标邀请书的投标单位的信用和能力均予信任 ②投标人及投标人的数量事先可以确定 ③缩短了招标投标周期,评标工作量小
缺点	①招标人事先难以预计有哪些投标人以及投标人的数量 ②招标人可能不熟悉某些投标人的情况 ③招标人所期待的投标人可能并未参加投标	①一些符合条件的潜在竞争者可能未在邀请之列,漏掉更具优势的单位 ②不能充分体现公开竞争、机会均等的原则

【例题 1】与公开招标相比，邀请招标的规定有（　　）。（2020 年真题）

A. 以投标邀请书的形式邀请投标人

B. 邀请投标人的数量须在 5 家以上

C. 招标人对潜在投标人能力较为了解

D. 适合于投标资质要求高的重大工程

E. 招投标周期缩短且评标工作量小

【答案】ACE

【解析】选项 B，邀请投标人数量须在 3 家以上；选项 D，无此规定。

【例题 2】公开招标与邀请招标相比，主要特点有（　　）。（2022 年上半年考试真题）

A. 有利于公平竞争

B. 有利于缩短招标时间

C. 资格预审工作量大

D. 以招标公告形式告知潜在投标人

E. 有利于节省招标费用

【答案】ACD

【解析】选项 B、E，公开招标周期长、工作量大、成本高。

知识点三：两对易混点辨析

① 必须招标的项目和应当公开招标的项目的范围如表 2-4 所示。

必须招标与应当公开招标的项目的范围　　　　表 2-4

必须招标的项目	应当公开招标的项目
纳入所规定范围的项目勘察、设计等服务的采购,单项合同估算价在 **100 万元**人民币以上的,必须进行招标	国有资金占控股或者主导地位的,依法必须进行招标的项目(国有主导)

② 可以不招标和可以邀请招标的项目的范围如表 2-5 所示。

可以不招标和可以邀请招标的项目的范围 表 2-5

可以不招标的项目	可以邀请招标的项目
①涉及国家安全、国家秘密、抢险救灾或者属于利用扶贫资金实行以工代赈、需要使用农民工等特殊情况,不适宜进行招标(保密、时间来不及、扶持) ②主要工艺、技术采用**不可替代**的专利或者专有技术,或者其建筑艺术造型有特殊要求(只有一家会的) ③采购人**依法**能够自行勘察、设计(自己能做的) ④已通过招标方式选定的特许经营项目投资人依法能够自行勘察、设计(自己能做的) ⑤技术复杂或专业性强,能够满足条件的勘察设计单位少于 3 家,不能形成有效竞争(只有 3 家以下能做) ⑥已建成项目需要改、扩建或者技术改造,由其他单位进行设计影响项目功能配套性(别人做影响功能配套的)	①技术复杂、有特殊要求或者受自然环境限制,只有少量潜在投标人可供选择(可选范围小的,**人少**的) ②采用公开招标方式的费用占项目合同金额的比例过大(公开招标不划算的,**钱多**的)

【例题 1】根据《工程建设项目勘察设计招标投标办法》,工程勘察设计可以不进行招标的情形有 ( )。(2020 年真题)

A. 建设单位依法能够自行勘察设计

B. 能满足技术条件的勘察设计单位少于 3 家

C. 抢险救灾情况紧急不适宜进行招标

D. 项目投资大、工期长,能胜任的勘察设计单位较少

E. 建设单位已有长期合作的勘察设计单位

【答案】ABC

【解析】选项 D 是可以邀请招标的项目;选项 E,既不属于可以不招标的情况,也不属于邀请招标的情况。

【例题 2】根据《招标投标法实施条例》,对于属于依法必须公开招标范围内的项目,可以采取邀请招标的情形有 ( )。(2019 年真题)

A. 工期较长的

B. 技术复杂,只有少量潜在投标人可供选择的

C. 采用公开招标方式的费用占项目合同金额的比例较大的

D. 需要采用两阶段招标的

E. 对实施工程总承包的

【答案】BC

【解析】本题考查邀请招标的适用范围。

知识点四:一次性招标和分阶段招标

① 招标人可以实行勘察设计一次性总体招标,也可以实行分段或分项招标。

② 国家**鼓励**实行设计总包,实行设计总包的,按照合同约定或经招标人同意,设计单位**可以不通过招标**的方式将建筑工程**非主体部分**的设计进行分包。(设计可以分包)

③ 招标人一般应当将建筑工程的方案设计、初步设计和施工图设计一并招标。

【例题 1】工程设计招标,可以包括以下 ( ) 的一个或多个阶段。

A. 方案设计   B. 初步设计

C. 可行性研究设计　　　　　　　D. 施工图设计

E. 竣工图设计

【答案】ABD

【解析】本题考查的是工程勘察、设计范围及阶段。另外，还包括扩大初步设计，但不包括可行性研究设计及竣工图设计阶段。

【例题2】关于工程设计招标方式的说法，正确的有（　　）。（2018年真题）

A. 所有的工程设计都应当通过招标发包

B. 所有的工程设计都应当通过邀请招标发包

C. 依法必须招标的工程设计，都应当公开招标

D. 工程设计邀请招标的，应当邀请三个以上单位参加投标

E. 依法应当公开招标的工程设计，对技术复杂只有少量潜在投标人可供选择的，可以邀请招标

【答案】DE

【解析】本题考查的是工程设计招标管理。选项A，依法规定必须招标范围内的工程必须招标，并不是所有的工程；选项B，建筑工程设计招标依法可以公开招标或者邀请招标；选项C，依法必须招标的工程设计满足邀请招标条件时可进行邀请招标。

知识点五：设计方案招标和设计团队招标

其要点如表2-6所示。

设计方案招标和设计团队招标的要点　　　　　　表2-6

设计方案招标（评方案）	设计团队招标（评团队）
①主要通过对投标人提交的**设计方案**进行评审确定中标人 ②重点对设计方案的功能、技术、经济和美观等进行评审	①主要通过对投标人**拟派设计团队的综合能力**进行评审确定中标人 ②对投标人拟从事项目设计的人员构成、人员业绩、人员从业经历、项目解读、设计构思、投标人信用情况和业绩等进行评审

第二节　工程勘察设计招标主要工作内容

知识点一：工程勘察设计招标应具备的条件

① 招标人已经依法成立。（主体）

② 按照国家有关规定需要履行项目审批、核准或备案手续的，已经审批、核准或备案。（手续）

③ 勘察设计有相应资金或者资金来源已经落实。（钱）

④ 所必需的勘察设计基础资料已经收集完成。（资料）

⑤ 法律法规规定的其他条件。

【例题】依法必须进行勘察设计招标的项目，招标时应具备的条件有（　　）。（2021年真题）

A. 招标人已经依法成立   B. 已确定勘察设计单位初选名单

C. 勘察设计资金来源已经落实   D. 必需的勘察设计基础资料已收集完成

E. 已组织投标申请人踏勘现场

【答案】ACD

【解析】本题考查招标时应具备的条件。

此处怎么考：把这两类混到一起考，一定要分清楚考的是甲方给乙方提出的要求，还是乙方提交给甲方的资格审查资料

知识点二：投标人资格要求

具体内容如表 2-7 所示。

对投标人资格要求和资格审查资料的具体内容   表 2-7

项目	具体内容
对投标人资格**要求** （甲方给乙方的要求）	资质要求、财务要求、业绩要求、信誉要求、项目负责人的资格要求、其他主要人员要求、其他要求
资格审查**资料** （乙方提交给甲方的）	①投标人基本情况表 ②近年财务状况表 ③近年完成的类似勘察设计项目情况表 ④正在勘察设计和新承接的项目情况表 ⑤近年发生的诉讼及仲裁情况 ⑥拟委任的主要人员汇总表 ⑦拟投入本项目的主要勘察设备表

【例题】在勘察设计招标中，以下（   ）属于投标人资格审查资料的内容。

A. 对投标人的资质要求

B. 投标人近年财务状况表

C. 拟委任的主要人员汇总表

D. 项目负责人的资格要求

E. 投标人近年完成的类似勘察设计项目情况表

【答案】BCE

【解析】本题考查的是投标人资格审查资料的内容。注意与招标人对投标人要求的资料相区别。选项 A、D 属于招标人对投标人的要求。

知识点三：勘察、设计资质类别

1. 勘察资质类别

具体内容如表 2-8 所示。

特别注意：资质的向下兼容。排在前面的资质序列，可以从事之后资质序列的业务。同序列中高级别的可以从事低级别的业务。反向则不可

勘察资质类别、级别及可承接业务   表 2-8

资质类别	级别	可承接业务
工程勘察综合资质	只设甲级	各专业各等级（海洋工程勘察除外）
工程勘察专业资质	设甲、乙级，部分专业可设丙级	相应专业、等级
工程勘察劳务资质	不分等级	可以承接岩土工程治理、工程钻探、凿井等工程勘察劳务业务

2. 设计资质类别

具体内容如表 2-9、表 2-10 所示。

设计资质类别、级别及承接业务 表 2-9

资质类别	级别	可承接业务
工程设计综合资质	只设甲级	均可
工程设计行业资质	设甲、乙级,个别可设丙级	行业、专业、专项
工程设计专业资质	设甲、乙级,个别可设丙级,建筑工程可设丁级	专业、专项
工程设计专项资质	设甲、乙级,个别可设丙级	专项

勘察资质和设计资质对比 表 2-10

勘察资质	设计资质
①综合资质 ②专业资质 ③劳务资质	①综合资质 ②行业资质 ③专业资质 ④专项资质

资质"三禁止":禁止超越资质承揽业务,禁止借用别人资质,禁止把资质借给别人

【**例题 1**】以下( )属于勘察资质类别。

A. 劳务资质　　　　　　　　B. 综合资质

C. 专业资质　　　　　　　　D. 行业资质

E. 专项资质

【**答案**】ABC

【**解析**】本题考查的是勘察资质类别。选项 D、E 属于设计资质类别。

【**例题 2**】根据勘察设计管理的规定,不得承接某专业工程设计业务的是取得( )的企业。(2016 年真题)

A. 工程设计综合资质

B. 本专业所属行业相应等级设计资质

C. 本专业所属行业更高等级设计资质

D. 工程设计专项资质

【**答案**】D

【**解析**】本题考查的是设计资质类别。设计资质类别向下兼容,分别是综合资质、行业资质、专业资质、专项资质。

知识点四:勘察设计技术能力和经验审查

具体内容如表 2-11 所示。

勘察设计技术能力和经验审查 表 2-11

项目	具体内容
勘察设计技术能力审查	①主要考察**勘察设计负责人**的资格和能力 ②各类勘察设计人员的专业覆盖面、人员数量和各级职称人员的比例等是否满足完成工程设计的需要

项目	具体内容
勘察设计经验审查(<u>同类</u> 工程的设计经历)	①招标文件通常会要求投标人报送最近几年完成的工程项目业绩表 ②通过考察以往完成的项目评定其勘察设计能力与水平

【例题1】 工程设计招标中，审查投标人资格时，属于技术能力审查的内容有（ ）。

A. 企业资质

B. 法定代表人的设计资格和能力

C. 项目设计负责人的资格和能力

D. 各类设计人员的专业覆盖面

E. 设计人员数量是否满足工程设计的需求

【答案】 CDE

【解析】 判定投标人是否具备承担发包任务的能力，通常要进一步审查人员的技术力量。人员的技术力量主要考察设计负责人的资格和能力，以及各类设计人员的专业覆盖面、人员数量和各级职称人员的比例等是否满足完成工程设计的需要。

【例题2】 判断勘察设计投标人的技术能力，是否具备承担勘察设计任务的能力，主要通过判断（ ）。

A. 各类勘察设计人员的专业覆盖面

B. 各类勘察设计人员数量和各级职称人员的比例

C. 勘察设计负责人的资格和能力

D. 同类工程的设计经历

【答案】 C

【解析】 选项 A、B、D 均属于考查的范围，但最重要的是选 C。

知识点五：勘察设计的设计招标公告（投标邀请书）和招标文件

具体内容如表 2-12 所示。

招标公告（投标邀请书）与招标文件的区别　　　　　　　　　表 2-12

项目	招标公告(投标邀请书)	招标文件
本质	告知哪里有个什么样的项目,大致要求是什么,吸引感兴趣的投标人来参加投标	详细的要求和如何投标、评标,以及拟签订合同的内容等
内容	①招标条件 ②项目概况与招标范围 ③投标人资格要求 ④技术成果经济补偿 ⑤招标文件的获取 ⑥投标文件的递交 ⑦联系方式 ⑧时间	①招标公告或投标邀请书 ②投标人须知 ③评标办法 ④合同条款及格式 ⑤**发包人要求** ⑥投标文件格式 ⑦投标人须知前附表规定的其他资料 此处怎么考：把这两类文件内容混在一起，考察其属于哪一类

【例题】 根据《标准勘察招标文件》，属于勘察招标文件内容的是（ ）。（2021 年

真题）

A. 勘察机构设置　　　　　　　　　　B. 勘察工作难点分析

C. 发包人要求　　　　　　　　　　　D. 勘察工作具体措施

【答案】C

【解析】选项 A、B、D 属于勘察投标文件的内容。

知识点六：发包人要求

具体内容如图 2-2 所示。

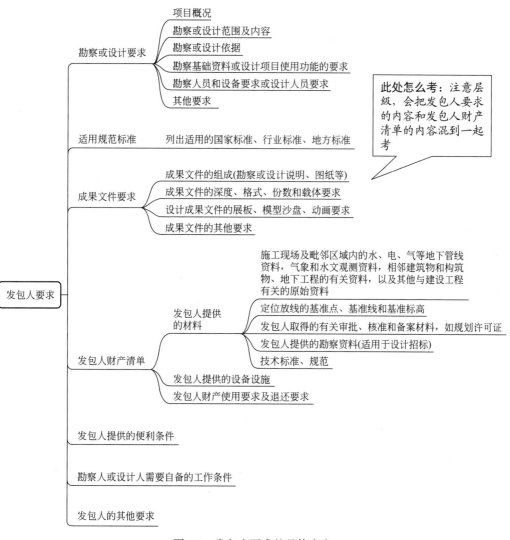

图 2-2　发包人要求的具体内容

【例题】在勘察设计招标文件中，以下（　　）属于发包人要求的内容。

A. 投标人须知　　　　　　　　　　　B. 评标办法

C. 勘察或设计要求　　　　　　　　　D. 发包人财产清单

E. 勘察人或设计人需要自备的工作条件

【答案】CDE

【解析】选项 A、B 属于招标文件的内容，是和发包人要求平行并列的概念，没有包含关系。

知识点七：工程勘察、设计服务内容

具体内容如表 2-13 所示。

工程勘察、设计服务内容　　　　　　　　　　　　　表 2-13

项目	内容
勘察服务	①制定勘察纲要 ②进行测绘、勘探、取样和试验等 ③查明、分析和评估地质特征和工程条件 ④编制勘察报告 ⑤提供发包人委托的其他服务
设计服务	①编制设计文件(图纸) ②编制设计概算、预算(设计概算) ③提供技术交底、施工配合(设计交底) ④参加竣工验收(参加验收) ⑤发包人委托的其他服务

【例题 1】根据《标准勘察招标文件》，属于勘察服务内容的是（　　）。（2022 年上半年考试真题）

A. 进行技术交底　　　　　　　B. 提供施工配合

C. 评估工程条件　　　　　　　D. 参加竣工验收

【答案】C

【解析】勘察服务包括：制定勘察纲要，进行测绘、勘探、取样和试验等，查明、分析和评估地质特征和工程条件，编制勘察报告和提供发包人委托的其他服务。

【例题 2】根据《标准设计招标文件》，设计服务的内容包括（　　）。（2022 年下半年考试真题）

A. 编写项目立项申请报告　　　B. 编制项目环境影响评价报告

C. 编制设计文件　　　　　　　D. 编制设计概算

E. 提供设计技术交底

【答案】CDE

【解析】设计服务包括：编制设计文件和设计概算、预算、提供技术交底、施工配合、参加竣工验收或发包人委托的其他服务。

【例题 3】根据《标准设计招标文件》中的通用合同条款，设计人应在工程施工期间提供的设计配合服务工作有（　　）。（2021 年真题）

A. 审查勘察作业安全措施计划　　B. 进行设计技术交底

C. 参与施工过程及工程竣工验收　　D. 参与工程试运行

E. 配合施工单位编制施工方案

【答案】BC

【解析】设计服务包括：编制设计文件和设计概算、预算、提供技术交底、施工配合、参加竣工验收或发包人委托的其他服务。

知识点八：与招标文件相关的重要时间

具体内容如表 2-14 所示。

与招标文件相关的重要时间　　　　　　　　　　　　　　　　表 2-14

时间	内容
15 日	①招标人对招标文件的澄清应发给所有购买招标文件的投标人,但不指明澄清问题的来源 ②澄清发出的时间距投标截止时间不足 **15 日**的,并且澄清内容可能影响投标文件编制的,将相应延长投标截止时间
10 日	投标人或者其他利害关系人对招标文件有异议的,应当在投标截止时间 **10 日**前,以书面形式提出
3 日	招标人将在收到异议之日起 **3 日**内作出答复;作出答复前将暂停招标投标活动

【例题】招标人对已发出的招标文件进行修改的，应当在（　　　）以书面形式通知所有招标文件收受人。

A. 提交投标文件截止时间至少 15 日前

B. 提交投标文件截止时间至少 20 日前

C. 资格评审工作开始前 15 日

D. 资格评审工作开始前 20 日

【答案】A

【解析】本题考查的是招标文件的澄清。

知识点九：勘察设计投标文件

具体内容如表 2-15 所示。

勘察设计投标文件的具体内容　　　　　　　　　　　　　　　表 2-15

项目	具体内容
投标文件的内容	①投标函及投标函附录 ②法定代表人身份证明或授权委托书 ③联合体协议书 ④投标保证金 ⑤勘察或设计费用清单 ⑥资格审查资料 ⑦勘察纲要或设计方案 ⑧投标人须知前附表规定的其他资料
相关规定	投标文件应当对招标文件有关勘察设计服务期限、发包人要求、招标范围、投标有效期等**实质性内容作出响应,否则其投标被否决**
投标有效期	除投标人须知前附表另有规定外,**投标有效期为 90 日**

【例题】根据《标准勘察招标文件》，属于勘察纲要内容的是（   ）。（2022年上半年考试真题）

A. 勘察安全保证措施

B. 勘察成果文件

C. 勘察人资质文件

D. 勘察分包合同

【答案】A

【解析】勘察纲要包括：勘察依据及工作目标、勘察设计机构设置及岗位职责、勘察设计说明，勘察设计方案，拟投入的勘察设计人员、勘察设备（适用于勘察投标），勘察设计质量、进度、保密等保证措施，勘察设计安全保证措施，勘察设计工作重点和难点分析，对本工程勘察设计的合理化建议。

知识点十：联合体投标和分包的相关规定

1. 联合体投标

具体内容如表2-16所示。

联合体投标的规定 　　　　　　　　　　　　　　　　　　　　表 2-16

项目	规定
资质	①由同一专业的单位组成的联合体,按照资质等级较低的单位确定资质等级(资质就低原则) ②联合体各方不得再以自己的名义单独或参加其他联合体在本招标项目中投标
法律责任	①对内:联合体协议书约定 ②对外:联合体各方承担**连带责任**

2. 分包

具体内容如表2-17所示。

分包的规定 　　　　　　　　　　　　　　　　　　　　　　　表 2-17

项目	规定
分包要求	中标项目的**非主体、非关键性**勘察或设计工作可以进行分包;其他工作不得分包
法律责任	中标人和分包人应当就分包项目向招标人承担**连带责任**

【例题】在施工招标中，关于联合体共同承包的说法，正确的是（   ）。

A. 联合体中标的，联合体各方就中标项目向招标人承担连带责任

B. 组成联合体的各方还可以自己的名义单独投标

C. 两个以上同一专业不同资质等级的单位实行联合体共同承包的，应当按照资质等级高的单位的业务许可范围承揽工程

D. 联合体中标的，联合体各方应分别与招标人签订合同

【答案】A

【解析】本题考查的是联合体投标的规定。选项B错误，联合体的成员不能再以自己的名义单独投标；选项C错误，两个以上不同资质，按照相应的资质等级确定承揽范围，

同一专业不同资质等级按照等级较低的确定资质等级；选项 D 错误，联合体各方应当共同与招标人签订合同。

知识点十一：投标保证金

其相关规定如表 2-18 所示。

投标保证金的相关规定 表 2-18

项目	内容
提交要求	①投标保证金是投标文件的组成部分 ②境内投标人以现金或者支票形式提交的投标保证金,应当从其**基本账户**转出 ③联合体投标的,其投标保证金**可以由牵头人**递交 ④投标保证金以**现金或者支票**形式递交的,还应退还银行同期**存款利息**
数额	一般不超过勘察设计估算费用的 **2%**,最多不超过 **10** 万元人民币
退还	①招标人最迟在中标人签订合同后 5 日内退还投标保证金 ②投标保证金以现金或者支票形式递交的,还应退还银行同期存款利息
不予退还	①投标人在投标有效期内**撤销**投标文件 ②中标人无正当理由不与招标人签订合同 ③中标人在签订合同时向招标人提出附加条件 ④中标人不按照招标文件要求提交履约保证金 ⑤发生投标人须知前附表规定的其他可以不予退还投标保证金的情形

【例题 1】在勘察设计招标中，有关投标保证金和现场踏勘的说法，不正确的是（　）。

A. 勘察设计招标应当提交投标保证金

B. 勘察设计招标应当组织现场踏勘

C. 设计投标保证金最高不超过 10 万元

D. 联合体投标应当由各成员各自提交投标保证金

E. 投标保证金以现金或者支票形式递交的，还应退还银行同期贷款利息

【答案】ABDE

【解析】本题考查的是勘察设计招标中，投标保证金及现场踏勘的规定。选项 A、B，投标保证金及现场踏勘，不是每个项目必须有，取决于招标文件是否要求或规定；选项 D，其投标保证金可以由牵头人递交；选项 E，是存款利息不是贷款利息。

【例题 2】在工程勘察设计招投标过程中，应没收投标保证金的情形是（　）。（2020 年真题）

A. 投标人在评标期间向外界透露投标报价信息

B. 投标人提交的投标保证金数额低于招标文件的规定

C. 投标人在投标截止后致函提出技术澄清说明

D. 投标人中标后未按招标文件要求提交履约保证金

【答案】D

【解析】本题考查没收投标保证金的情况。

第三节 工程勘察设计开标和评标

知识点一：开标

其相关规定如表 2-19 所示。

开标的相关规定   表 2-19

项目	内容
时间	招标文件确定的**提交投标文件截止时间**的同一时间
主持	由**招标人**主持,邀请所有投标人参加
程序	首先检查投标文件的密封情况,再按照顺序当众开标,公布投标的内容
异议	投标人对开标有异议的,应当在**开标现场**提出,招标人应当场作出答复,并制作记录

【例题】关于开标的说法,正确的是(   )。

A. 开标由招标监管部门人员主持

B. 开标时只能由投标人或其推选的代表检查投标文件的密封情况

C. 开标过程应当及时向社会公布

D. 开标时间就是招标文件中规定的投标截止时间

【答案】D

【解析】本题考查的是开标的基本程序。选项 A,开标的主持人是招标人,不是招标监管部门人员;选项 B,由投标人或者其推选的代表检查投标文件的密封情况,也可以由招标人委托的公证机构检查并公证;选项 C,开标过程应当记录,并存档备查,不需要向社会公布。

知识点二：评标主体和评标方法

1. 评标委员会

其相关规定如表 2-20 所示。

评标委员会的相关规定   表 2-20

项目	内容
评标机构	评标委员会,是一个临时工作机构
组建方	招标人
成员	①招标人的代表 ②有关专家
人数	①5 人以上的单数 ②其中技术、经济方面的专家不得少于 2/3
评标结论	评标委员会成员对需要共同认定的事项存在争议,按照少数服从多数原则作出结论

2. 勘察评标方法

建设工程勘察设计评标,应当以投标人的业绩、信誉和勘察、设计人员的能力,以及勘察、设计方案的优劣为依据综合评定，通常采用**综合评估法**。

【例题1】关于设计招标项目评标的说法，正确的有（　　）。（2019年真题）

> **特别注意**：评标有两种方法，即最低评标价法和综合评估法。但勘察设计评标不能采用最低评标价法，只能采用综合评估法，因为勘察设计中价格不是最主要的因素

A. 通常采用综合评估法

B. 技术标与商务标同时进行评审

C. 不对投资估算进行评审

D. 总体布置的合理性属于设计方案的评审内容

E. 评标委员会无权对投标人进行资格审查

【答案】AD

【解析】选项 B 错误，如果招标人不接受投标人技术标方案的投标书，即被淘汰，不再进行商务标的评审；选项 C 错误，投入、产出经济效益比较属于评审内容；选项 E 错误，招标人在发售资格预审文件前，按照组建评标委员会的规定组建资格审查委员会，审查资格预审申请文件。

【例题2】关于工程勘察设计开标评标的说法，正确的是（　　）。（2020年真题）

A. 投标人在开标现场对开标提出的异议，招标人有权不予答复

B. 评标委员会由招标人代表和有关专家组成，应为 5 人以上单数

C. 开标应在招标文件确定的提交投标文件截止时间后的 3 日内进行

D. 投标报价偏差率的计算方法应由评标委员会成员在评标时确定

【答案】B

【解析】选项 A 错误，投标人对开标有异议的，应当在开标现场提出，招标人应当场作出答复，并制作记录；选项 C 错误，工程勘察、设计招标的开标应当在招标文件确定的提交投标文件截止时间的同一时间公开进行；选项 D 错误，投标报价以偏差率为评分因素并规定相应的评分标准，评标办法中应列明评标基准价的计算方法和投标报价的偏差率计算公式。

知识点三：勘察、设计评标程序

其评标程序分为两阶段，如图 2-3 所示。

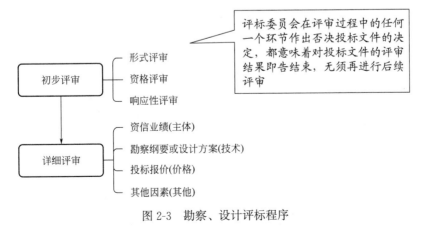

图 2-3　勘察、设计评标程序

1. 初步评审

具体内容如表 2-21 所示。

初步评审的内容   表 2-21

标准	内容
形式评审	①审查投标人名称是否与执照、资质证书一致 ②投标函及投标函附录是否有法人代表或其他委托代理人的签字或加盖单位章 ③投标文件格式是否符合规定 ④联合体投标人是否提交了符合招标文件要求的联合体协议书,并且明确了联合体牵头人和各方承担的连带责任 ⑤是否遵守了除招标文件明确允许提交备选投标方案外,投标人不得提交备投标方案的规定
资格评审	①资质要求:审查投标人营业执照和组织机构代码证 ②财务要求 ③业绩要求 ④信誉要求 ⑤项目负责人:其他主要人员 ⑥其他要求:联合体投标人,不存在禁止投标的情形等各项内容是否符合投标人须知的规定
响应性评审	审查投标报价、投标内容、勘察设计服务期限、质量标准、投标有效期、投标保证金、权利义务等是否符合投标人须知的规定,勘察纲要或设计方案是否符合发包人要求中的实质性要求和条件

2. 详细评审

具体内容如表 2-22 所示。

> 采用100分制,考虑四类因素
> 投标人得分=资信得分+技术得分+价格得分+其他因素得分

详细评审的内容   表 2-22

标准	内容
资信业绩	①信誉 ②类似项目业绩 ③项目负责人资历和业绩 ④其他主要人员资历和业绩 ⑤拟投人的勘察设备等
勘察纲要或设计方案	①勘察或设计范围及内容 ②依据及工作目标 ③机构设置及岗位职责 ④勘察或设计说明和方案 ⑤质量、进度、安全、保密等保证措施 ⑥工作重点和难点分析 ⑦合理化建议
投标报价	投标报价则以**偏差率**为评分因素
其他因素	其他相关因素

【**例题 1**】根据《标准设计招标文件》,工程设计投标文件在初步评审阶段的评审内容是（　　）。（2021 年真题）

A. 形式评审、设计方案评审、报价评审

B. 形式评审、资格评审、响应性评审

C. 资格评审、响应性评审、设计方案评审

D. 资格评审、报价评审、设计方案评审

【答案】B

【解析】本题考查工程勘察设计的开标、评标。在初步评审阶段，应进行形式评审、资格评审和响应性评审。

【例题 2】在勘察设计评标中，以下（　　）属于详细评审的因素。

A. 响应性评审　　　　　　　　　　B. 资信业绩

C. 勘察纲要或设计方案　　　　　　D. 投标报价

E. 资格评审

【答案】BCD

【解析】本题考查的是勘察设计评标的程序。选项 A、E 属于初步评审的因素。

知识点四：勘察设计评标规则

1. 勘察设计中标候选人的确定

其规则如图 2-4 所示。

① 应按得分由高到低的顺序推荐中标候选人。

② 如综合评分相等时，以投标报价低的优先。

③ 投标报价也相等的，以勘察纲要或设计方案得分高的优先。

④ 如果勘察纲要或设计方案得分也相等，则按照评标办法前附表的规定确定中标候选人顺序。

图 2-4　勘察设计评标规则

2. 备选投标方案的确定

① 除投标人须知前附表规定允许外，投标人不得递交备选投标方案，否则其投标将被否决。

② 如允许投标人递交备选投标方案，只有中标人所递交的备选投标方案方可予以考虑。

③ 评标委员会认为中标人的备选投标方案优于其按照招标文件要求编制的投标方案的，招标人可以接受该备选投标方案。

④ 投标人提供两个或两个以上投标报价，或者在投标文件中提供一个报价，但同时提供两个或两个以上勘察或设计方案的，视为提供备选方案。

【例题 1】勘察设计招标中关于评标规则的说法，正确的是（　　）。

A. 应按综合评估法得分由高到低的顺序推荐中标候选人

B. 分为初步评审和详细评审两个阶段

C. 如综合评分相等时，以投标报价低的优先

D. 如综合评分相等时，以勘察纲要或设计方案得分高的优先

E. 投标报价也相等的，提交标书在先的为优

【答案】ABC

【解析】选项 D、E，如综合评分相等时，以投标报价低的优先。投标报价也相等的，以勘察纲要或设计方案得分高的优先。

【例题 2】根据《标准设计招标文件》，允许投标人递交备选投标方案的，关于备选投标方案的说法，正确的是（　　）。（2022 年下半年考试真题）

A. 备选投标方案应采用与投标方案相同的报价

B. 备选投标方案与投标方案的技术部分应有实质性不同

C. 只有中标人所递交的备选方案方可予以考虑

D. 投标人最多只能提供一个备选投标方案

【答案】C

【解析】投标人提供两个或两个以上投标报价，或者在投标文件中提供一个报价，但同时提供两个或两个以上勘察或设计方案的，视为提供备选方案。如招标人未允许，投标人不得递交备选投标方案，否则其投标将被否决。如招标人允许，只有中标人所递交的备选投标方案方可予以考虑。

知识点五：否决投标与报价低于其他投标报价的处理

1. 否决投标

主要包括以下情形：

① 投标文件未按招标文件要求经投标人盖章和单位负责人签字。

② 投标联合体没有提交共同投标协议。

③ 投标人不符合国家或者招标文件规定的资格条件。

④ 同一投标人提交两个以上不同的投标文件或者投标报价，但招标文件要求提交备选投标的除外。

⑤ 投标文件没有对招标文件的实质性要求和条件作出响应。

⑥ 投标人有串通投标、弄虚作假、行贿等违法行为。

⑦ 法律法规规定的其他应当否决投标的情形。

2. 投标人的报价明显低于其他投标报价的处理

① 评标委员会发现投标人的报价明显低于其他投标报价，使得其投标报价可能低于其个别成本的，应当要求该投标人作出书面说明并提供相应的证明材料。

② 投标人不能合理说明或者不能提供相应证明材料的，评标委员会应当认定该投标人以低于成本报价竞标，并否决其投标。

【例题】根据《工程建设项目施工招标投标办法》，下列情形应按否决投标处理的有（　　）。

A. 投标人未按照招标文件要求提交投标保证金

B. 投标文件逾期送达或者未送达指定地点

C. 投标文件未按招标文件要求密封

D. 投标文件无单位盖章并无单位负责人签字

E. 联合体投标未附联合体各方共同投标协议

【答案】ADE

【解析】本题考查的是招标基本程序。选项 B、C 的投标将被拒收，不参加开标，就无所谓否决投标了。

知识点六：确定中标人

1. 确定中标人

其相关规定如表 2-23 所示。

确定中标人的相关规定   表 2-23

项目	内容
确定中标人的主体	①招标人 ②招标人授权评标委员会
确定中标人的标准	①评标委员会推荐的中标候选人应当限定在 1～3 人，并标明排列顺序 ②国有资金占控股或者主导地位的依法必须招标的项目，招标人应当确定排名第一的中标候选人为中标人
可以依次确定中标人的情况	①排名第一的中标候选人放弃中标 ②因不可抗力提出不能履行合同 ③不按招标文件要求提交履约保证金 ④被查实存在影响中标结果的违法行为等情形，不符合中标条件的
招标人可以重新招标的情况	依次确定其他中标候选人与招标人预期差距较大的或者对招标人明显不利的
签订合同	招标人和中标人应当在中标通知书发出之日起 30 日内订立书面合同

2. 方案的补偿

① 招标人对符合招标文件规定的 **未中标人** 的技术成果进行补偿的，招标人将按投标人须知前附表规定的标准给予经济补偿，未中标人在投标文件中声明放弃技术成果经济补偿费的除外。

② 招标人将于中标通知书发出后 **30 日** 内向未中标人支付技术成果经济补偿费。

【例题 1】国有资金控股必须依法招标的项目，招标人可以选择排名第二的中标候选人为中标人的情形有（   ）。

A. 排名第一的中标候选人放弃中标

B. 排名第一的中标候选人因不可抗力提出不能履行合同

C. 招标人认为排名第一的中标候选人价格偏高

D. 第一中标候选人未按招标文件要求提交履约保证金

E. 第一中标候选人未接受招标人提出缩短设计周期的要求

【答案】ABD

【解析】本题考查可以依次确定中标人的情况。

【例题 2】招标人按照投标人须知前附表要求，对于符合招标文件规定的未中标人的设计成果给予补偿后，关于该设计成果使用的说法，正确的是（   ）。（2022 年上半年考

试真题）

A. 招标人应保护未中标人知识产权且不得使用其设计成果

B. 招标人有权免费使用未中标人的设计成果

C. 应由中标人与未中际人协商使用其设计成果的许可和费用

D. 中标人应邀请未中标人加入其设计团队并使用未中标人的设计成果

【答案】B

【解析】本题考查设计招标中对设计成果补偿的规定。招标人对符合招标文件规定的未中标人的设计成果进行补偿的，按投标人须知前附表规定给予补偿，并有权免费使用未中标人设计成果等。

本章精选习题

一、单项选择题

1. 关于工程设计招标特点的说法，正确的是（　　）。

A. 设计招标文件无法限定项目的工作范围

B. 设计投标文件应按工程量清单填报报价

C. 设计评标应按投标报价高低排定次序

D. 设计评标时主要关注设计方案优劣

2. 关于工程设计招标管理的说法，正确的是（　　）。

A. 一般采用邀请招标方式

B. 法规或规章明确规定的招标范围和一定规模的项目，才属于必须公开招标的项目

C. 在特殊情况下可以邀请两家单位投标

D. 对投标人的资格不进行审查

3. 工程勘察设计招标应具备的条件包括（　　）。

A. 招标人已经依法成立

B. 已办理完项目审批

C. 有相应资金或者资金来源已经到位

D. 所必需的勘察设计基础资料已经收集完成

E. 已委托招标代理机构

4. 根据《标准设计招标文件》，属于设计招标文件中"发包人要求"内容的是（　　）。

A. 设计文件审查要求　　　　　　　B. 适用规范标准

C. 设计工作计划　　　　　　　　　D. 设计方案说明

5. 根据《标准勘察招标文件》中的通用合同条款，勘察人按合同约定制定勘察纲要，进行测绘、勘探、取样和试验，分析和评估地质特征，编制勘察报告等工作属于（　　）。

A. 地质开发服务　　　　　　　　　B. 勘察服务

C. 设计服务　　　　　　　　　　　D. 测量测绘服务

6. 联合体资质等级的确定（　　）。

A. 由多家单位组成的联合体，按资质等级较低的确定

B. 由多家单位组成的联合体，按资质等级较高的确定

C. 由同一专业的单位组成的联合体，按资质等级较低的确定

D. 由同一专业的单位组成的联合体，按资质等级较高的确定

7. 根据《标准设计招标文件》，除投标人须知前附表另有约定的，投标有效期为（　　）日。

　　A. 30　　　　　　　　　　　B. 60

　　C. 90　　　　　　　　　　　D. 120

8. 根据《招标投标法实施条例》，勘察设计投标人提交投标保证金的数额不应超过勘察设计估算费用的（　　）。

　　A. 2%　　　　　　　　　　　B. 3%

　　C. 5%　　　　　　　　　　　D. 10%

9. 根据《标准勘察招标文件》，评标委员会成员对需要共同认定的事项存在争议，评标结论应当（　　）作出。

　　A. 征询招标人意见后

　　B. 根据评标委员会负责人意见

　　C. 由招标管理机构

　　D. 按照少数服从多数原则

10. 关于工程设计开标和评标的说法，正确的是（　　）。

　　A. 开标应由公证机构主持并邀请所有投标人参加

　　B. 投标人对开标如有异议应在开标会结束后提出

　　C. 评标委员会应由与招标人无利害关系的专家组成

　　D. 评标委员会应按招标文件中规定的方法评审投标文件

11. 根据《标准设计招标文件》，工程设计评标中发现有两家投标单位的综合评分相等时，应将（　　）的优先排序。

　　A. 设计方案得分高　　　　　　B. 设计资质等级高

　　C. 投标报价低　　　　　　　　D. 项目负责人业绩优

12. 在勘察设计招标中，国有资金占控股地位的依法必须进行招标的项目，关于如何确定中标人的说法，正确的是（　　）。

　　A. 招标人可以确定任何一名中标候选人为中标人

　　B. 招标人可以授权评标委员会直接确定中标人

　　C. 排名第一的中标候选人放弃中标，必须重新招标

　　D. 排名第一的中标候选人被查实不符合条件的，应当重新招标

13. 以下有关勘察设计招标中对设计方案补偿的规定，说法不正确的是（　　）。

　　A. 只有中标人的方案才能得到补偿

　　B. 招标人将于中标通知书发出后30日内向未中标人支付技术成果经济补偿费

　　C. 具体补偿标准按招标文件中投标人须知前附表规定的标准给予经济补偿

　　D. 投标人可以在投标文件中声明放弃技术成果经济补偿费

二、多项选择题

1. 关于设计招标程序的说法，正确的有（　　）。

A. 设计招标，一般分为初步设计招标和施工图设计招标

B. 设计招标的内容无具体的工作量

C. 设计招标不宜要求项目应当达到的技术指标

D. 设置评标因素时不应当过分地要求投标价的高低

E. 评标委员会无权对投标人进行资格审查

2. 以下有关招标方式的说法中，正确的是（　　）。

A. 数据电文形式与纸质形式的招标投标活动具有同等法律效力，但仅在由于客观条件限制无法进行纸质招标时适用

B. 设计招标可以分为设计方案招标和设计团队招标

C. 实行设计总包的，按照合同约定或经招标人同意，设计单位可以不通过招标的方式将建筑工程非主体部分的设计进行分包

D. 邀请招标应向三家以上具备条件的投标人发出投标邀请

E. 勘察、设计等服务的采购，单项合同估算价在 100 万元人民币以上的，必须公开招标

3. 工程设计招标中，以下（　　）属于设计服务的内容。

A. 编制设计文件　　　　　　　　　B. 编制设计概算、预算

C. 提供技术交底、施工配合　　　　D. 参加竣工验收

E. 编制设计纲要

4. 根据《招标投标法实施条例》，投标保证金不予退还的情形有（　　）。

A. 投标人撤回已提交的投标文件　　B. 投标人撤销已提交的投标文件

C. 投标人拒绝延长投标有效期　　　D. 中标人拒绝订立合同

E. 中标人拒绝提交履约保证金

5. 某政府投资的工程项目向社会公开招标，并成立了评标委员会。则下列说法正确的有（　　）。

A. 评标委员会由该市的建设行政主管部门负责组建

B. 评标委员会成员的名单在开标时予以公布

C. 评标委员会由 9 人组成，其中技术、经济等方面的专家为 6 人

D. 评标委员会成员包括专家和招标人代表

E. 招标人可以直接授权评标委员会确定中标人

6. 以下有关工程勘察设计招标特征的说法中，正确的是（　　）。

A. 勘察设计招标无具体量化的工作量，投标人灵活性较大

B. 设计招标可以分期、分阶段招标

C. 由招标单位的主持人宣读投标书并按报价高低排定标价次序

D. 招标人不得使用未中标人投标文件中的技术方案

E. 对中标的设计方案的投标人给予费用补偿，未中标的不给予补偿

习题答案及解析

一、单项选择题

1.【答案】D

【解析】本题考查的是工程设计招标概述。选项 A、B，设计招标文件中仅提出设计依据、工程项目应达到的技术指标、项目限定的工作范围、项目所在地的基本资料、要求完成的时间等内容，而无具体的工作量；选项 C，工程设计投标的评比一般分为技术标和商务标两部分，如果招标人不接受投标人技术标方案的投标书，即被淘汰，不再进行商务标的评审。

2.【答案】B

【解析】本题考查的是工程设计招标管理。选项 A 错误，建筑工程设计招标依法可以公开招标或者邀请招标；选项 C 错误，邀请招标最少需要 3 家单位投标；选项 D 错误，我国对从事建设工程设计活动的单位需要进行资格审查。

3.【答案】AD

【解析】本题考查的是招标的条件。选项 B，按照国家有关规定需要履行项目审批、核准或备案手续的，已经审批、核准或备案；选项 C，有相应资金或者资金来源已经落实，不是到位；选项 E，不属于。

4.【答案】B

【解析】本题考查发包人要求的内容。发包人要求通常包括以下内容：勘察或设计要求、适用规范标准、成果文件要求、发包人财产清单、发包人提供的便利条件、勘察人员或设计人员需要自备的工作条件、发包人的其他要求。

5.【答案】B

【解析】勘察服务包括：制定勘察纲要，进行测绘、勘探、取样和试验等，查明、分析和评估地质特征和工程条件，编制勘察报告和提供发包人委托的其他服务。

6.【答案】C

【解析】本题考查联合体资质的确定。由同一专业的单位组成的联合体，按照资质等级较低的单位确定资质等级。

7.【答案】C

【解析】本题考查工程勘察设计招标文件的编制。除投标人须知前附表另有规定外，投标有效期为 90 日。

8.【答案】A

【解析】勘察设计投标保证金数额一般不超过勘察设计估算费用的 2%，最多不超过 10 万元人民币。

9.【答案】D

【解析】本题考查评标委员会。评标委员会成员对需要共同认定的事项存在争议，按照少数服从多数原则作出结论。

10.【答案】D

【解析】开标由招标人主持并邀请所有投标人参加。投标人对开标有异议的，应当在开标现场提出，招标人应当场作出答复，并制作记录。评标委员会由招标人或其委托的招标代理机构熟悉相关业务的代表和有关技术、经济等方面的专家组成。

11.【答案】C

【解析】综合评分相等时，以投标报价低的优先。投标报价也相等的，以设计方案得分高的优先。如果设计方案得分也相等，则按评标办法前附表的规定确定中标候选人顺序。

12.【答案】B

【解析】本题考查的是中标人的确定。选项A，招标人应当确定排名第一的中标候选人为中标人；选项C、D，此时招标人可以按照评标委员会提出的中标候选人名单排序依次确定其他中标候选人为中标人。

13.【答案】A

【解析】本题考查的是方案的补偿。选项A，招标人对符合招标文件规定的未中标人的技术成果进行补偿的。

二、多项选择题

1.【答案】BD

【解析】本题考查的是工程设计招标概述。选项A，设计招标一般分为方案设计、初步设计、施工图设计；选项C错误，设计招标文件中仅提出设计依据、工程项目应达到的技术指标、项目限定的工作范围、项目所在地的基本资料、要求完成的时间等内容，而无具体的工作量；选项E错误，评标委员会可以对投标人进行资格审查。

2.【答案】BCD

【解析】本题考查的是勘察设计招标的方式。选项A，国家鼓励采用电子招标方式，不是在没有纸质招标条件时适用；选项E，勘察、设计等服务的采购，单项合同估算价在100万元人民币以上的，必须招标，不是必须公开招标。国有资金占控股或者主导地位的依法必须进行招标的项目才必须公开招标。

3.【答案】ABCD

【解析】本题考查的是工程勘察、设计服务范围。勘察招标内容中有勘察纲要，设计招标中没有。

4.【答案】BE

【解析】本题考查投标保证金。选项A，撤销投标文件不退还投标保证金；选项C，投标人拒绝延长投标有效期，则退出后续投标活动，但保证金应予以退还；选项D，一定要加上无正当理由。

5.【答案】CDE

【解析】本题考查的是招标基本程序。选项A，评标委员会由招标人组建；选项B，评标委员会成员名单在中标结果确定前应保密。

6.【答案】AB

【解析】本题考查的是勘察设计招标的特征。选项C，设计招标在开标时由各投标人自己说明投标方案的基本构思和意图，以及其他实质性内容，而不是由招标单位的主持人宣读投标书并按报价高低排定标价次序；选项 D，招标人如果要采用未中标人投标文件中的技术方案，应保护其知识产权，征得未中标人的书面同意并给予合理的使用费；选项 E，勘察设计招标中，对未中标的有效投标人给予费用补偿，对选为优秀设计方案的投标人给予奖励。

第三章 建设工程施工招标及工程总承包招标

本章内容框架及知识点分值分布如表 3-1、图 3-1 所示。

本章内容框架及知识点分值分布 表 3-1

知识点分布	2020 年			2021 年			2022 年上半年			2022 年下半年		
	单选（道）	多选（道）	分值	单选（道）	多选（道）	分值	单选（道）	多选（道）	分值	单选（道）	多选（道）	分值
工程施工招标方式和程序	3	1	5	3	3	9	5	2	9	6	3	12
投标人资格审查	1	1	3	1	1	3	1	1	3	1	1	3
施工评标办法	1	2	5	3	1	5	1	1	3	1		1
工程总承包招标	1	0	1	1	0	1	0	0	0	1		1
合计	6	4	14	8	5	18	7	4	15	9	4	17

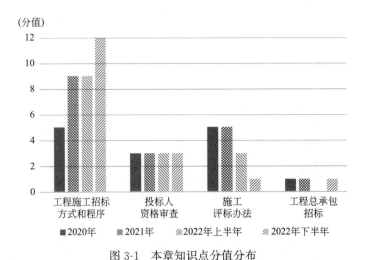

图 3-1 本章知识点分值分布

第一节 工程施工招标方式和程序

知识点一：九部委标准施工招标文件体系

1. 标准施工招标文件体系（九部委 2007 年第 56 号令）
具体内容如表 3-2 所示。

标准施工招标文件体系（两阶段和三类型）　　　　表 3-2

分类方式	内容
纵向分为两阶段 （根据招标程序）	①**标准**施工招标**资格预审**文件 ②**标准**施工**招标**文件
横向分为三类型 （根据适用范围）	①标准施工招标文件 ②**简明**标准施工招标文件 ③标准**设计**施工总承包招标文件

2. 适用范围

具体内容如表 3-3 所示。

标准施工招标文件体系的适用范围　　　　表 3-3

招标文件类型	项目情况	适用范围
标准施工招标文件	设计和施工不是由同一承包人承担的项目	一般项目
简明标准施工招标文件		①**依法必须招标的项目** ②工期不超过 12 个月 ③技术相对简单
标准设计施工总承包招标文件	设计和施工由同一承包人承担的项目	

【例题】《简明标准施工招标文件》适用的项目有（　　　）。（2019 年真题）

A. 小型项目

B. 设计和施工由同一承包人承担的项目

C. 技术要求复杂的项目

D. 工期不超过 12 个月的项目

E. 对施工阶段有较高的管理和协调能力要求的项目

【答案】AD

【解析】《简明标准施工招标文件》适用范围：适用于依法必须进行招标的工程建设项目，工期不超过 12 个月、技术相对简单且设计和施工不是由同一承包人承担的小型项目。

知识点二：行业标准施工招标文件和项目招标文件中应不加修改地引用的内容

具体内容如表 3-4 所示。

行业标准施工招标文件和项目招标文件中应不加修改地引用的内容（两须知＋两办法）

表 3-4

文件	不加修改引用的内容
标准资格预审文件	①申请人须知（申请人须知前附表除外） ②资格审查办法（资格审查办法前附表除外）
标准施工招标文件	①投标人须知（投标人须知前附表和其他附表除外） ②评标办法（评标办法前附表除外）

【例题 1】根据《〈标准施工招标资格预审文件〉和〈标准施工招标文件〉试行规定》，招标人编制施工招标文件时，应不加修改地引用《标准施工招标文件》中的（　　）。（2022 年下半年考试真题）

A. 投标人须知　　　　　　　　　B. 招标公告格式

C. 合同协议书格式　　　　　　　D. 合同争议评审条款

【答案】A

【解析】招标人编制施工招标文件时，应不加修改地引用《标准施工招标文件》中的"投标人须知"（投标人须知前附表和其他附表除外）、"评标办法"（评标办法前附表除外）、"通用合同条款"。

【例题 2】关于《标准施工招标文件》中"评标办法前附表"的说法，正确的是（　　）。（2019 年真题）

A. 行业标准施工招标文件应不加修改地引用《标准施工招标文件》中的"评标办法前附表"

B. "评标办法前附表"用于明确资格审查和评标的方法、因素、标准和程序

C. "评标办法前附表"可以与"评标办法"的内容相抵触

D. "评标办法前附表"无须响应招标项目的具体特点和实际需要

【答案】B

【解析】选项 A，评标办法前附表可不引用；选项 C，评标办法前附表由招标人根据招标项目具体特点和实际需要编制，用于进一步明确未尽事宜，但务必与招标文件中其他章节相衔接，并不得与《标准施工招标资格预审文件》和《标准施工招标文件》的内容相抵触，否则抵触内容无效；选项 D，评标办法前附表所列评审因素已经考虑到了与招标文件中投标人须知等内容的衔接。招标人可以依据招标项目的特点补充一些响应性评审因素和标准。

知识点三：招标机构及招标备案

具体规定如表 3-5 所示。

招标机构及招标备案的规定　　　　　　　　　　　　　　表 3-5

项目	规定
招标机构	①自行招标：招标人如具有与招标项目规模和复杂程度相适应的技术、经济等方面的专业人员，具有编制招标文件和组织评标的能力的，可自行组织招标 ②代理招标：招标人如不具备自行组织招标的能力条件，应当委托招标代理机构办理招标事宜
招标备案	①招标人向建设行政主管部门办理申请招标手续 ②招标备案文件应说明：招标工作范围，招标方式，计划工期，对投标人的资质要求，招标项目的前期准备工作的完成情况，招标方式选择自行招标还是委托代理招标等内容

【例题】招标人向建设行政主管部门办理招标申请手续时，招标备案文件中应说明的内容有（　　）。（2021 年真题）

A. 招标工作范围　　　　　　　　B. 计划工期

C. 对投标人的资质要求　　　　　D. 招标费用预算

E. 评标办法

【答案】ABC

【解析】本题考查工程施工招标程序。招标备案文件应说明：招标工作范围，招标方式，计划工期，对投标人的资质要求，招标项目的前期准备工作的完成情况，招标方式选择自行招标还是委托代理招标等内容。

知识点四：招标文件

1. 招标文件的组成

如图 3-2 所示。

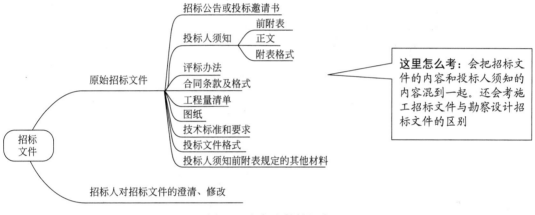

图 3-2　招标文件的组成

2. 投标人须知

具体内容如表 3-6 所示。

投标人须知的具体内容　　　　　　　　　　　　　　表 3-6

项目	具体内容
前附表	①明确新项目的**要求** ②招标程序中主要工作步骤的**时间安排** ③对投标书的编制**要求**等内容
正文	①总则 ②招标文件 ③投标文件 ④投标 ⑤开标 ⑥评标 ⑦合同授予 ⑧重新招标和不再招标 ⑨纪律和监督 ⑩需要补充的其他内容

项目	具体内容
附表格式	①开标记录表 ②问题澄清通知书**格式** ③中标通知书**格式** ④中标结果通知书**格式**

3. 招标文件的发售与澄清

① 招标文件收取的费用应当限于补偿印刷、邮寄的成本支出，不得以营利为目的。（与资格预审文件规定相同）

② 踏勘现场后涉及对招标文件进行澄清修改的，招标人应当在招标文件要求**提交投标文件的截止时间至少 15 日前**以书面形式通知所有招标文件收受人。

③ 考虑到在踏勘现场后投标人有可能对招标文件部分条款进行质疑，组织投标人踏勘现场的时间一般应在**投标截止时间 15 日前及投标预备会召开前**进行。

此处将几个时间归纳总结于表 3-7 中。

招标文件时间归纳总结   表 3-7

项目	内容
给潜在投标人准备资格预审文件的时间	不少于 5 日
招标文件发售期	不少于 5 日
修改资格预审文件	提交资格预审申请文件截止时间至少 **3 日**前；不足 3 日的，招标人应当顺延提交资格预审申请文件的截止时间
修改招标文件	提交投标文件的截止时间至少 **15 日**前；不足 15 日的，招标人应当顺延提交投标文件的截止时间

【例题 1】招标人组织施工现场踏勘后，需要对招标文件进行澄清修改的，招标人应在招标文件要求提交招标文件的截止时间至少（   ）日前，以书面形式通知所有招标文件收受人。（2020 年真题）

A. 2   B. 5   C. 10   D. 15

【答案】D

【解析】本题考查的是工程施工招标程序。踏勘现场后涉及对招标文件进行澄清修改的，招标人应在招标文件要求提交招标文件的截止时间至少 15 日前，以书面形式通知所有招标文件收受人。

【例题 2】发售招标文件收取的费用应当限于补偿（   ）的成本支出。

A. 编制招标文件   B. 印刷招标文件

C. 招标人办公   D. 招标活动

E. 邮寄招标文件

【答案】BE

【解析】本题考查的是工程施工招标程序。招标文件收取的费用应当限于补偿印刷、邮寄的成本支出，不得以营利为目的。

【例题3】组成施工招标文件有（　　）。（2020年真题）

A. 投标人须知　　　　　　　　B. 发包人要求

C. 工程量清单　　　　　　　　D. 合同条款及格式

E. 技术标准和要求

【答案】ACDE

【解析】选项B，发包人要求只有在勘察设计招标文件中才会有，施工招标文件中没有此项。

【例题4】投标人须知中的前附表的内容包括（　　）。

A. 明确新项目的要求

B. 招标程序中主要工作步骤的时间安排

C. 评标办法

D. 对投标书的编制要求

E. 纪律的监督

【答案】ABD

【解析】选项C、E，属于投标人须知正文部分的内容，不属于前附表内容。

知识点五：资格预审

1. 资格预审文件

具体内容如表3-8所示。

资格预审文件的发售、澄清、修改　　　　　　　　　　表3-8

项目	内容
发售	①给潜在投标人准备资格预审文件的时间应不少于**5日** ②发售资格预审文件收取的费用，相当于补偿**印刷、邮寄的成本**支出，**不得以营利为目的**（工本费） ③申请人对资格预审文件有异议，应当在递交资格预审申请文件截止时间2日前向招标人提出。招标人应当自收到异议之日起**3日**内作出答复；作出答复前，应当**暂停**实施招标投标的下一步程序
澄清、修改	①招标人可以对已发出的资格预审文件进行必要的澄清或者修改 ②澄清或者修改的内容可能影响资格预审申请文件编制的，招标人应当在提交资格预审申请文件截止时间至少**3日**前，以书面形式通知所有获取资格预审文件的潜在投标人；不足3日的，招标人应当顺延提交资格预审申请文件的截止时间

2. 资格预审主体——资格审查委员会

具体规定如表3-9所示。

资格审查委员会的具体规定　　　　　　　　　　表3-9

项目	具体规定
组建范围	国有资金占控股或者主导地位的依法必须进行招标的项目，应当组建资格审查委员会审查资格预审申请文件（公开招标的项目）

续表

项目	具体规定
组建人	招标人
组建要求 (同评标委员会)	有招标人(招标代理机构)代表和不少于成员总数 2/3 的技术、经济等专家组成,成员人数为 5 人以上单数

3. 资格预审报告

具体规定如表 3-10 所示。

资格预审报告的具体规定　　　　　　　　　　　　　　表 3-10

项目	具体规定
提交主体	**资格审查委员会**向**招标人**提交
报告内容	①基本情况和数据表 ②资格审查委员会名单 ③澄清、说明、补正事项纪要等 ④评分比较一览表的排序 ⑤其他需要说明的问题

【例题 1】关于施工招标中对投标申请人资格预审申请文件澄清和说明的说法,正确的有( )。(2022 年上半年考试真题)

A. 对资格预审申请文件要求澄清和说明的通知应发给所有申请人

B. 申请人的澄清不得改变资格预审申请文件的实质性内容

C. 申请人的澄清和说明内容属于资格预审申请文件的组成部分

D. 招标人和审查委员会应拒绝申请人主动提出的澄清和说明

E. 申请人可以主动提出资格预审申请文件的澄清或说明

【答案】BCD

【解析】审查过程中,审查委员会可以采用书面形式,要求申请人对所提交的资格预审申请文件中不明确的内容进行必要的澄清或说明。招标人和审查委员会不接受申请人主动提出的澄清或说明。申请人的澄清或说明应采用书面形式,并不得改变资格预审申请文件的实质性内容。申请人的澄清和说明内容属于资格预审申请文件的组成部分。

【例题 2】根据《招标投标法实施条例》,对投标申请人的资格预审文件,招标人应组建资格审查委员会进行审查的是( )。(2022 年下半年考试真题)

A. 无法精确拟定技术规格的项目

B. 所有依法必须招标的项目

C. 国际金融机构贷款项目

D. 国有资金占控股的依法必须招标项目

【答案】D

【解析】国有资金占控股或者主导地位的依法必须进行招标的项目,招标人应当组建资格审查委员会。其他项目由招标人自行组织资格审查。

【例题3】 施工招标资格预审报告的主要内容有（　　）。（2022年下半年考试真题）

A. 资格预审申请人基本情况和数据表

B. 资格预审申请人对资格预审结果的申诉意见

C. 资格预审申请人的澄清、说明、补正事项纪要

D. 资格审查委员会名单

E. 政府招投标监管部门对报告的审查意见

【答案】 ACD

【解析】 资格预审报告的主要内容有：①基本情况和数据表；②资格审查委员会名单；③澄清、说明、补正事项纪要；④评分比较一览表的排序；⑤其他需要说明的问题。

知识点六：招标中的重要规定

1. 关于标底

① 标底是由招标人组织专门人员为准备招标的工程计算出的一个合理的基本价格。它不等于合同价格。

② 是否编制标底由招标人决定，一个项目只能有一个标底。

③ 标底应当保密，在开标时公布。

2. 组织现场踏勘

①招标人按招标公告规定的时间、地点组织投标人踏勘项目现场。

②**投标人**自己承担踏勘现场发生的**费用**。

③ 除招标人的原因外，投标人自行负责在踏勘现场中所发生的人员伤亡和财产损失。

④ 招标人在踏勘现场中介绍的工程场地和相关的周边环境情况，供投标人在编制投标文件时参考，招标人不对投标人据此作出的判断和决策负责。

3. 投标预备会

① 招标人按投标人须知说明的时间和地点召开投标预备会，澄清投标人提出的问题。

② 投标人应在招标公告规定的时间前，以书面形式将提出的问题送达招标人，以便招标人在会议期间澄清。

③ 投标预备会后，招标人在招标公告规定的时间内，将对投标人所提问题的澄清，以书面方式通知**所有**购买招标文件的潜在投标人。该澄清内容为招标文件的组成部分。

④ 组织投标预备会的时间一般应在**投标截止时间15日以前**进行。

【例题1】 根据《标准施工招标文件》，关于招标人组织投标人现场踏勘的说法，正确的有（　　）。（2022年下半年考试真题）

A. 招标人组织投标人踏勘现场发生的费用应由招标人承担

B. 除非招标人原因，投标人应自行负责踏勘现场所发生的财产损失

C. 投标人依据对场地和相关周边环境情况的了解独立判断和决策

D. 招标人在投标人踏勘现场后不得再对招标文件中工程场地情况进行更改

E. 投标人在踏勘现场后不得再对招标文件中现场环境情况提出质疑

【答案】 BC

【解析】 投标人自己承担踏勘现场发生的费用。除招标人的原因外，投标人自行负责在踏勘现场中所发生的人员伤亡和财产损失。招标人在踏勘现场中介绍的工程场地和相关

的周边环境情况，供投标人在编制投标文件时参考，招标人不对投标人据此作出的判断和决策负责。

【例题 2】组织投标人踏勘现场的时间一般应在（　　）进行。

A. 投标预备会召开 15 日之前　　　　　B. 投标预备会召开之前

C. 投标人资格预审之前　　　　　　　　D. 发售招标文件之前

E. 投标截止时间 15 日之前

【答案】BE

【解析】组织投标人踏勘现场的时间一般应在投标截止时间 15 日前及投标预备会召开前进行。

【例题 3】关于招标投标过程中标底的说法，正确的有（　　）。（2019 年真题）

A. 招标项目均应编制标底

B. 一个招标项目只能有一个标底

C. 若招标项目设有标底的，应当在开标时公布

D. 标底只能作为评标的参考

E. 可以根据标底确定最低投标限价

【答案】BCD

【解析】标底是由招标人组织专门人员为准备招标的工程计算出的一个合理的基本价格。它不等于工程的概（预）算，也不等于合同价格。标底是招标人的绝密资料，在开标前不能向任何无关人员泄露。开标时，设有标底的，公布标底。

知识点七：评标

1. 施工评标委员会（施工评标委员会要求与勘察设计评标委员会要求基本相同）

具体内容如表 3-11 所示。

施工评标委员会的相关规定　　　　　　　　　　　　　　　　表 3-11

项目	内容
作用	负责评标工作,完成评标后应当向招标人提交书面的评标报告并推荐 1~3 名中标候选人
组建主体	招标人
组建时间	开标前确定,成员名单应当保密
两类人 组成	①招标人或其委托的招标代理机构熟悉相关业务的代表 ②有关技术、经济等方面的专家
人数	①人数为 5 人以上单数 ②技术、经济等方面的专家不得少于成员总数的 2/3
专家的确定	①随机抽取:一般项目 ②直接确定:技术复杂、专业性强或者国家有特殊要求的招标项目,采取随机抽取方式确定的专家难以保证胜任的,可以由**招标人直接确定**

2. 评标专家

相关规定如表 3-12 所示。

评标专家的相关规定　　　　　　　　　　　　　　　表 3-12

项目	相关规定
专家的条件	①评标专家应从事相关专业领域工作满 8 年<u>并</u>具有高级职称或者同等专业水平 ②熟悉有关招标投标的法律法规 ③具有与招标项目相关的实践经验 ④能够认真、公正、诚实、廉洁地履行职责
专家的回避	①投标人或者投标人主要负责人的近亲属 ②项目主管部门或者行政监督部门的人员 ③与投标人有经济利益关系,可能影响对投标公正评审的 ④曾因在招标、评标以及其他与招标投标有关活动中从事违法行为而<u>受过行政处罚或刑事处罚的</u>

【例题 1】根据《招标投标法》,评标委员会成员组成正确的是(　　)。(2022 年下半年考试真题)

A. 招标代表人 3 人,专家 6 人　　　　B. 招标代表人 4 人,专家 8 人

C. 招标代表人 1 人,专家 2 人　　　　D. 招标代表人 2 人,专家 3 人

【答案】A

【解析】评标委员会人数为 5 人以上单数,其中技术和经济方面的专家不得少于成员总数的 2/3。

【例题 2】根据《招标投标法》,建设项目施工招标中,确定评标委员会专家的方式是(　　)。(2022 年下半年考试真题)

A. 从专家库中抽取,并经政府主管部门批准

B. 经招标机构推荐,由招标监管部门认定

C. 经评标委员会主席推荐,由招标人批准

D. 从专家库中随机抽取或由招标人直接确定

【答案】D

【解析】应当从依法组建的专家库,采取随机抽取或者直接确定的方式确定评标专家。

【例题 3】根据《标准施工招标文件》,不应作为评标委员会专家的人员有(　　)。(2015 年真题)

A. 招标人代表　　　　　　　　　　B. 招标工程项目主管部门代表

C. 行政监督部门代表　　　　　　　D. 投标人参股公司的代表

E. 总监理工程师

【答案】BCD

【解析】本题考查评标委员会成员回避的情形。

知识点八：开标

相关规定如表 3-13 所示。

开标的相关规定 | 表 3-13

项目	相关规定
开标	①开标由**招标人**主持,邀请所有投标人的法定代表人或其委托的代理人参加。在招标文件规定的时间、地点开标 ②开标时,由**投标人或者其推选的代表**检查投标文件的密封情况,也可以由招标人委托的**公证机构**检查并公证 ③可以按照投标文件递交的先后顺序开标,也可以采用其他方式确定开标顺序
开标程序	①宣布开标纪律 ②公布在投标截止时间前递交投标文件的投标人名称,并点名确认投标人是否派人到场 ③宣布开标人、唱标人、记录人、监标人等有关人员姓名 ④检查投标文件的密封情况 ⑤确定并宣布投标文件开标顺序 ⑥设有标底的,公布标底 ⑦按照顺序当众开标,公布投标书中重要内容,记录在案 ⑧相关人员在开标记录上签字确认 ⑨开标结束

【例题 1】根据《标准施工招标文件》，工程施工招标的开标记录表应记录的内容有（　　）。（2022 年上半年考试真题）

A. 投标人资质　　　　　　　　B. 投标保证金

C. 履约保证金　　　　　　　　D. 投标报价

E. 质量目标

【答案】BDE

【解析】施工招标开标时，按照宣布的开标顺序当众开标，公布投标人名称、标段名称、投标保证金的递交情况、投标报价、质量目标、工期及其他内容，并记录在案。

【例题 2】关于施工招标中开标工作的说法，正确的有（　　）。（2021 年真题）

A. 开标时应宣布投标人姓名

B. 开标时应宣布投标人报价

C. 设有标底的，开标时应公布标底

D. 开标时应对投标报价进行排序

E. 开标时应宣布评标委员会成员选取办法

【答案】ABC

【解析】选项 D，开标时只宣读报价，不进行报价排序；选项 E，评标委员会成员名单在中标结果确定前保密。

知识点九：中标与订立合同

1. 中标

相关规定如表 3-14 所示。

2. 订立合同

① 招标人和中标人应当在投标有效期内以及中标通知书**发出**之日起 **30 日**之内，订立书面合同。

中标的相关规定 表 3-14

项目	相关规定
确定 中标人	①招标人可以授权**评标委员会**直接确定中标人,也可以依据评标委员会推荐的中标候选人确定中标人 ②确定中标人后,招标人在招标文件规定的投标有效期内以书面形式向中标人发出中标通知书,同时将中标结果通知未中标的投标人
提供 履约担保	①在签订合同前,中标人应按招标文件中规定的金额、担保形式和履约担保格式向招标人提交履约担保 ②联合体中标的,其履约担保由**牵头人**递交 ③中标人不能按招标文件要求提交履约担保的,视为**放弃中标**,其投标保证金不予退还 ④给招标人造成的损失**超过**投标保证金数额的,中标人还应当对超过部分予以赔偿

② 中标人无正当理由拒签合同的,招标人取消其中标资格,其投标保证金不予退还;给招标人造成的损失超过投标保证金数额的,中标人还应当对超过部分予以赔偿。

③ 发出中标通知书后,招标人无正当理由拒签合同的,招标人向中标人退还投标保证金;给中标人造成损失的,还应当赔偿损失。

【例题 1】关于中标和签订合同的说法,正确的是( )。

A. 招标人应当授权评标委员会直接确定中标人

B. 招标人与中标人签订合同的标的、价款、质量等主要条款应当与招标文件一致,但履行期限可以另行协商确定

C. 确定中标人的权利属于招标人

D. 中标人应当自中标通知书送达之日起 30 日内,根据招标文件与投标人订立书面合同

【答案】C

【解析】本题考查的是工程施工招标程序。选项 A,招标人可以授权评标委员会直接确定中标人;选项 B,招标人与中标人签订合同的标的、价款、质量、履行期限等主要条款应当与招标文件和中标人的投标文件一致;选项 D,中标人应当自中标通知书发出之日起 30 日内,根据招标文件和中标人的投标文件订立书面合同。

【例题 2】在施工招标工作中,中标人可以由( )确定。

A. 招标人

B. 评标委员会

C. 工程所在地招标投标管理机构

D. 招标人授权的招标代理机构

E. 招标人授权的评标委员会

【答案】AE

【解析】招标人可以授权评标委员会直接确定中标人,也可以依据评标委员会推荐的中标候选人确定中标人。

知识点十:重新招标和不再招标

具体内容如表 3-15 所示。

重新招标和不再招标 表 3-15

项目	具体内容
重新招标	①至投标截止时间,投标人**少于3个**的 ②经评标委员会评审后否决所有投标的
不再招标	重新招标后投标人仍**少于3个**或者所有投标被否决的,属于必须审批或核准的工程建设项目,经原审批或核准部门批准后不再进行招标

【例题】根据《标准施工招标文件》,招标人需重新招标的情形有（　　）。（2021年真题）

A. 招标人在投标截止日前对招标文件内容作出修改

B. 至投标截止时间共有2家单位投标

C. 开标时发现所有投标人报价均高于标底

D. 评标委员会成员中有投标人的近亲

E. 所有投标人的投标经评标委员会评审后均被否决

【答案】BE

【解析】本题考查工程施工招标程序。

第二节　投标人资格审查

知识点一：资格审查的两种方法

具体内容如表3-16所示。

资格预审和资格后审 表 3-16

	资格预审	资格后审
时间	在投标前	在开标后评标前
审查主体	由**资格审查委员会**审查	**评标委员会**
未通过的后果	不得参加后续投标	投标被否决
适用范围	适合于具有单件性特点,且技术难度较大或投标文件编制费用较高,或潜在投标人数量较多的招标项目(多用于公开招标)	资格后审适合于潜在投标人数量不多的通用性、标准化项目(多用于邀请招标)
备注	通过资格预审详细审查的申请人数量不足3人的,招标人应重新组织资格预审或不再组织资格预审而直接招标	—

【例题】关于投标资格审查方式的说法,正确的是（　　）。（2022年下半年考试真题）

A. 公开招标和邀请招标都采用资格预审

B. 公开招标和邀请招标都采用资格后审

C. 资格审查方式可由评标委员会确定

D. 公开招标和邀请招标分别采用资格预审和资格后审

【答案】D

【解析】资格预审多用于公开招标，资格后审多用于邀请招标。

知识点二：两类资格预审文件

1. 资格预审公告的内容

① 招标条件；

② 项目概况与招标范围；

③ 申请人资格要求；

④ 资格预审方法；

⑤ 资格预审文件的获取（不少于**5**个工作日）；

⑥ 资格预审文件的递交。

> 公告内容简短，只说主要内容，以及获得资格预审文件的方法

2. 资格预审<u>申请</u>文件

相关规定如表 3-17 所示。

资格预审申请文件的相关规定   表 3-17

项目	相关规定
资格预审申请 文件的内容	①法定代表人身份证明或授权委托书 ②联合体协议书 ③申请人基本情况表 ④近年财务状况 ⑤近年完成的类似项目情况表 ⑥正在施工的和新承接的项目情况表 ⑦近年发生的诉讼及仲裁情况 ⑧其他资料　　易混点： ①资格预审文件：招标人向投标人提出的要求 ②资格预审申请文件：投标人向招标人提交的资料
澄清	①审查委员会可以用书面形式要求申请人对所提交的资格预审申请文件中不明确的内容进行必要的澄清或说明 ②申请人的澄清或说明应采用书面形式，并不得改变资格预审申请文件的实质性内容 ③申请人的澄清和说明内容属于资格预审申请文件的组成部分 ④招标人和审查委员会不接受申请人主动提出的澄清或说明

【例题】资格预审申请文件包括（　　）。

A. 联合体协议书　　　　　　　　B. 申请人须知

C. 近年财务状况　　　　　　　　D. 资格审查方法

E. 正在施工的和新承接的项目情况表

【答案】ACE

【解析】选项 B、D 是资格预审文件中的内容，不是资格预审申请文件的内容。

知识点三：资格审查办法

具体方法如表 3-18 所示。

两种资格审查的方法 表 3-18

方法	内容	
合格制	①凡符合初步审查标准和详细审查标准的申请人均通过资格预审 ②合格制比较公平公正,有利于招标人获得最优方案;但可能会出现人数多、增加招标成本的情况	无特殊情况,鼓励招标人采用合格制
有限数量制	①对通过初步审查和详细审查的资格预审申请文件进行**量化打分** ②按得分由高到低的顺序确定通过资格预审的申请人 ③通过资格预审的申请人不超过资格预审须知说明的数量 ④与合格制在审查标准上无本质或重要区别,只是**增加了打分量化** ⑤**通过详细审查的申请人不少于 3 人且没有超过规定数量的,均通过资格预审,不再进行评分** ⑥通过详细审查的申请人数量超过规定数量的,审查委员会依据招标文件中的评分标准进行评分,按得分由高到低的顺序进行排序	

【例题 1】施工招标中,对投标申请人资格预审可采用的方法是（   ）。（2022 年上半年考试真题）

A. 合格制和淘汰制
B. 有限数量制和淘汰制
C. 资质合格制和有限数量制
D. 合格制和有限数量制

【答案】D

【解析】资格审查分为合格制和有限数量制两种审查办法。

【例题 2】在有限数量制的资格审查中,如通过详细审查的申请人为 8 个,而资格审查文件规定的数量为 9 个,则（   ）。

A. 不需要进行评分,选其中前 3 名通过资格审查

B. 需要进行评分,8 家均通过资格审查

C. 不需要进行评分,8 家均通过资格审查

D. 需重新进行资格审查

【答案】C

【解析】通过详细审查的申请人未超过规定数量的（且不少于 3 人）,均通过资格预审,不再进行评分。

知识点四：资格审查标准

1. 审查因素

具体内容如表 3-19 所示。

审查因素 表 3-19

类型	具体内容
初步审查因素（形式）	①申请人的**名称**:申请人名称应当与营业执照、资质证书以及安全生产许可证等一致 ②申请函的**签字盖章**:应当有法定代表人或其委托代理人签字或加盖单位公章等 ③申请文件的**格式** ④联合体申请人 ⑤资格预审申请文件的证明材料以及其他审查因素等

续表

类型	具体内容
详细 审查因素 （有效＋一致）	①主要包括申请人的营业执照、安全生产许可证、资质、财务、业绩、信誉、项目经理资格以及其他要求等方面的内容 ②审查标准主要是核对**审查因素是否有效**，或者是否与资格预审文件列明的对申请人的要求相**一致**

2. 资格审查中不得存在的情形

① 不按审查委员会要求提供澄清或说明。

② 为项目前期准备提供设计或咨询服务（设计施工总承包除外）。

③ 为招标人不具备独立法人资格的附属机构或为本项目提供招标代理。

④ 为本项目的监理人、代建人等情形。

⑤ **最近三年内**有骗取中标或严重违约或重大工程质量问题。

⑥ 在资格预审过程中弄虚作假、行贿或有其他违法违规行为等。

> **易混点**：不良记录对投标单位影响三年，对评标专家影响一生

【例题1】对潜在投标人进行资格初审的内容（　　）。（2020年真题）

A. 资质等级和营业执照　　　　　B. 信誉和业绩

C. 工程量清单　　　　　　　　　D. 投标保证金

E. 项目经理资格

【答案】ABE

【解析】资格评审因素和评审标准主要包括：审查投标人营业执照和组织机构代码证，资质要求，财务要求，业绩要求，信誉要求，项目负责人，其他主要人员，其他要求，联合体投标人，不存在禁止投标的情形等各项内容是否符合投标人须知的规定。

【例题2】关于投标人资格审查的说法，正确的有（　　）。（2018年真题）

A. 本标段的监理人不能参加施工投标

B. 由招标人进行资格审查

C. 财产被接管不是否决投标资格的理由

D. 类似项目业绩应当是资格审查的内容

E. 资格审查一般采用合格制

【答案】AD

【解析】选项B，审查委员会或评标委员会进行资格审查；选项C，财产被接管或冻结的单位不得作为资格预审申请人；选项E，资格预审通过者的数量可以采用合格制或有限数量制中的一种，应在前附表中说明。

【例题3】关于施工招标资格预审和资格后审的说法，正确的有（　　）。（2016年真题）

A. 两者均是考察投标人是否具备圆满完成招标工程的施工能力

B. 资格后审由资格审查委员会进行资格审查

C. 资格后审在评标后定标前进行

D. 资格后审和资格预审的时间不同

E. 资格后审的内容比资格预审少

【答案】AD

【解析】选项 B，资格后审，由评标委员会进行审查，不是资格审查委员会；选项 C，对投标人的资格审查在开标后评标前进行称为资格后审；选项 E，资格预审与资格后审只是对投标人资格审查的时间不同，审查的内容和方法完全相同。

第三节　施工评标办法

知识点一：两种评标方法

1. 两种资格审查方法与两种评标方法

具体内容如图 3-3 所示。

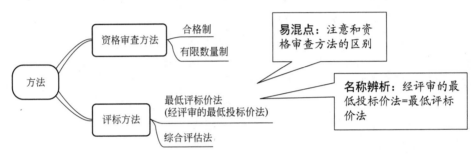

图 3-3　两种资格审查方法与两种评标方法

2. 两种评标方法的对比

具体内容如表 3-20 所示。

两种评标方法的对比　　　　　　　　　　　　　表 3-20

评标方法	适用范围	实质
最低评标价法	具有通用技术、性能标准或者招标人对其技术、性能标准没有特殊要求的招标项目	①将投标中的非价格因素折算为价格进行比较 ②评标价最低者最好 ③评标价只是比选的标准，中标后仍按**投标报价**签订合同
综合评估法	招标人对招标项目的技术、性能有专门要求的招标项目	①综合衡量价格、商务、技术等各项因素，量化为分值后进行比较的方法 ②综合评分分值高者最好

3. 评标价的内涵

① 评标价法是评价投标的依据，可将非价格因素量化为价格来考虑。

② 评标价既不是中标价，也不是合同价法。

③ 中标后仍按投标报价签订合同。

④ 将非价格因素折算为价格的原则是：如对招标人有利的条件，则在投标报价上减。如对招标人不利，则在投标报价上加。

【例题 1】某大型复杂工程，施工技术要求高，对性能有特殊要求，则施工招标适宜采用的评标方法是（　　）。（2022 年上半年考试真题）

A. 综合评估法　　B. 综合评标价法　　C. 最低评标价法　　D. 最低投标价法

【答案】A

【解析】综合评估法适用于招标人对招标项目的技术、性能有专门要求的招标项目。经评审的最低投标价法（最低评标价法）适用于具有通用技术、性能标准或者招标人对其技术、性能标准没有特殊要求的招标项目。

【例题2】最低评标价法对建设工程项目施工投标文件进行评审时，主要比较的是（　　）。（2017年真题修改）

A. 项目总报价

B. 分部分项工程报价

C. 对某些量化因素进行价格折算后的总价

D. 投标人优惠后的总价

【答案】C

【解析】评标委员会按规定的量化因素和标准进行价格折算，计算出评标价并编制价格比较一览表。

【例题3】关于最低评标价法的说法，正确的有（　　）。（2016年真题）

A. 该方法适用于具有通用技术，性能标准没有特殊要求的项目评标

B. 该方法一般将投标人施工组织设计审查放在初步评审阶段

C. 中标人应按选中的投标人的评标价与招标人签订合同

D. 按评标价由高到低对投标人进行排序

E. 投标人可以低于成本的价格报价

【答案】AB

【解析】选项C，中标人应按投标报价与招标人签订合同；选项E，投标人不能以低于成本的价格报价。

【例题4】采用最低评标价法进行评标，评标委员会确定的评标价格本质上是（　　）。

A. 确定中标价　　　　　　　　　　　B. 确定合同价

C. 衡量各投标书优劣的依据　　　　　D. 评审的各因素的打分之和

【答案】C

【解析】评标价法，可将非价格因素量化为价格来考虑，是评价标书的依据。其既不是中标价，也不是合同价，只是一种评价方法。中标后仍按投标报价签订合同。

知识点二：评标中的初步评审与详细评审

1. 初步评审与详细评审的内容

具体对比内容如表3-21所示。

两种评标方法在初步评审与详细评审中的区别　　　　　　　　　　表3-21

方法	初步评审	详细评审
最低评标价法	①形式评审标准 ②资格评审标准 ③响应性评审标准 ④施工组织设计和项目管理机构评审标准	①审查是否有单价漏项、报价的算术计算错误等 ②量化比较,计算评标价

续表

方法	初步评审	详细评审
综合评估法	①形式评审标准 ②资格评审标准 ③响应性评审标准	①施工组织设计 ②项目管理机构 ③投标报价 ④其他因素

区别点辨析：关于施工组织设计和项目管理机构评审，在最低评标价法中属于初步评审，在综合评估法中属于详细评审，因最低评标价法适用于通用型项目，故施工组织设计不是评审的主要因素

2. 初步评审的具体内容

如表 3-22 所示。

初步评审的具体内容　　　　　　　　　　　　　表 3-22

标准	具体内容
形式评审标准	投标人的名称、投标函的签字盖章、投标文件的格式、联合体投标人、投标报价的唯一性、其他评审因素等
资格评审标准	①审查内容和重点与资格预审一致 ②已进行资格预审的，在递交资格预审申请文件后投标截止时间前发生可能影响其资格条件或履约能力的新情况，应提交、更新或补充资料
响应性评审标准	①投标内容、工期、工程质量、投标有效期、投标保证金、权利义务、已标价工程量清单、技术标准和要求等 ②包括招标人允许偏离的最大范围和最高项数 ③没有对招标文件的实质性要求和条件作出响应，评标委员会应当否决其投标
施工组织设计和项目管理机构评审标准	施工方案与技术措施、质量管理体系与措施、安全管理体系与措施、环境保护管理体系与措施、工程进度计划与措施、资源配备计划、技术负责人、其他主要人员、施工设备、试验（检测）仪器设备等

【例题 1】根据《标准施工招标文件》，采用经评审的最低投标价法评标时，初步评审的标准有（　　）。（2021 年真题）

A. 资格评审标准　　　　　　　　　　B. 形式评审标准

C. 施工组织设计评审标准　　　　　　D. 付款条件评审标准

E. 项目管理机构评审标准

【答案】ABCE

【解析】最低评标价法，投标初步评审的标准包括：形式评审标准、资格评审标准、响应性评审标准、施工组织设计和项目管理机构评审标准四个方面。

【例题 2】根据《标准施工招标文件》，施工评标中，对施工组织设计和项目管理机构的评审内容包括（　　）。（2020 年真题）

A. 施工方案的技术措施

B. 质量、安全、环境保护管理体系与措施

C. 工程进度计划、资源配置计划

D. 技术负责人及主要管理人员配置

E. 工程投资绩效评审方案

【答案】ABC

【解析】施工组织设计和项目管理机构评审的因素一般包括：施工方案与技术措施、质量管理体系与措施、安全管理体系与措施、环境保护管理体系与措施、工程进度计划与措施、资源配备计划、技术负责人、其他主要成员、施工设备、试验和检测仪器设备等。选项 D，不是主要管理人员，是主要成员情况。

【例题3】根据《标准施工招标文件》，评标委员会对投标报价进行的响应性评审内容有（　　）。（2020 年真题）

A. 投标文件格式　　　　　　　　B. 投标有效期

C. 投标保证金　　　　　　　　　D. 已标价工程量清单

E. 安全生产许可证

【答案】BCD

【解析】响应性评审的因素一般包括：投标内容、工期、工程质量、投标有效期、投标保证金、权利义务、已标价工程量清单、技术标准和要求等。选项 A 属于形式评审；选项 E 属于资格评审。

知识点三：投标文件算术错误修正、澄清和补正

1. 投标报价算术错误的修正

相关规定如表 3-23 所示。

投标报价算术错误的修正　　　　　　　　　　表 3-23

项目	内容
处理规定	①评标委员会按原则对投标报价进行修正,修正的价格经投标人书面确认后具有约束力 ②投标人不接受修正价格的,应当否决该投标人的投标
修正原则	①投标文件中的大写金额与小写金额不一致的,以大写金额为准 ②总价金额与依据单价计算出的结果不一致的,以单价金额为准修正总价,但单价金额小数点有明显错误的除外

2. 投标文件的澄清和补正

① 评标委员会可以书面形式要求投标人对所提交的投标文件中不明确的内容进行书面澄清或说明，或者对细微偏差进行补正。

② 评标委员会不接受投标人主动提出的澄清、说明或补正。

③ 澄清、说明和补正不得改变投标文件的实质性内容，算术性错误修正的除外。

④ 投标人的书面澄清、说明和补正属于投标文件的组成部分。

【例题】根据《标准施工招标文件》，关于投标报价算术错误处理的说法，正确的有

（　　）。（2022年上半年考试真题）

A. 投标文件中大写金额与小写金额不一致的，以大写金额为准

B. 依据单价计算结果与总价金额不一致的，以总价金额为准

C. 评标委员会对发现算术错误的报价可直接修正，并对投标人有约束力

D. 投标文件中发现报价金额小数点有明显错误的，应予否决投标

E. 投标人不接受对其投标报价的算术错误进行修正的，应予否决投标

【答案】AE

【解析】本题考查评标委员会对投标报价进行修正的原则。

知识点四：评标的原则

相关方法及内容的对比如表3-24、表3-25所示。

评标的原则　　　　　　　　　　　　　　　　　　　表3-24

项目	内容
最低评标价法	①以投标报价为基数，考量其他因素，在投价上加或者减，形成评标价 ②按照**评标价**由低到高的顺序推荐中标候选人 ③经评审的投标价相等时，**投标报价**低的优先 ④投标报价也相等的，由招标人自行确定 **关注点**：评标价最低的投标人，但签订合同时仍以投标价签约 评标价（低）＞投标报价（低）＞招标人自行确定
综合评估法	综合评分（高）＞投标报价（低）＞招标人自行确定

不同招标类型中确定中标人的规则对比　　　　　　　　表3-25

招标类型	确定中标人的规则
勘察设计招标（综合评估法）	综合评分（高）＞投标报价（低）＞方案得分（高）＞评标办法前附表规则
施工招标（评标价法）	评标价（低）＞投标报价（低）＞招标人自行确定
施工招标（综合评估法）	综合评分（高）＞投标报价（低）＞招标人自行确定

【例题1】工程施工评标中，有两家不同报价的投标单位综合评分相等时，根据《标准施工招标文件》，应将（　　）排名靠前。（2022年上半年考试真题）

A. 投标报价低的单位

B. 资质等级高的单位

C. 施工组织设计得分高的单位

D. 对招标人提出较多优惠条件的单位

【答案】A

【解析】综合评分相等时，以投标报价低的优先。

【例题2】某工程施工项目招标，采用经评审的最低投标价法评标，工期10个月以内每提前1个月可给建设单位带来收益30万元。某投标人报价1800万元，工期9个月，仅考虑工期因素，该投标人的合同价格和评标价格分别是（　　）。（2018年真题）

A.1800万元，1800万元 　　　　　　B.1800万元，1770万元

C.1830万元，1800万元 　　　　　　D.1830万元，1770万元

【答案】B

【解析】本题考查的是最低评标价法。工期提前1个月，对招标人有利，要在报价上减去提前1个月带来的收益，所以合同价格是投标人报价1800万元，评标价＝1800－30＝1770万元。

【例题3】某工程，施工招标文件规定的评标方法为最低评标价法。现有三家单位投标，甲投标报价6050万元，评标价6000万元；乙投标报价6200万元，评标价5950万元；丙投标报价5950万元，评标价6050万元，则中标单位及签约合同价分别为（　　）。（2020年真题）

A. 乙，5950万元 　　　　　　B. 乙，6200万元

C. 丙，5950万元 　　　　　　D. 丙，6050万元

【答案】B

【解析】本题考查最低评标价法。乙单位评标价5950元为最低，乙中标，签约合同价为6200元。

第四节　工程总承包招标

知识点一：标准设计施工总承包招标文件组成及适用范围

① 招标公告或投标邀请书；

② 投标人须知；

③ 评标办法；

④ 合同条款及格式；

⑤ **发包人要求**；

⑥ **发包人提供的资料**；　　此两项为工程总承包招标文件中特有的内容

⑦ 投标文件格式；

⑧ 投标人须知前附表规定的其他材料；

⑨ 招标人对招标文件的澄清、修改，也构成招标文件的组成部分。

知识点二：工程总承包招标文件中相对于施工招标文件增加的内容

具体内容如表3-26所示。

工程总承包招标文件中相对于施工招标文件增加的内容 表 3-26

项目	内容
投标人须知中增加的内容	①质量标准:包括设计要求的质量标准 ②投标人资格要求:项目经理应当具备工程设计类或者工程施工类注册执业资格,设计负责人应当具备工程设计类注册执业资格 ③设计成果补偿:招标人对符合招标文件规定的未中标人的设计成果进行补偿的,**按投标人须知前附表规定给予补偿,并有权免费使用未中标人设计成果等**
增加的发包人要求附件清单中的内容	①性能保证表、工作界区图 ②发包人需求任务书、发包人已完成的设计文件 ③承包人文件要求、承包人人员资格要求及审查规定 ④承包人设计文件审查规定 ⑤承包人采购审查与批准规定 ⑥材料、工程设备和工程试验规定 ⑦竣工试验规定、竣工验收规定、竣工后试验规定 ⑧工程项目管理规定

【例题】《标准设计施工总承包招标文件》中的发包人要求附件清单,包括（　　　）。

A. 性能保证表　　　　　　　　　　B. 工作界区图

C. 工程项目管理规定　　　　　　　D. 竣工后试验规定

E. 竣工图纸编制

【答案】ABCD

【解析】发包人要求附件清单的组成,没有竣工图纸编制这一项。

知识点三：工程总承包中的价格清单

① 勘察设计费清单；

② 工程设备费清单；

③ 必备的备品备件费清单；

④ 建筑安装工程费清单；

⑤ 技术服务费清单；　　　————→ 注意：无税金清单,无暂列金额清单

⑥ 暂估价清单；

⑦ 其他费用清单；

⑧ 投标报价汇总表。

【例题】《标准设计施工总承包招标文件》中的价格清单,包括（　　　）。

A. 勘察设计费清单

B. 税费清单

C. 建筑安装工程费清单

D. 技术服务费清单

E. 暂估价清单

【答案】ACDE

【解析】价格清单的组成,没有税费清单这一项。

知识点四：工程总承包评标

具体内容如表 3-27 所示。

工程总承包评标　　　　　　　　　　　　　　　　　表 3-27

项目	具体内容
评标方法	①综合评估法 ②经评审的最低投标价法
与施工评标相比<u>增加</u>的评审内容	①关于设计负责人的资格评审标准需符合投标人须知中的相应规定 ②资信业绩评分标准新增设计负责人业绩 ③增加设计部分评审

注意：在施工招标中，名称叫最低评标价法，但在设计施工总承包招标中，名称叫经评审的最低投标价法，但本质和最低评标价法一致

【例题 1】根据《标准设计施工总承包招标文件》，设计施工总承包项目评标的方法包括（　　）。

A. 综合评价法

B. 综合评估法

C. 综合评分法

D. 经评审的最低投标价法

E. 最低投标价法

【答案】BD

【解析】本题考查的是工程总承包招标程序。项目评标只有两种方法。

【例题 2】根据《标准设计施工总承包招标文件》，投标人须知中对投标人有关设计工作的要求是（　　）。（2020 年真题）

A. 质量标准和设计文件审批程序

B. 质量标准、设计业绩和人员资格

C. 设计文件审批和设计变更程序

D. 设计业绩、人员资格和设计变更程序

【答案】B

【解析】与标准施工招标文件相比较，投标人须知在设计方面提出了有关设计工作方面的要求。

【例题 3】根据《标准设计施工总承包招标文件》规定，与施工招标文件相比较，设计施工总承包招标文件的投标人须知中增加了（　　）。

A. 质量标准

B. 项目经理应当具备工程设计类或者工程施工类注册执业资格

C. 设计负责人应当具备工程设计类注册执业资格的要求

D. 设计成果补偿

E. 竣工后试验规定

【答案】ABCD

【解析】增加了质量标准、投标人资格要求和设计成果补偿三项内容。

一、单项选择题

1. 国家发展改革委等九部委发布的《简明标准施工招标文件》，适用于工期不超过（ ）个月，且技术相对简单的小型项目。
A. 6
B. 12
C. 18
D. 24

2. 编制行业标准施工招标的资格预审文件和招标文件时，必须不加修改地引用《标准施工招标资格预审文件》和《标准施工招标文件》中的（ ）。
A. 申请人须知前附表
B. 资格审查办法
C. 投标人须知前附表
D. 资格预审公告

3. 某施工项目，单位甲和单位乙组成联合体投标，其中单位甲投入编制投标文件人手多，单位乙承担投标施工项目工作量大，则该联合体投标后，其履行担保应由（ ）递交。
A. 单位甲
B. 单位乙
C. 单位甲、乙共同
D. 联合体牵头单位

4. 根据《招标投标法实施条例》，要求投标人提交投标保证金的，投标保证金数额不得超过招标项目估算价的（ ）。
A. 2%
B. 3%
C. 5%
D. 10%

5. 招标人对技术、性能有专门要求的施工招标项目，宜采用的评标方法是（ ）。
A. 经评审的最低投标价法
B. 综合评估法
C. 最低投标价法
D. 基准价评审法

6. 招标人应当合理确定提交资格预审申请文件的时间，自资格预审文件停止发售之日起不得少于（ ）日。
A. 3
B. 5
C. 7
D. 10

7. 在施工招标程序中，发售招标文件后的下一个工作阶段是（ ）。
A. 踏勘现场
B. 召开投标预备会
C. 组建评标委员会
D. 递交投标文件

8. 在施工招标工作中，中标人最终应由（ ）确定。
A. 招标人
B. 评标委员会
C. 工程所在地招标投标管理机构
D. 招标代理机构

9. 某招标项目，招标人在原定投标截止日前10日发出最后一份书面答疑文件，则此时投标截止时间至少应延长（ ）日。
A. 5
B. 10
C. 15
D. 20

10. 某工程施工招标时，评标委员会成员拟由 9 人组成，根据《招标投标法》，其中技术、经济等方面的专家应不少于（　　）人。

A. 4
B. 5
C. 6
D. 7

11. 关于评标委员会的说法，正确的是（　　）。

A. 评标委员会成员的名单应当保密
B. 评标委员会成员的名单应当在开标后确定
C. 评标委员会中的技术专家不得多于成员总数的 2/3
D. 评标委员会中的专家一律采取随机抽取方式确定

12. 根据《标准施工招标文件》，属于施工招标文件主要内容的是（　　）。

A. 资格预审公告
B. 申请人须知
C. 招标公告
D. 资格审查办法

13. 根据《招标投标法》，应由（　　）确定中标人。

A. 招标人
B. 招标代理机构
C. 评标委员会
D. 招标投标监督机构

14. 某政府投资项目，采用公开招标方式选择施工承包商，招标文件规定的开标日为 2021 年 6 月 1 日，投标有效期至 2021 年 8 月 30 日止。该项目如期开标并于 2021 年 6 月 7 日完成评标，6 月 11 日向中标人发出中标通知书，则招标人与中标人最迟应在 2021 年（　　）订立书面合同。

A. 6 月 27 日
B. 7 月 11 日
C. 8 月 1 日
D. 8 月 30 日

15. 某工程施工投标文件中承诺的投标有效期短于招标文件规定的时间，则对该投标人的正确处理方式是（　　）。

A. 没收该投标人的投标保证金
B. 否决该投标人的投标
C. 要求该投标人延长投标有效期
D. 由招标人与该投标人商讨补缴办法

16. 资格预审时，对投标人资格审查采用打分量化的方法是（　　）。

A. 有限数量限制法
B. 合格制法
C. 标准化法
D. 综合记分法

17. 某施工项目招标，采用经评审的最低投标价法评标，评标排名前 2 位的投标人为甲、乙。甲的投标报价为 5000 万元，评标价为 4990 万元；乙的投标报价为 5030 万元，评标价为 4980 万元。则中标人和中标价格分别为（　　）。

A. 甲，5000 万元
B. 甲，4990 万元
C. 乙，5030 万元
D. 乙，4980 万元

18. 施工评标过程中，发现投标报价大写金额与小写金额不一致时，评标委员会正确的处理办法是（　　）。

A. 以小写金额为准修正投标报价并经投标人书面确认
B. 以大写金额为准修正投标报价并经投标人书面确认

C. 由投标人书面澄清，按大写或按小写来计算投标报价

D. 将该投标文件直接作废标处理

19. 根据《标准施工招标文件》，对于大型复杂工程，有特殊专业施工技术和经验要求的施工招标，宜采用的评标方法是（　　）。

A. 最低投标价法　　　　　　　　B. 最低评标价法

C. 最合理报价评审法　　　　　　D. 综合评估法

20. 施工评标中，审查投标人名称与资质证书的名称是否一致，属于（　　）评审的内容。

A. 资格　　　　　　　　　　　　B. 程序

C. 响应性　　　　　　　　　　　D. 形式

21. 采用综合评估法对施工项目投标文件进行详细评审时，属于施工组织设计评审内容的是（　　）。

A. 项目经理的任职资格　　　　　B. 主要技术负责人的施工管理业绩

C. 各专业人员数量的合理性　　　D. 资源配置计划的合理性

二、多项选择题

1. 下列项目进行施工招标时，适合采用邀请招标方式的有（　　）。

A. 投资额较大的项目

B. 技术复杂、有特殊要求的项目

C. 只有少量潜在投标人可供选择的项目

D. 行业特点较为明显的专业工程项目

E. 公开招标费用占项目合同金额的比例过大的项目

2. 工程施工投标资格预审公告应包括的内容有（　　）。

A. 招标条件　　　　　　　　　　B. 项目概况与招标范围

C. 资格预审方法　　　　　　　　D. 申请人资格要求

E. 投标保证金要求

3. 施工招标准备的工作内容有（　　）。

A. 向行业主管部门申请报批设计任务书

B. 向建设行政主管部门办理招标备案手续

C. 组织评标专家组成评标委员会

D. 编制施工招标文件

E. 发布招标公告或投标邀请书

4. 以下（　　）属于资格预审审查报告的内容。

A. 资格审查委员会名单

B. 资格审查过程中澄清、说明、补正事项纪要

C. 资格评分比较一览表的排序

D. 推荐的中标候选人名单

E. 评标各因素分值与评分标准

5. 根据《标准施工招标文件》，关于招标阶段组织现场踏勘的说法，正确的有（　　）。

A. 招标人应鼓励投标人自主完成现场踏勘

B. 投标人应自行承担踏勘现场所发生的费用

C. 招标人应为任何原因导致投标人踏勘现场中所发生的人员伤亡负责

D. 招标人踏勘现场时可以介绍工地情况，供投标人参考

E. 招标人应在投标截止时间 15 日前组织现场踏勘

6. 建设工程施工招标公告的内容包括（　　）。

A. 建设资金来源　　　　　　　B. 招标人的名称

C. 项目概况　　　　　　　　　D. 投标人的资格要求

E. 评标办法

7. 投标人须知中的附表格式包括（　　）。

A. 投标函格式　　　　　　　　B. 开标记录表格式

C. 问题澄清通知书格式　　　　D. 中标通知书格式

E. 合同协议书格式

8. 在施工评标中，综合评估法中详细评审的因素包括（　　）。

A. 资质条件　　　　　　　　　B. 施工组织设计

C. 项目管理机构　　　　　　　D. 投标报价

E. 其他因素

9. 资格预审阶段，资格审查委员会对施工项目投标人的资格审查分初步审查和详细审查两个阶段，属于详细审查的内容有（　　）。

A. 企业资质条件　　　　　　　B. 项目经理资格

C. 企业信誉　　　　　　　　　D. 施工组织方案

E. 质量管理体系

10. 以下有关资格审查方法的说法，正确的是（　　）。

A. 资格审查办法分为综合评估法和最低投标价法两种

B. 资格审查办法分为合格制和有限数量制两种

C. 如无特殊规定，鼓励招标人采用合格制

D. 合格制比较公平公正，有利于招标人获得最优方案

E. 资格预审文件的获取时间应当不少于 3 个工作日

11. 根据《标准施工招标文件》，关于建设工程施工评标的说法，正确的有（　　）。

A. 评标过程可分为初步评审和详细评审两个阶段

B. 初步评审检查投标书是否对招标文件作出实质性响应

C. 评标委员会不得主动提出对投标文件澄清或补正要求

D. 初步评审有不符合评审标准的，在进行详细评审后再处理

E. 招标文件没有说明的评标标准和方法不得作为评标依据

12. 关于投标预备会的说法，正确的有（　　）。

A. 投标预备会是法定的招标程序

B. 投标预备会上应对投标人提出的问题进行解答

C. 投标预备会由工程监理单位组织召开

D. 投标预备会应澄清投标人提出的质疑

E. 对某投标人提出的问题，招标人应以书面方式回复该投标人，无须告知其他投标人

13. 根据《标准施工招标文件》，应当进行重新招标的情形有（　　　）。

A. 投标截止时间后，招标人不同意开标的

B. 投标截止时间止，投标人少于 3 家的

C. 投标人投诉中标人的

D. 经评标委员会评审后否决所有投标的

E. 招标人不接受评标评审结果的

习题答案及解析

一、单项选择题

1.【答案】B

【解析】《简明标准施工招标文件》适用于工期不超过 12 个月、技术相对简单且设计和施工不是由同一承包人承担的小型项目。

2.【答案】B

【解析】两个前附表，申请人须知前附表、投标人须知前附表，均是根据项目具体情况填写，所以不同的项目前附表内容不同，不能不加修改引用。须不加修改引用的只有四类：申请人须知、资格审查办法、投标人须知、评标办法。

3.【答案】D

【解析】联合体中标的，其履约担保由牵头人递交。

4.【答案】A

【解析】投标保证金数额不得超过招标项目估算价的 2%。

5.【答案】B

【解析】招标人对招标项目的技术、性能有专门要求的招标项目，宜采用综合评估法。

6.【答案】B

【解析】招标人应当合理确定提交资格预审申请文件的时间，自资格预审文件停止发售之日起不得少于 5 日。

7.【答案】A

【解析】本题考查的是工程施工招标程序。

8.【答案】A

【解析】招标人可以授权评标委员会直接确定中标人，也可以依据评标委员会推荐的中标候选人确定中标人。

9.【答案】A

【解析】招标人要对招标文件进行修改，应该在投标截止时间 15 日前，以书面形式修改招标文件。如果澄清文件发出的时间距投标截止日期不足 15 日，须相应延长投标截止日期。本题中应延长 5 日。

10.【答案】C

【解析】评标委员会由两类人组成，招标人代表和有关技术、经济等方面的专家。其中专家应不少于成员总数的 2/3。

11.【答案】A

【解析】选项 D，评标委员会的专家应当从评标专家库内相关专业的专家名单中随机抽取，但对技术复杂、专业性强或者国家有特殊要求的招标项目，采取随机抽取方式确定的专家难以保证胜任评标工作时，可以由招标人直接确定。

12.【答案】C

【解析】招标文件的组成：①招标公告或投标邀请书；②投标人须知；③评标办法；④合同条款及格式；⑤工程量清单；⑥图纸；⑦技术标准及要求；⑧投标文件格式；⑨投标人须知前附表规定的其他材料。

13.【答案】A

【解析】招标人可以授权评标委员会直接确定中标人，也可以依据评标委员会推荐的中标候选人确定中标人。

14.【答案】B

【解析】招标人和中标人应当在投标有效期内以及中标通知书发出之日起 30 日内，根据招标文件和中标人的投标文件订立书面合同。

15.【答案】B

【解析】投标文件中承诺的投标有效期短于招标文件规定的时间，属于投标文件没有对招标文件的实质性要求和条件作出响应，评标委员会应当否决其投标。

16.【答案】A

【解析】有限数量限制法：对资格预审申请文件进行量化打分，按得分由高到低的顺序确定通过资格预审的申请人。

17.【答案】C

【解析】评标委员会按规定的量化因素和标准进行价格折算，计算出评标价并编制价格比较一览表。经评审的投标价最低者，评标委员会推荐其为中标候选人。

18.【答案】B

【解析】评标委员会按修正原则对投标报价进行修正，修正的价格经投标人书面确认后具有约束力。投标人不接受修正价格的，投标作废标处理。

19.【答案】D

【解析】综合评估法适用于大型复杂工程，有特殊专业施工技术和经验要求的评标。选项 A，注意没有此称谓，评标方法叫最低评标价法；选项 B，适用于没有特殊专业施工技术要求，采用通用技术即可保证质量完成的项目。

20.【答案】D

【解析】投标人的名称应与营业执照、资质证书、安全生产许可证的名称一致，属于形式评审。

21.【答案】D

【解析】选项 A、B、C 均为项目管理机构评审重点。

二、多项选择题

1. **【答案】** CE

【解析】 邀请招标的适用情形：①技术复杂、有特殊要求或者受自然环境限制，只有少量潜在投标人可供选择；②采用公开招标方式所需费用占项目合同金额比例过大。

2. **【答案】** ABCD

【解析】 资格预审公告：包括招标条件、项目概况与招标范围、申请人资格要求、资格预审方法、资格预审文件的获取、资格预审申请文件的递交、发布公告的媒介和联系方式等公告内容。

3. **【答案】** BDE

【解析】 施工招标准备工作包括成立招标机构及备案、确定招标方式、编制施工招标文件和发布招标公告（或投标邀请书）。

4. **【答案】** ABC

【解析】 选项 D、E 是评标报告的内容，不是资格预审的内容。

5. **【答案】** BD

【解析】 招标人按招标文件规定的时间、地点统一组织投标人踏勘项目现场。投标人自己承担踏勘现场发生的费用。除招标人的原因外，投标人自行负责在踏勘现场中所发生的人员伤亡和财产损失。招标人在踏勘现场中介绍的工程场地和相关的周边环境情况，供投标人在编制投标文件时参考，招标人不对投标人据此作出的判断和决策负责。组织踏勘现场的时间一般应在投标截止时间 15 日前及投标预备会召开前进行。

6. **【答案】** BCD

【解析】 选项 A，属于投标人须知的内容；选项 E，属于招标文件的内容。

7. **【答案】** BCD

【解析】 附表格式包括四项：开标记录表、问题澄清通知书格式、中标通知书格式和中标结果通知书格式。

8. **【答案】** BCDE

【解析】 本题考查综合评估法的评审因素，主要包括四项。选项 A，资质条件在资格预审时考虑，不在评标中打分。

9. **【答案】** ABC

【解析】 选项 D、E，是评标阶段审查的内容。

10. **【答案】** BCD

【解析】 选项 A 是评标方法，不是资格审查方法；选项 E，资格审查文件获取时间不少于 5 个工作日。

11. **【答案】** ABE

【解析】 选项 C，评标委员会不接受投标人主动提出的澄清、说明或补正；选项 D，有一项不符合评审标准，按废标处理，不再进行详细评审。

12. **【答案】** BD

【解析】 选项 A，投标预备会不是招标的必经程序；选项 C，投标预备会由招标人组织召开；选项 E，将对投标人所提问题的澄清，以书面方式通知所有购买招标文件的潜在投标人。

13.【答案】BD

【解析】有下列情形之一的，招标人在分析招标失败的原因并采取相应措施后，应当依法重新招标：①投标截止时间止，投标人少于3个的；②经评标委员会评审后否决所有投标的。

第四章 建设工程材料设备采购招标

本章内容框架及知识点分值分布如表 4-1、图 4-1 所示。

本章内容框架及知识点分值分布 表 4-1

知识点分布	2020 年			2021 年			2022 年上半年			2022 年下半年		
	单选(道)	多选(道)	分值	单选(道)	多选(道)	分值	单选(道)	多选(道)	分值	单选(道)	多选(道)	分值
材料设备采购招标特点及报价方式	2	0	2	3	1	5	2	0	2	0	1	2
材料采购招标	0	2	4	1	1	3	1	1	3	0	1	2
设备采购招标	1	1	3	1	1	3	1	1	3	2	0	2
合计	3	3	9	5	3	11	4	2	8	2	2	6

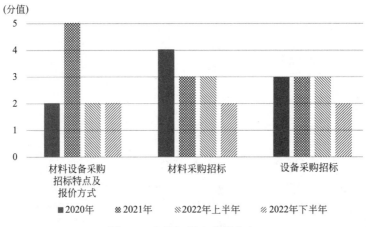

图 4-1 本章知识点分值分布

第一节 材料设备采购招标特点及报价方式

知识点一：材料设备采购招投

1. 材料设备采购方式及其特点

共有三种材料设备采购方式，其具体内容如表 4-2 所示。

2. 材料设备采购招标内容特点

具体内容如表 4-3 所示。

三种材料设备采购方式的适用范围及特点　　　　　　表 4-2

方式	适用范围	特点
询价	一般用于采购数额不大的建筑材料和标准规格产品	①避免了招标的复杂性,工作量小,耗时短,交易成本低,也在一定程度上促进了供货商之间的报价竞争 ②存在较大的主观性和随意性
直接订购	多适用于零星采购、应急采购,只能从一家供应厂商获得,必须由原供货商提供产品或向原供货商补订的采购	①达成交易快,有利于及早交货 ②采购来源单一,缺少对价格的比选,适用的条件较为特殊
招标投标	这里最主要的方式,适用于竞争较为充分的市场环境	①有利于规范买卖双方的交易行为、扩大比选范围、实现公开公平竞争 ②程序复杂、工作量大、周期长

材料设备采购招标内容特点　　　　　　表 4-3

分类	规定	评选要点	目标
买卖合同	①大宗建筑材料 ②通用型批量生产的中小设备	①投标人信誉 ②报价 ③交货期限	追求价格低
加工承揽合同	①非批量生产的大型复杂机组设备 ②特殊用途大型非标准部件	①投标人信誉 ②加工制造能力 ③报价 ④交货期限和方式 ⑤安装、调试 ⑥保修 ⑦操作人员培训	考虑性价比

【例题 1】下列建设工程材料的建设商采购,直接订购的有（　　）。（2022 年下半年考试真题）

A. 成套设备采购　　　　　　　　B. 大宗建筑材料采购

C. 零星采购　　　　　　　　　　D. 应急采购

E. 独家生产的产品采购

【答案】CDE

【解析】零星采购、应急采购,只能从一家供应厂商获得、必须由原供货商提供产品或向原供货商补订,适用直接订购。采购大宗及重要建筑材料和设备,适用招标。

【例题 2】与直接询价方式选择材料相比,采用招标方式选择材料供应商的特点是（　　）。（2020 年真题）

A. 交易成本低　　　　　　　　　B. 采购工作量小

C. 采购工作周期长　　　　　　　D. 便于磋商价格

【答案】C

【解析】采用招标方式选择材料供应商的特点:有利于规范买卖双方交易行为、扩大比选范围、实现公开公平竞争,但程序复杂、工作量大、周期长。

【例题3】 材料设备采购的方式包括（　　）。

A. 询价　　　　　B. 直接订购　　　　　C. 竞争性谈判　　　　D. 无底价竞争

E. 招标投标

【答案】 ABE

【解析】 本题考查的是材料设备采购招标特点。

知识点二：材料、设备招标的相关规定

1. 设备、安装混合采购与采购批次

相关规定如表 4-4 所示。

设备、安装混合采购与采购批次的相关规定　　　　　　　　　　　　　　　　　表 4-4

分类	相关规定
设备、安装混合采购	①对于既有设备采购又有安装服务的项目，可以采用设备和安装**分开招标**，也可以**合并招标** ②采用合并招标的，可以按照各部分所占的**费用比例**来确定具体招标类型 ③通常设备占费用比例大的，可按设备招标。安装工程占费用比例大的，则可按安装工程招标
采购批次	①同类材料设备可以**一次招标分期交货**，不同材料设备可以**分阶段采购** ②应保证材料设备到货时间满足**工程进度**的需要，并节省占用建设资金及保管费用

2. 标包

相关规定如表 4-5 所示。

标包的相关规定　　　　　　　　　　　　　　　　　表 4-5

分类	相关规定
标包	①基本单位是标包 ②投标人可投一个或几个标包，但不能投一个标包中的某几项
标包划分	①标包过大或过小均不合适 ②标包划分过大，中小供应厂商无法满足供应 ③标包划分过小，缺乏对大型供应厂商的吸引力

【例题1】 为充分发挥投标人设备制造和安装的综合实力，采用合并招标方式采购设备和安装工程时，可按照（　　）来确定招标类型。（2021年真题）

A. 设备生产周期　　　　　　　　　B. 安装工程实施周期

C. 设备安装条件　　　　　　　　　D. 各部分所占费用比例

【答案】 D

【解析】 如果采用合并招标，可以按照各部分所占的费用比例来确定具体招标类型，通常设备占费用比例大的，可按设备招标，安装工程占费用比例大的，则可按安装工程招标。

【例题2】 在建设工程材料采购招标时，关于标包划分的说法，正确的是（　　）。（2019年真题修改）

A. 不同类型的建筑材料不能作为一个标包

B. 允许供应商同时投标几个标包

C. 允许供应商投标一个标包中的部分产品

D. 划分的标包较小，有利于有实力的供应商投标

【答案】B

【解析】选项 A，不同类型的建材是可以放入一个标包的；选项 C，投标人可以投一个或其中的几个标包，但不能仅对一个标包中的某几项进行投标；选项 D，若一个标包划分过大，中小供应商无力问津；反之，划分过小对有实力的供货商又缺少吸引力。

知识点三：材料设备采购招标投标报价方式

1. 材料设备招标的报价方式

如图 4-2 所示。

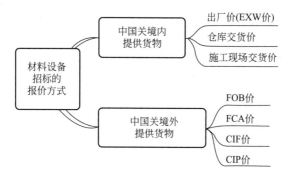

图 4-2　材料设备招标的报价方式

2. 中国关境内提供货物的报价方式

具体内容如表 4-6 所示。

中国关境内提供货物的报价方式　　　　　　　　　　　　　表 4-6

报价方式	具体内容
出厂价(EXW 价) (不包邮、到厂提货价)	①买方自行承担在卖方所在地受领货物后运至国内施工现场的运输费和保险费 ②报出厂价、仓库交货价的，包含应交的以及制造环节所交的增值税、关税和其他税
仓库交货价	①**投标截止时间前已经进口的货物**，可报仓库交货价 ②报价中包含应交的以及之前已交的税
施工现场交货价 (包邮、送货上门价)	①由国内供货方(卖方)负责将货物运至国内施工现场 ②施工现场交货价＝出厂价＋运至施工现场的内陆运输费＋保险费

3. 中国关境外提供货物的报价方式

具体内容如表 4-7 所示。

中国关境外提供货物的报价方式　　　　　　　　　　　　　表 4-7

报价方式	具体内容
FOB 价	①FOB 价(Free on Board,装运港船上交货,离岸价) ②货物在装船港装上船之前的一切费用均已包含在报价中

报价方式	具体内容
FCA 价	①FCA 价(Free Carrier,货交承运人指定地点) ②卖方在指定的地点将货物交给买方指定的承运人,即完成交货 ③货物在交付承运方之前的一切费用均包含在报价中
CIF 价	①CIF 价(Cost,Insurance and Freight;指定目的港价,到岸价) ②到岸价=FOB 价+海运费+国际运输保险费
CIP 价 (包邮、送货上门价)	①CIP 价(Carriage,Insurance and Paid to;指定目的地价) ②卖方负责与承运人签订运输协议,并承担货物运至目的地的运输费和保险费

【例题 1】业主招标采购工程建设所需货物时,对于投标截止时间前已经进口的货物,国内供货方的报价应是（   ）。(2022 年上半年考试真题)

A. 仓库交货价　　　B. 出厂价　　　　　C. 船上交货价　　　　D. 离岸价

【答案】A

【解析】对于投标截止时间前已经进口的货物,可报仓库交货价。

【例题 2】业主从国外采购建设工程所需设备时,招标文件中要求报指定目的港价的,国外供货方在投标时应报（   ）价。(2022 年上半年考试真题)

A. FCA　　　　　　B. CIP　　　　　　C. FOB　　　　　　D. CIF

【答案】D

【解析】FCA,货交承运人指定地点;FOB 离岸价;CIF 运至目的港价;CIP 运至目的地价。

【例题 3】业主从国外采购建设工程所需设备时,招标文件中要求报装运港船上交货价的,国外供货方在投标时应报（   ）价。(2021 年真题)

A. FOB　　　　　　B. CIF　　　　　　C. FCA　　　　　　D. CIP

【答案】A

【解析】招标文件可要求国外供货方（卖方）报 FOB 价,即装运港船上交货价。

【例题 4】购境外货物时,由卖方负责办理租船订舱,并承担货物装船之前的一切费用,以及海运费和从转运港运至目的港的保险费的报价是（   ）。(2020 年真题)

A. FOB 价　　　　　B. CIF 价　　　　　C. EXW 价　　　　　D. FCA 价

【答案】B

【解析】CIF 价（指定目的港价）,卖方负责办理租船订舱,并承担将货物装上船之前的一切费用,以及海运费和从转运港运至目的港的保险费。

【例题 5】投标截止时间前已经进口的货物,可报（   ）。

A. 出厂价　　　　　　　　　　　　B. 仓库交货价

C. 施工现场交货价　　　　　　　　D. 货交承运人指定地点

【答案】B

【解析】投标截止时间前已经进口的货物,可报仓库交货价。

【例题 6】施工现场交货价包括（   ）费用在内。

A. 出厂价　　　　　　　　　　　　B. 仓库交货价

C. 运至施工现场的内陆运输费　　　　D. 保险费

E. 施工现场保管费

【答案】ACD

【解析】施工现场交货价＝出厂价＋运至施工现场的内陆运输费＋保险费。

第二节　材料采购招标

知识点一：投标人的资格要求

① 具有**独立**订立合同的能力；

② 在专业技术、设备设施、人员组织、业绩经验等方面具有设计、制造、质量控制、经营管理的相应资格和能力；

③ 具有完善的质量保证体系；

④ 业绩良好；

⑤ 有良好的银行信用和商业信誉。

知识点二：招标文件

1. 招标文件的内容

① 招标公告和投标邀请书；

② 投标人须知；

③ 评标办法；

④ 合同条款及格式；

⑤ 供货要求；

⑥ 投标文件格式；

⑦ 投标人须知前附表规定的其他资料。

> **关注点**：在招标程序上与勘察设计和施工招标基本相同；但在评标的评审要素和量化比较方法上有所不同

2. 招标文件的相关规定

如表 4-8 所示。

招标文件的相关规定　　　　　　　　　　　　　　　表 4-8

项目	相关规定
实质性要求和条件	不满足其中任何一项实质性要求和条件的投标将被拒绝
非实质性要求和条件	应规定**允许偏差的最大范围、最高项数**，以及对这些偏差进行调整的方法
分包的规定	①招标人允许中标人对非主体货物进行分包的，应当在招标文件中载明 ②**主要材料**或者供货合同的**主要部分**不得要求或者允许分包（材料采购合同的主体部分不得分包，与施工合同中主体部分施工不得分包的规定相同）
招标的时间	依法必须进行招标的货物，自招标文件开始发出之日起至投标人提交投标文件截止之日止，最短不得少于 20 日

103

【例题1】 以下有关材料设备招标与施工招标的说法，不正确的是（　　）。

A. 材料设备招标与施工招标均可以采用公开招标或邀请招标的方式

B. 材料设备招标与施工招标在招标程序上基本相同

C. 材料设备招标中不得分包，但施工招标可以分包

D. 材料设备招标与施工招标在评标的评审要素有所不同

E. 材料设备招标与施工招标在评标量化比较方法上基本相同

【答案】 CE

【解析】 本题考查的是材料招标投标与施工招标的区别。

【例题2】 根据《标准材料采购招标文件》，材料采购招标文件应包括的内容有（　　）。（2022年上半年考试真题）

A. 招标人身份证明　　　　　　　B. 投标人须知

C. 评标办法　　　　　　　　　　D. 投标文件格式

E. 评标委员会组成人员

【答案】 BCD

【解析】 材料采购招标文件包括的内容有：招标公告或投标邀请书、投标人须知、评标办法、合同条款及格式、供货要求、投标文件格式、投标人须知前附表规定的其他材料。

【例题3】 以下有关材料招标文件要求的说法，不正确的是（　　）。

A. 招标文件中的实质性要求和条件，不满足其中任何一项实质性要求和条件的投标将被拒绝

B. 非实质性要求和条件，应规定允许偏差的最大范围、最高项数，以及对这些偏差进行调整的方法

C. 主要材料或者供货合同的主要部分不得要求或者允许分包

D. 招标人不得允许中标人对非主体货物进行分包

【答案】 D

【解析】 招标人允许中标人对非主体货物进行分包。

知识点三：投标文件

1. 投标文件的内容

① 投标函及投标函附录；

② 法定代表人身份证明或授权委托书；

③ 联合体协议书；

④ 投标保证金；

⑤ **商务和技术偏差表**；　　　　　投标文件的偏差超出招标文件规定的偏差范围或最高项数的，投标将被否决

⑥ 分项报价表（报价的明细）；

⑦ 资格审查资料；

⑧ 投标材料质量标准；

⑨ 技术支持资料；

⑩ 相关服务计划；

⑪ 投标人须知前附表规定的其他资料。

2. 投标保证金和履约保证金

① 招标人可以在招标文件中要求投标人提交投标保证金。

② 投标保证金一般不得超过项目估算价的 **2%**，但最高不得超过 **80 万元**人民币。

③ 投标保证金可以是银行保函、保兑支票、银行汇票、现金支票、现金，也可以是其他合法担保形式。

④ 依法必须进行招标的项目以现金或者支票形式提交的投标保证金应当从其**基本账户**转出。

⑤ 投标保证金有效期应当与投标有效期**一致**。

⑥ 招标文件要求中标人提交履约保证金的，履约保证金不得超过中标合同金额的 **10%**。

【例题 1】根据《标准材料采购招标文件》，材料采购投标文件中应包括的内容有（　　）。（2021 年真题）

A. 商务和技术偏差表　　　　　　　B. 技术支持资料

C. 投标材料质量标准　　　　　　　D. 合同条款修改建议

E. 资格审查资料

【答案】ABCE

【解析】投标文件中不对合同条款提出修改建议。

【例题 2】根据《标准材料采购招标文件》，投标函中的分项报价表应包括的内容有（　　）。（2021 年真题）

A. 规格　　　　　　　　　　　　　B. 单位

C. 性能　　　　　　　　　　　　　D. 数量

E. 总价

【答案】BDE

【解析】分项报价表的内容包括：①分项名称；②单位；③数量；④单价（元）；⑤总价（元）；⑥合计报价。

【例题 3】根据九部委发布的《标准材料采购招标文件》的规定，投标保证金的上限是（　　）。

A. 10 万元

B. 80 万元

C. 材料招标项目估算价的 2%

D. 材料招标项目估算价的 10%

【答案】B

【解析】材料招标项目的投标保证金一般不得超过项目估算价的 2%，但最高不得超过 80 万元人民币。

知识点四：材料采购的评标方法（与设备采购、施工招标一致）

具体内容如表 4-9 所示。

材料采购的评标方法　　　　　　　　　　　　　　　　　表 4-9

方法	内容
综合评估法	①包括投标人的商务评分、投标报价评分、技术评分及其他因素评分,计算出综合评估得分 ②符合招标文件要求且**得分最高**的为中标候选人
最低评标价法	①以**投标价**为基础,将评审各要素按预定方法换算成相应价格值,增加或减少到报价上形成评标价 ②量化的因素包括运输费用、交货期、付款条件、零配件、售后服务、产品性能、生产能力等 ③**最低评标价**的投标书最优 ④该方法既适用于技术简单或技术规格、性能、制作工艺要求统一的货物采购的评标,也适用于**机组、车辆等大型设备采购**的评标

【例题】建设工程设备招标采购通常采用的评标方法是（　　）。（2022 年下半年考试真题）

A. 综合评估法或最低投标价法

B. 最低评标价法或基准价评审法

C. 基准价评审法或最低投标价法

D. 综合评估法或最低评标价法

【答案】D

【解析】设备招标采购通常采用的评标方法包括最低评标价法和综合评估法。

知识点五：评标程序

1. 初步评审和详细评审

其对比内容如表 4-10 所示。

初步评审和详细评审的对比内容　　　表 4-10

初步评审	详细评审
①形式评审 ②资格评审 ③响应性评审	进行各项价格调整

> 内容基本与施工评标中的初步评审的大类一致，不用特别记忆

2. 投标报价有算术错误及其他错误的处理

具体内容如表 4-11 所示。

投标报价有算术错误及其他错误的处理　　　　　　　　　表 4-11

错误类型	处理方式
大写金额与小写金额不一致	以**大写金额**为准
总价金额与单价金额不一致	以**单价金额**为准,但单价金额小数点有明显错误的除外
投标报价与分项报价的合价不一致	应以各**分项**合价累计数为准,修正投标报价
报价中存在缺漏项	则视为缺漏项价格已包含在其他分项报价之中(缺漏项不补)

【例题1】在大型工程设备的采购招标中，没有实质性响应招标文件的情形有（　　）。（2019年真题）

A. 投标保证金金额不足

B. 投标保函的有效期不足

C. 资格证明文件不全

D. 单价计算的结果与总价不一致

E. 用文字表示的数值与用数字表示的数值不一致

【答案】ABC

【解析】没有实质性响应招标文件的情形属于重大偏差，其投标将被否决。本题用排除法，选项D、E属于算术类错误，可以处理，不属于重大偏差。

【例题2】《标准材料采购招标文件》规定，评标中的初步评审包括（　　）。（2022年下半年考试真题）

A. 形式评审　　　　　　　　　　　B. 资格评审

C. 响应性评审　　　　　　　　　　D. 实质性评审

E. 详细评审

【答案】ABC

【解析】材料采购招标，评标中的初步评审包括形式评审、资格评审、响应性评审。

【例题3】根据《标准材料采购招标文件》，在初步评审材料采购投标文件时，属于资格评审内容的是（　　）。（2022年上半年考试真题）

A. 投标文件格式要求　　　　　　　B. 财务要求

C. 投标有效期要求　　　　　　　　D. 质量要求

【答案】B

【解析】投标文件格式要求属于形式评审内容。投标有效期要求、质量要求属于响应性评审内容。

知识点六：评标价法

1. 最低评标价法的计算（与材料、设备招标中的最低评标价法内涵及原理一致）

评标总价＝出厂价（含增值税）＋消费税（如适用）＋运输、保险费＋缺漏项加价＋技术商务偏离加价＋其他费用。

2. 最低评标价法的价格调整因素

最低评标价法价格调整因素如图4-3、表4-12所示。

图4-3　最低评标价法的价格调整因素

最低评标价法的价格调整因素　　　　　　　　　　　　　　表 4-12

项目	内容
运输费、保险费及其他辅助服务的费用	如有,则在评标价上加
交货期	①在可接受的交货时间范围内,每超过基础时间一周,增加某一百分比 ②提前交货不考虑降低评标价
付款条件	投标文件对此有偏离但又属招标文件允许的,评标时将按招标文件中规定的利率计算提前支付所产生的利息,并将其计入其评标价中
材料性能	①高于标准的,不考虑降低评标价 ②低于标准性能的,每低一个百分点,投标价将增加招标文件中规定的调整金额

3. 确定中标候选人

① 在投标满足招标文件商务、技术等实质性要求的前提下,按投标人评标价格由低到高的顺序确定中标候选人,投标报价低于其成本的除外。

② 评标价最低者为排名第一的中标候选人。

【例题 1】 在材料采购招标中,合同条款中规定预付款为合同总价的 15%,如果投标人提出预付款需按合同总价的 20% 支付,则可按招标文件规定的年利率计算出合同总价( ) 提前付款后的利息,在评标价中( ) 这笔金额。

A. 5%,加上　　　　　　　　　B. 5%,减去

C. 20%,加上　　　　　　　　D. 20%,减去

【答案】 A

【解析】 对招标人不利的要在报价中加上。投标文件对此有偏离但又属招标文件允许的,评标时将按招标文件中规定的利率计算提前支付所产生的利息,并将其计入其评标价中。

【例题 2】 在材料采购招标中,最低评标价法,是以( ) 作为比较要素,选择总价格最低者中标。

A. 材料设备的报价　　　　　　B. 交货期

C. 寿命期内所需的燃料消耗费　D. 付款条件

E. 寿命期内的维修费用

【答案】 ABD

【解析】 材料招标的最低评标价法中不考虑运营期的费用。

【例题 3】 某通用设备采购招标项目,采用经评审的最低投标价法进行评标时,则中标人应为( )。(2018 年真题)

A. 报价最低者　　　　　　　　B. 评标得分最低者

C. 评标得分最高者　　　　　　D. 评标价最低者

【答案】 D

【解析】 中标人应为评标价最低者。

第三节　设备采购招标

知识点一：设备招标工作要点

1. 设备招标服务要求

如图 4-4 所示。

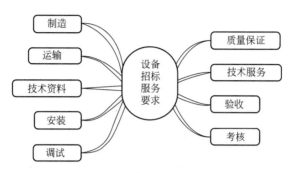

图 4-4　设备招标服务要求

2. 机电产品国际招标标准招标文件中设备招标的伴随服务

> 伴随服务，如运输、保险、安装、调试、提供技术援助、培训等

① 实施或监督所供货物的现场**组装和试运行**。

② 提供货物组装和维修所需的**工具**。

③ 为所供货物的每一适当的单台设备提供详细的**操作和维护手册**。

④ 在双方商定的一定期限内对所供货物实施运行或**监督**或**维护**或**修理**，但该服务并不能免除卖方在合同保证期内所承担的义务。

⑤ 在卖方厂家和/或在项目现场就所供货物的组装、试运行、运行、维护和/或修理对买方人员进行**培训**。

3. 设备招标中的其他要点

具体内容如表 4-13 所示。

设备招标中的其他要点　　　　　　　　　　　　　　　　表 4-13

项目	具体内容
设备报价的注意事项	①成套设备供应的投标人可以是生产厂家,也可以是工程公司或贸易公司。如是后者,必须提供生产厂家同意其在本次投标中提供该货物的正式授权书。一个生产厂家对同一品牌同一型号的材料和设备,**仅能委托一个代理商参加投标** ②报价分析不仅要考虑设备本体和辅助设备的费用,也要考虑大件运输、安装、调试、专用工具等的费用;还要考虑售后维修服务人员培训、备品备件、软件升级等的可获得性和费用
招标人编制技术性能指标时的注意事项	①技术性能指标应具有适当的广泛性,以免在生产制造设备时对普遍使用的工艺、材料和设备造成限制 ②招标文件中规定的工艺、材料和设备的标准不得有限制性,应尽可能地采用国家标准 ③技术性能指标不得要求或标明某一特定的专利技术、商标、名称、设计、原产地或供应者等,不得含有倾向或者排斥潜在投标人的其他内容。如果必须引用某一供应者的技术规格才能准确或清楚地说明拟招标货物的技术规格时,则应当在参照后面加上"或相当于"的字样

【例题 1】机电设备采购招标范围的伴随服务内容包括（　　）。

A. 负责所供货的设备监造

B. 提供货物组装和维修所需的专用工具

C. 提供详细的操作和维护手册

D. 监管施工承包商的设备安装

E. 对买方的维修、运行和管理人员进行培训

【答案】BCDE

【解析】选项 A，伴随服务中不包括监造。

【例题 2】关于工程成套设备采购招标中对投标人要求的说法，正确的有（　　）。（2020 年真题）

A. 投标人须具有与所供应工程成套设备相关的特定专利

B. 投标生产厂家须具有制造同类型设备的经验和制造能力

C. 投标人可以是生产厂家，也可以是工程成套设备公司

D. 一个生产厂家对同一型号的设备仅能委托一个代理商投标

E. 工程成套设备公司投标须提供生产厂家的正式授权书

【答案】CDE

【解析】对工程成套设备的供应，投标人可以是生产厂家，也可以是工程公司或贸易公司，为了保证设备供应并按期交货，如工程公司或贸易公司为投标人，必须提供生产厂家同意其在本次投标中提供该货物的正式授权书，一个生产厂家对同一品牌同一型号的材料和设备，仅能委托一个代理商参加投标。

【例题 3】根据《标准材料采购招标文件》，建设工程材料供货要求中应写明卖方提供的相关服务有（　　）。（2020 年真题）

A. 为买方检验材料提供技术指导

B. 为买方检验材料提供检测仪器设备

C. 为买方使用供货材料提供培训

D. 为买方购买的材料进行投保

E. 可根据买方要求派遣技术人员到施工现场提供服务

【答案】AC

【解析】相关服务要求，应在招标文件中写明要求供货方提供的与供货材料有关的辅助服务，如：为买方检验、使用和修补材料提供技术指导、培训、协助等。

知识点二：设备采购评标的综合评估法

设备采购评标方法如图 4-5 所示。

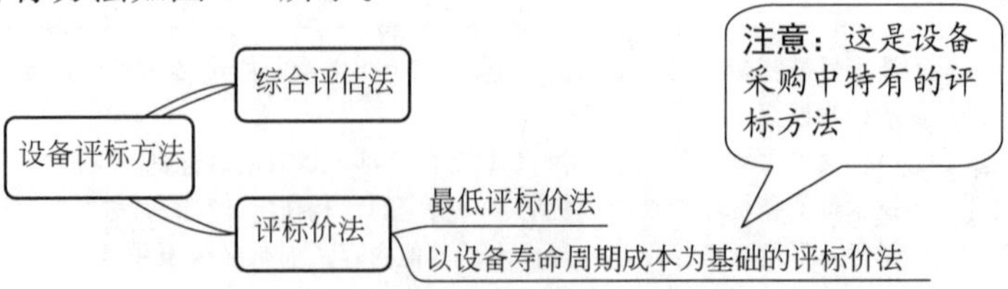

注意：这是设备采购中特有的评标方法

图 4-5　设备采购评标方法

1. 综合评估法的具体内容

如表 4-14 所示。

综合评估法的具体内容　　　　　　　　　　　表 4-14

项目	具体内容
适用范围	该方法适用面广,可用于技术含量高、工艺或技术方案复杂的大型或成套设备等招标项目
价格因素	①根据评价因素的相对重要程度,给出各评价因素的权重,各评价因素的权重之和等于1 ②加权评价值＝评价值×权重
评价值的计算	①每个评标委员会成员对评价因素响应值的评价结果称为**独立评价值** ②**评价值＝评标委员会成员的有效独立评价值之和/有效评委数**
最高评价值	最高评价值称为**基准评价值**

2. 综合评估法的评价因素

具体内容如表 4-15 所示。

综合评估法的评价因素　　　　　　　　　　　表 4-15

项目	具体内容
价格因素	①**最优的评价因素得基准评价值**,其余的评价因素将依据其优劣程度获得相应的评价值 ②如招标文件设置了最高投标限价,则招标文件中应明确最高投标限价金额或最高投标限价的计算方法。若投标人的投标价格超出最高投标限价,其投标将被否决
商务因素	①**交货期:符合招标文件要求的交货期,得基准评价值**。每延迟交货一周,将按照招标文件的规定获得相应的评价值 ②**付款条件和方式:符合招标文件要求的付款条件和方式,得基准评价值**。将依据利息多少及可能增加的风险获得相应的评价值
技术、服务因素	最优的评价因素得基准评价值,其余的评价因素依据其优劣程度获得相应的评价值

3. 综合评价值的确定

① 评标委员会根据投标综合评价值的高低排出名次。

② 综合评价值相同的,将依照第一级评价因素**价格、技术、商务、服务**的优先次序(图 4-6),根据其评价值高低进行排序。

③ 综合评价最优者为排名第一的中标候选人。

图 4-6　第一级评价因素的优先次序

【例题 1】采用综合评估法对机电产品采购进行评标时,每一位评标委员会成员对评价因素响应值的评价结果称为(　　)。(2022 年上半年考试真题)

A. 加权评价值　　　　　　　　　B. 最高评价值
C. 独立评价值　　　　　　　　　D. 最低评价值

【答案】C

【解析】每个评标委员会成员对评价因素响应值的评价结果称为独立评价值。

【例题2】采用综合评估法进行机电产品采购评标时，投标文件对评价因素的最优响应值称为（　　）。（2021年真题）

    A. 独立评价值   B. 加权评价值

    C. 综合评价值   D. 基准评价值

【答案】D

【解析】最优的评价因素响应值得最高评价值，该最高评价值称为基准评价值，其余的评价因素响应值将依据其优劣程度获得相应的评价值。

【例题3】采用综合评估法进行机电产品采购评标时可作为一级评价因素的有（　　）。（2021年真题）

    A. 产地   B. 包装   C. 商务   D. 技术

    E. 服务

【答案】CDE

【解析】对招标项目的评价因素分成价格、技术、商务、服务等一级评价因素。

【例题4】在设备招标的综合评估法评标中，以下说法正确的是（　　）。

    A. 每个评标委员会成员对评价因素响应值的评价结果称为独立评价值

    B. 评价值为各独立评价值之和

    C. 最差的评价因素得基准评价值，其余的评价因素将依据其优劣程度获得相应的评价值

    D. 若投标人的投标价格超出最高投标限价，其投标将被否决

    E. 综合评价最高者为排名第一的中标候选人

【答案】ADE

【解析】选项B，评价值＝评标委员会成员的有效独立评价值之和/有效评委数；选项C，最优的评价因素得基准评价值，其余的评价因素将依据其优劣程度获得相应的评价值。

知识点三：以设备寿命周期成本为基础的评标价法

具体内容如表4-16所示。

以设备寿命周期成本为基础的评标价法   表4-16

项目	具体内容
适用范围	用于采购生产线、成套设备、车辆等运行期内各种费用较高的货物
公式	①评标时可预先确定一个统一的**设备评审寿命期**(短于实际寿命期) ②在报价上加上该年限运行期间所发生的各项费用，再减去寿命期末设备的残值(贴现值 P) ③设备寿命周期成本＝报价＋年限运行期间所发生费用-残值
一定运行年限内的费用贴现值的计算	①估算寿命期内所需的**燃料**消耗费 ②估算寿命期内所需**备件**及**维修**费用 ③估算寿命期残值
评价标准	考虑交货、安装指导、运行、维护等设备**全寿命期的费用最小为优**

【例题1】 采用以设备寿命期成本为基础的评标价法进行设备采购评标时，需要以贴现值计算的费用有（ ）。（2022年上半年考试真题）

A. 估算寿命期内所需备件费用　　B. 估算寿命期内维修费用

C. 估算寿命期残值　　D. 估算寿命期内所需燃料消耗费

E. 估算寿命期内所需更新费用

【答案】 ABCD

【解析】 以贴现值计算的费用包括：燃料消耗费、备件及维修费用、寿命期末设备的残值。

【例题2】 设备采购招标中，以设备寿命周期成本为基础的评标价法中说法不正确的是（ ）。

A. 设备寿命周期成本＝报价＋年限运行期间所发生费用－残值

B. 全寿命期的费用最小的设备为最优

C. 评标时可预先确定一个统一的设备评审寿命期，该寿命期即为设备的实际寿命

D. 该方法适用于采购生产线、成套设备、车辆等运行期内各种费用较高的货物。

【答案】 C

【解析】 本题考查的是以设备寿命周期成本为基础的评标价法。选项C，选定的寿命期短于实际寿命期。

本章精选习题

一、单项选择题

1. 直接订购方式适用于采购（ ）的设备。

A. 贵重　　B. 进口

C. 交货周期短　　D. 单一来源

2. 对于设备的采购，卖方负责与承运人签订运输协议，并承担货物运至目的地的运费和保险费的设备报价称之为（ ）。

A. FOB价　　B. FCA价

C. CIF价　　D. CIP价

3. 对于进口的设备，将货物在出口国装船港装上船之前的一切费用均已包含在报价的是（ ）。

A. FOB价　　B. FCA价

C. CIF价　　D. CIP价

4. 根据《标准材料采购招标文件》，初步评审材料采购投标文件时，属于响应性评审内容的是（ ）。

A. 业绩要求　　B. 联合体协议书

C. 交货期　　D. 投标人名称

5. 采用招标方式采购运行期内各种费用较高的通用成套设备，评标时的正确做法是（ ）。

A. 不宜将交货期作为评标内容

B. 宜将报价最低者作为中标人

C. 宜采用设备寿命周期成本为基础的评标价法

D. 宜采用综合评估法

6. 以下有关大型工程设备的采购招标，说法不正确的是（　　）。

A. 单价计算的结果与总价不一致，以单价为准

B. 文字表示的数值与用数字表示的不一致，以文字表示的数值为准

C. 对招标设备的技术要求允许投标人有一定的偏差

D. 以设备寿命周期成本为基础的评标价法不考虑寿命期末的残值

7. 某国外设备投标的到岸价为 300 万美元，评审供货范围偏差增加评标价 4 万美元，商务偏差调整值为 +2.5%，技术偏差调整值为 +3%，则该设备投标价格的调整额为（　　）万美元。

A. 7.5　　　　　　　　　　B. 11.5

C. 13.0　　　　　　　　　　D. 20.5

8. 在设备采购招标中，关于评标的说法，正确的是（　　）。

A. 投标保证金额不足，属于细微偏差

B. 备品备件的价格可以单独报价

C. 单价计算的结果与总价不一致，属于重大偏差

D. 评标时不应考虑运费问题

9. 设备采购招标时宜采用以设备寿命周期成本为基础的评标价法进行评标的是（　　）。

A. 各类通用设备采购

B. 建筑工程设备采购

C. 价值较高的设备采购

D. 生产线等运行期内各种费用高的设备采购

10. 依法必须进行招标的货物，自招标文件开始发出之日起至投标人提交投标文件截止之日止，最短不得少于（　　）。

A. 15 日　　　　　　　　　　B. 20 日

C. 30 日　　　　　　　　　　D. 90 日

11. 在材料设备招标采购中，依法必须进行招标的项目以现金或者支票形式提交的投标保证金应当从其（　　）转出。

A. 一般账户　　　　　　　　B. 基本账户

C. 综合账户　　　　　　　　D. 专项账户

12. 材料采购招标中，投标报价与分项报价的合价不一致，应以（　　）为准。

A. 投标报价　　　　　　　　B. 分项报价的合价

C. 评标委员会的意见　　　　D. 应否决投标

13. 以下有关设备招标的说法中，不正确的有（　　）。

A. 技术性能指标不得要求或标明某一特定的专利技术、商标、名称、设计、原产地或供应者等

B. 招标文件中规定的工艺、材料和设备的标准不得有限制性，应尽可能地采用国家标准

C. 成套设备供应的投标人只能是生产厂家，而不能是工程公司或贸易公司

D. 设备报价分析不仅要考虑设备本体和辅助设备的费用，也要考虑大件运输、安装、调试、专用工具等的费用

二、多项选择题

1. 材料设备采购从合同性质上可以分为（　　）。

A. 买卖合同　　　　　　　　B. 租赁合同

C. 劳务合同　　　　　　　　D. 加工承担合同

E. 融资租赁合同

2. 对于既有设备采购又有安装服务的项目，以下说法正确的是（　　）。

A. 应当将设备和安装分开招标

B. 应当将设备和安装合并招标

C. 设备占费用比例大的，可按设备招标

D. 安装工程占费用比例大的，可按安装工程招标

E. 无论设备及安装工程占费用比例多大，均按设备招标

3. 根据《标准材料采购招标文件》，评标时进行初步评审的内容包括（　　）。

A. 形式评审　　　　　　　　B. 资格评审

C. 评标办法评审　　　　　　D. 响应性评审

E. 投标价格评审

4. 材料设备采购招标中，以下说法正确的是（　　）。

A. 材料设备招标的基本单位是标包

B. 标包划分得越细越好

C. 投标人只能投一个标包，不能同时投多个标包

D. 标包划分过大，中小供应厂商无法满足供应

E. 标包划分过小，缺乏对大型供应厂商的吸引力

5. 设备采购招标中，一定运行年限内的费用贴现值计算的费用包括估算寿命期内所需的（　　）。

A. 燃料消耗费　　　　　　　B. 设备折旧的费用

C. 备件及维修费用　　　　　D. 估算寿命期残值

E. 购置贷款的利息费用

习题答案及解析

一、单项选择题

1.【答案】D

【解析】直接订购方式多适用于零星采购、应急采购，只能从一家供应厂商获得、必须由原供货商提供产品或向原供货商补订的采购。

2. 【答案】D

【解析】CIP价（指定目的地价），卖方负责与承运人签订运输协议，并承担货物运至目的地的运费和保险费。

3. 【答案】A

【解析】FOB价（Free On Board，装运港船上交货），将货物在装船港装上船之前的一切费用均已包含在报价中。

4. 【答案】C

【解析】响应性评审主要审查投标报价、投标内容、交货期、质量要求、投标有效期、投标保证金、权利义务、投标材料及相关服务等是否符合规定。

5. 【答案】C

【解析】采购生产线、成套设备、车辆等运行期内各种费用较高的货物，采用以设备寿命周期成本为基础的评标价法。

6. 【答案】D

【解析】选项D，该方法考虑寿命期内的运营费用和寿命期末的残值。

7. 【答案】D

【解析】价格调整额＝供货范围偏差调整额＋商务偏差调整额＋技术偏差调整额＝4＋300×2.5％＋300×3‰＝20.5万美元。

8. 【答案】B

【解析】选项A错误，投标保证金额不足，属于实质性偏差；选项C错误，单价计算的结果与总价不一致，由评标委员会修正，投标人确认，一般以单价为准，除非单价有明显的小数点错误；选项D错误，评标时需要考虑运费问题。

9. 【答案】D

【解析】采购生产线、成套设备、车辆等运行期内各种费用较高的货物时，采用以设备寿命周期成本为基础的评标价法，在最低评标价法的基础上，增加一定运行年限内的费用作为评审价格。

10. 【答案】B

【解析】本题考查的是材料采购招标文件的编制。

11. 【答案】B

【解析】本题考查的是材料采购招标文件的编制。

12. 【答案】B

【解析】本题考查的是材料采购的评标。

13. 【答案】C

【解析】选项C，成套设备供应的投标人可以是生产厂家，也可以是工程公司或贸易公司。如是后者，必须提供生产厂家同意其在本次投标中提供该货物的正式授权书。一个生产厂家对同一品牌同一型号的材料和设备，仅能委托一个代理商参加投标。

二、多项选择题

1. 【答案】AD

【解析】分为买卖合同和加工承揽合同两大类。

2. 【答案】CD

【**解析**】可以采用设备和安装分开招标，也可以采用合并招标。采用合并招标的，可以按照各部分所占的费用比例来确定具体招标类型。

3.【**答案**】ABD

【**解析**】根据国家发展改革委员会等九部委联合发布的《标准材料采购招标文件》，初步评审包括形式评审、资格评审和响应性评审。

4.【**答案**】ADE

【**解析**】选项B，标包过大或过小均不合适；选项C，投标人可投一个或几个标包，但不能投一个标包中的某几项。

5.【**答案**】ACD

【**解析**】本题考查的是以设备寿命周期成本为基础的评标价法。

第五章 建设工程勘察设计合同管理

本章内容框架及知识点分值分布如表 5-1、图 5-1 所示。

本章内容框架及知识点分值分布 　　　　表 5-1

知识点分布	2020 年			2021 年			2022 年上半年			2022 年下半年		
	单选(道)	多选(道)	分值	单选(道)	多选(道)	分值	单选(道)	多选(道)	分值	单选(道)	多选(道)	分值
工程勘察合同订立和履行管理	2	2	6	3	2	7	3	2	7	5	1	7
工程设计合同订立和履行管理	2	1	4	3	1	5	3	2	7	2	2	6
合计	4	3	10	6	3	12	6	4	14	7	3	13

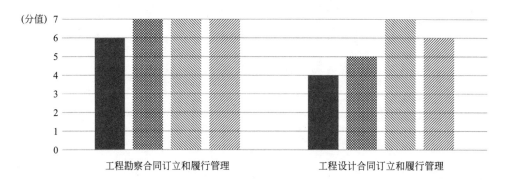

图 5-1　本章知识点分值分布

第一节　工程勘察合同订立和履行管理

知识点一：九部委联合发布的标准勘察、设计合同的适用范围与组成

具体内容如表 5-2 所示。

知识点二：合同文件的解释顺序

具体内容如表 5-3 所示。

特别说明：标准勘察合同文本与标准设计合同规定相同的部分均放在第一节中，通过对比记忆更深刻、更容易。第二节设计合同管理中只讲述设计合同特有的内容

标准勘察、设计合同的适用范围与组成　　　　表5-2

项目	标准勘察合同	标准设计合同
适用范围	①适用于**依法必须招标**的与工程建设有关的勘察项目 ②**房屋建筑和市政工程**等工程勘察项目招标**可以**使用《建设工程勘察合同（示范文本）》	①适用于依法必须招标的与工程建设有关的设计项目 ②房屋建筑和市政工程等工程设计项目招标可以使用《建设工程设计合同示范文本(房屋建筑工程)》《建设工程设计合同示范文本(专业建设工程)》
组成	①通用合同条款 ②专用合同条款 ③合同附件格式（合同协议书＋履约保证金格式）	①通用合同条款 ②专用合同条款 ③合同附件格式（合同协议书＋履约保证金格式）
专用条款与通用条款的关系	专用合同条款可对通用合同条款进行补充、细化，**但除通用合同条款明确规定可以作出不同约定外**，专用合同条款补充和细化的内容**不得与通用合同条款相抵触**，否则抵触内容无效	

特别注意：并不是专用条款一定不能和通用条款不一致，在通用条款明确专用条款可以作出不同约定时，可以和通用条款不一致

标准勘察、设计合同文件的解释顺序　　表5-3

标准勘察合同	标准设计合同
①合同协议书 ②中标通知书 ③投标函及投标函附录 ④专用合同条款 ⑤通用合同条款	
⑥发包人要求 ⑦勘察费用清单（钱） ⑧勘察纲要（技术文件） ⑨其他合同文件	⑥发包人要求 ⑦设计费用清单（钱） ⑧设计方案（技术文件）

排列顺序：凡是无设计的招标，一定会有发包人要求(发包人要求-钱-技术文件)

【例题1】 根据《标准勘察招标文件》中的通用合同条款，合同文件优先解释顺序正确的是（　　）。（2022年上半年考试真题）

A. 专用合同条款、勘察费用清单、发包人要求、勘察纲要

B. 发包人要求、勘察费用清单、勘察纲要、专用合同条款

C. 专用合同条款、发包人要求、勘察纲要、勘察费用清单

D. 专用合同条款、发包人要求、勘察费用清单、勘察纲要

【答案】 D

【解析】 勘察合同的组成文件优先解释顺序为：①合同协议书；②中标通知书；③投标函及投标函附录；④专用合同条款；⑤通用合同条款；⑥发包人要求；⑦勘察费用清

单；⑧勘察纲要；⑨其他合同文件。

【例题 2】根据《标准设计招标文件》中的通用合同条款，下列工程勘察合同组成文件中，优先解释顺序排在中标通知书之前的是（　　）。（2020 年真题）

A. 合同协议书　　　B. 专用合同条款　　　C. 勘察费用清单　　　D. 通用合同条款

【答案】A

【解析】本题考查勘察合同组成文件的优先解释顺序。

知识点三：合同附件格式（勘察和设计合同相同）

具体内容如表 5-4 所示。

合同附件格式　　　　　　　　　　　　　　　　　　　　　表 5-4

项目	具体内容
合同协议书	发包人与勘察人签订的合同生效之日起 —担保有效期→ 发包人签收最后一批勘察成果文件之日起 28 日
履约保证金格式	①如采用银行保函,应当提供无条件且不可撤销的担保 ②担保人在收到发包人以书面形式提出的在担保金额内的赔偿要求后,在 7 日内无条件支付 ③发包人和勘察人变更合同时,无论担保人是否收到该变更,担保人承担担保规定的义务不变

【例题 1】根据九部委发布的设计合同的规定，合同附件格式包括（　　）。

A. 投标人须知　　　　　　　　　　　B. 合同协议书

C. 履约保证金格式　　　　　　　　　D. 预付款保证金格式

E. 投标保证金格式

【答案】BC

【解析】本题考查的是建设工程设计合同文本的构成，包括合同协议书和履约保证金格式两项。

【例题 2】以下有关九部委发布的《标准勘察合同》内容说法正确的是（　　）。

A. 适用范围是依法必须招标的与工程建设有关的勘察项目

B. 房屋建筑和市政工程等工程勘察项目招标可以使用《建设工程勘察合同（示范文本）》

C. 履约保证金采用银行保函的，应当提供无条件且不可撤销的担保

D. 履约保证金有效期从发包人与勘察人签订的合同生效之日起至发包人签收最后一批勘察成果文件止

E. 专用合同条款补充和细化的内容不得与通用合同条款相抵触

【答案】ABC

【解析】本题考查的是建设工程勘察合同文本的构成。选项 D，履约保证金有效期从发包人与勘察人签订的合同生效之日起至发包人签收最后一批勘察成果文件之日起 28 日后失效；选项 E，除通用合同条款明确规定可以作出不同约定外，专用合同条款补充和细化的内容不得与通用合同条款相抵触，注意这里是有条件的。

知识点四：勘察、设计合同当事人

具体内容如表 5-5 所示。

勘察、设计合同当事人　　　　　　　　　　　　表 5-5

当事人	勘察合同	设计合同
发包人	①建设单位 ②工程总承包单位	①项目的业主(建设单位) ②项目管理部门(如工程总承包单位)
承包人	法人资格 两证:营业执照＋资质证书	法人资格 两证:营业执照＋资质证书

【例题 1】建筑工程勘察合同中的勘察人是具有相应勘察资质的（　　）。（2021 年真题）

A. 特别法人　　　　　　　　　　　B. 企业法人

C. 非法人组织　　　　　　　　　　D. 非营利法人

【答案】B

【解析】本题考查建设工程勘察合同的内容和合同当事人。依据我国法律规定，作为承包人的勘察单位必须具备法人资格，任何其他组织和个人均不能成为承包人。

【例题 2】以下有关勘察合同双方当事人的说法，正确的是（　　）。

A. 勘察合同的发包人可以是业主，也可以是工程总承包单位

B. 勘察合同的发包人必须具备法人资格

C. 勘察合同的发包人必须具备相应的资质

D. 勘察合同的承包人必须具备法人资格

E. 勘察合同的承包人必须具备相应的资质

【答案】ADE

【解析】本题考查的是建设工程勘察合同的内容和合同当事人。勘察合同的承包人必须具备法人资格以及营业执照及资质证书，而对发包人无强制性要求。

知识点五：发包人应向勘察人提供的文件资料

具体内容如表 5-6 所示。

发包人应向勘察人提供的文件资料　　　　　　　　表 5-6

项目	勘察合同	设计合同
资料责任	①发包人对资料的准确性、可靠性负责 ②如果发包人不能提供资料,由勘察人收集时,发包人需向勘察人支付相应费用	发包人对资料的准确性、可靠性负责
发包人提交的资料	①工程的批准文件(复印件),以及用地(附红线范围)、施工、勘察许可等批件(复印件)(批文) ②工程勘察任务委托书、技术要求和工作范围的地形图、建筑总平面布置图(技术要求) ③勘察工作范围已有的技术资料及工程所需的坐标与标高资料 ④勘察工作范围地下已有埋藏物的资料(如电力、电信电缆、管道、人防设施、洞室等)及具体位置分布图 ⑤其他必要的相关资料	①基础资料 ②勘察报告 ③设计任务书

【例题 1】根据《标准勘察招标文件》通用合同条款，发包人应向勘察人提供的文件资料是（ ）。（2022 年下半年考试真题）

A. 勘察工作实施方案　　　　　　　B. 勘察作业操作规范

C. 勘察技术标准　　　　　　　　　D. 勘察规程和标准

【答案】C

【解析】选项 A、B、D 由勘察人提供。

【例题 2】根据《标准设计招标文件》中的通用合同条款，发包人向设计人提供的文件资料有（ ）。（2022 年下半年考试真题）

A. 工程勘察报告　　　　　　　　　B. 推荐的材料供应商名单

C. 设计任务书　　　　　　　　　　D. 基础资料

E. 拟使用的设备清单

【答案】ACD

【解析】发包人应向设计人提供的文件资料，包括基础资料、勘察报告、设计任务书等。

知识点六：勘察和设计依据

相关内容如表 5-7 所示。

勘察和设计依据　　　　　　　　　　　　　　　　　　　表 5-7

勘察依据	设计依据
①适用的法律、行政法规及部门规章	①适用的法律、行政法规及部门规章
②与工程有关的规范、标准、规程	②与工程有关的规范、标准、规程
③工程基础资料及其他文件	③工程基础资料及其他文件
④本勘察服务合同及补充合同	④本设计服务合同及补充合同
⑤本工程设计和施工需求	⑤本工程勘察文件和施工需求
⑥合同履行中与勘察服务有关的来往函件	⑥合同履行中与设计服务有关的来往函件
⑦其他勘察依据	⑦其他设计依据

【例题 1】根据《标准设计招标文件》中的通用合同条款，除专用合同条款另有约定外，工程的设计依据有（ ）。（2022 年上半年考试真题）

A. 项目建议书　　　　　　　　　　B. 与工程有关的规范、标准、规程

C. 工程基础资料　　　　　　　　　D. 适用的法律、行政法规及部门规章

E. 工程勘察文件

【答案】BCDE

【解析】本题考查设计依据。

【例题 2】根据《标准勘察招标文件》中的通用合同条款，工程勘察的依据有（ ）。（2022 年下半年考试真题）

A. 适用的法律、法规及部门规章　　B. 与工程有关的设计文件

C. 工程基础资料　　　　　　　　　D. 工程设计和施工需求

E. 与工程有关的规范、标准及规程

【答案】ACDE

【解析】工程勘察依据包括：①适用的法律、行政法规及部门规章；②与工程有关的规范、标准、规程；③工程基础资料及其他文件；④本勘察服务合同及补充合同；⑤本工程设计和施工需求；⑥合同履行中与勘察服务有关的来往函件；⑦其他勘察依据。

知识点七：合同双方的义务

1. 勘察合同双方的义务

具体内容如表 5-8 所示。

勘察合同双方的义务　　　　　　　　　　　　　　　　　　　　　表 5-8

发包人义务	勘察人义务
①遵守法律 ②发出开始勘察通知 ③办理证件和批件 ④支付合同价款 ⑤提供勘察资料 ⑥其他义务	①遵守法律 ②依法纳税 ③完成全部勘察工作 ④完成合同约定的全部工作，**并对工作中的任何缺陷进行整改、完善和修补，并应自行承担勘探场地临时设施的搭设、维护、管理和拆除工作** ⑤保证勘察作业规范、安全和环保 ⑥避免勘探对公众与他人的利益造成损害 ⑦其他义务

2. 设计合同双方的义务

具体内容如表 5-9 所示。

设计合同双方的义务　　　　　　　　　　　　　　　　　　　　　表 5-9

发包人义务	设计人义务
①遵守法律 ②发出开始设计通知 ③办理证件和批件 ④支付合同价款 ⑤提供设计资料 ⑥其他义务	①遵守法律 ②依法纳税 ③完成全部设计工作 ④设计人应按合同约定以及发包人要求，完成合同约定的全部工作，并对工作中的任何缺陷进行整改、完善和修补，使其满足合同约定的目的 ⑤其他义务

【例题 1】根据《标准设计招标文件》中的通用合同条款，发包人的义务有（　　）。（2022 年下半年考试真题）

A. 按合同约定指派发包人代表　　　　B. 向设计人及时支付设计费用

C. 开展设计方案的调研和编制　　　　D. 组织专家审查设计文件

E. 办理工程设计文件的审批

【答案】ABDE

【解析】开展设计方案的调研和编制属于设计人的义务。

【例题 2】在建设工程设计合同中，属于设计人责任的是（　　）。（2019 年真题）

A. 解决施工中出现的设计问题　　　　B. 提供现场开展工作的必要条件

C. 负责工程项目外部协调工作　　　　D. 支付设计合同的定金

【答案】A

【解析】本题考查的是建设工程设计合同的内容和合同当事人。设计人有义务解决施工中出现的设计问题，如属于设计变更的范围，按照变更原因的责任确定费用负担责任。选项 B、C、D 都是发包人的责任。

【例题 3】根据《标准勘察招标文件》中的通用合同条款，勘察人应履行的安全职责有（　　）。（2022 年上半年考试真题）

A. 编制安全措施计划　　　　　B. 审批安全施工操作规程

C. 制定施工安全操作规程　　　D. 制定应对灾害的紧急预案

E. 编制专项勘察方案

【答案】ACD

【解析】本题考查勘察人应履行的安全职责。选项 B，操作规程无须审批。选项 E，未提及。

知识点八：合同相关当事人（勘察合同与设计合同规定相同）

1. 发包人代表

具体内容如表 5-10 所示。

发包人代表　　　　　　　　　　　　　　　　　　　表 5-10

项目	具体内容
发包人代表的确定	发包人应在合同签订后 14 日内,将发包人代表的姓名、职务、联系方式、授权范围和授权期限书面通知勘察人
法律责任	①由发包人代表在其授权范围和授权期限内,代表发包人行使权利、履行义务和处理合同事宜 ②发包人代表在授权范围内的行为由发包人承担法律责任
更换发包人代表	①发包人代表违法违规导致合同无法正常履行,勘察人有权通知发包人更换发包人代表 ②发包人收到通知后 7 日内,应当核实完毕并将处理结果通知勘察人
经发包人代表授权的人员	①发包人代表可以授权发包人的其他人员负责执行其指派的一项或多项工作 ②发包人代表应将被授权人员的姓名及其授权范围通知勘察人 ③被授权人员在授权范围内发出的指示视为已得到发包人代表的同意,与发包人代表发出的指示具有同等效力

2. 监理人

① 发包人可以根据工程建设需要确定是否委托监理人进行勘察监理。

② 如果委托监理，则监理人享有合同约定的权利，其所发出的任何指示应视为已得到发包人的批准。

③ 未经发包人批准，监理人无权修改合同。

④ 合同约定应由勘察人承担的义务和责任，不因监理人对勘察文件的审查或批准，以及为实施监理作出的指示等职务行为而减轻或解除。

3. 勘察、设计项目负责人

具体内容如表 5-11 所示。

勘察、设计项目负责人   表 5-11

项目	具体内容
项目负责人的指派	勘察人应指派项目负责人 **特别注意**：指派乙方项目负责人没有时间要求，因在招标投标阶段就应确定项目负责人，但甲方的发包人代表的指派有时间要求
项目负责人的更换	①应事先征得发包人同意 ②应在更换 14 日前将拟更换的项目负责人的姓名和详细资料提交发包人
委派项目负责人代表	项目负责人 2 日内不能履行职责的，应事先征得发包人同意，并委派代表代行其职责
项目负责人的职责	①项目负责人应按合同约定以及发包人要求，负责组织合同工作的实施 ②在情况紧急且无法与发包人取得联系时，可采取保证工程和人员生命财产安全的紧急措施，并在采取措施后 24 小时内向发包人提交书面报告

【例题 1】根据《标准设计招标文件》中的通用合同条款，设计人更换项目负责人应履行的程序是（　　）。（2021 年真题）

A. 事先征得发包人同意，并在更换 14 日前将姓名及详细资料提交发包人

B. 事先征得发包人同意，并在更换的项目负责人到岗前一天将资料提交发包人

C. 事先口头通知发包人，并在更换的项目负责人到岗时向发包人提交书面材料

D. 更换 14 日前将姓名及详细资料提交监理人，监理人在 7 日内作出答复

【答案】A

【解析】设计人更换项目负责人应事先征得发包人同意，并应在更换 14 日前将拟更换的项目负责人的姓名和详细资料提交发包人。

【例题 2】以下有关发包人代表的说法，不正确的是（　　）。

A. 发包人应在合同签订后 14 日内确定发包人代表，并将相关信息书面通知勘察人

B. 发包人代表在授权范围内的行为由发包人承担法律责任

C. 发包人代表不履行职责导致勘察合同无法正常履行，勘察人可以直接更换发包人代表

D. 发包人代表可以代表发包人处理合同事宜

【答案】C

【解析】本题考查的是建设工程勘察合同履行管理。选项 C，勘察人有权通知发包人更换发包人代表。发包人收到通知后 7 日内，应当核实完毕并将处理结果通知勘察人。

【例题 3】根据九部委发布的设计合同，除专用合同条款另有约定外，发包人应在合同签订后（　　）内，确定发包人代表。

A. 3 日　　　　　　B. 7 日　　　　　　C. 14 日　　　　　　D. 28 日

【答案】C

【解析】本题考查的是建设工程设计合同履行管理。合同签订后 14 日内确定发包人代表。

【例题 4】根据九部委发布的设计合同，以下有关发包人代表和项目负责人的说法，正确的是（　　）。

A. 发包人代表发出的指示，在征得发包人同意后，由发包人承担法律责任

B. 设计单位应在合同签订后 14 日内指派项目负责人

C. 发包人更换发包人代表应事先征得设计人同意

D. 设计人更换项目负责人应事先征得发包人同意

【答案】D

【解析】本题考查的是建设工程设计合同履行管理。选项 A，不需要再征得发包人同意；选项 B，设计单位不需要指派项目负责人，勘察设计招标投标在投标时已经组建项目部，确定了项目负责人。

知识点九：勘察要求

具体内容如表 5-12 所示。

勘察要求　　　　　　　　　　　　　　　　　　　　　　　　　表 5-12

项目	具体内容
勘察一般要求	①发包人应在开始勘察前 7 日内，向勘察人提供测量基准点、水准点和书面资料 ②基准日期之后有新的法律法规实施的，勘察人应向发包人提出遵守新规定的建议。发包人应在收到建议后 **7 日内** 发出是否遵守新规定的指示
试验要求	①勘察人的试验室应当通过行业管理部门认可的 CMA 计量认证，具有相应的资格证书、试验人员的试验条件，否则应当委托第三方试验室进行室内试验 ②试验报告的格式应当符合 CMA 计量认证体系要求，加盖 CMA 章并由试验负责人签字确认 ③试验负责人应当通过计量认证考核，并由项目负责人授权许可
临时占地和设施	①勘察人制定临时占地计划，报请发包人批准 ②位于本工程区域内的临时占地，由**发包人**协调提供 ③位于道路、绿化或者其他市政设施内的临时占地，**勘察人向行政管理部门报建申请** ④临时占地使用完毕后，勘察人应当按照发包人要求或行政管理部门规定恢复临时占地 ⑤如果恢复或清理标准不能满足要求的，发包人有权委托他人代为恢复或清理，由此发生的费用从拟支付给勘察人的勘察费用中扣除

【例题 1】根据《标准勘察招标文件》中的通用合同条款，因勘察人使用的勘察设备不足以满足合同约定的勘察成果质量要求，发包人要求勘察人更换勘察设备，勘察人及时进行了更换，由此增加的费用由（　　）承担。（2022 年上半年考试真题）

A. 发包人　　　　　　　　　　B. 勘察人

C. 设备供应商　　　　　　　　D. 发包人和勘察人共同

【答案】B

【解析】勘察人应当承担由于违约所造成的费用增加、周期延误和发包人损失等。

【例题 2】根据《标准勘察招标文件》中的通用合同条款，对勘察人正式提交的试验报告格式要求是（　　）。（2021 年真题）

A. 加盖试验室公章并由试验负责人签字确认

B. 加盖试验室公章并由项目负责人签字确认

C. 加盖 CMA 章并由项目负责人签字确认

D. 加盖 CMA 章并由试验负责人签字确认

【答案】D

【解析】试验报告的格式应当符合 CMA 计量认证体系要求，加盖 CMA 章并由试验负责人签字确认。[知识拓展：CMA（China Inspection Body and Laboratory Mandatory Approval），中国计量认证的简称，是根据《中华人民共和国计量法》的规定，由省级以上人民政府计量行政部门对检测机构的检测能力及可靠性进行的一种全面的认证及评价。]

【例题 3】建设工程勘察中需要占用临时用地，位于道路、绿化或者其他市政设施内的临时占地，由（　　）向行政管理部门报建申请。

A. 发包人　　　　　　　　　　　B. 勘察人

C. 发包人或勘察人　　　　　　　D. 发包人和勘察人

【答案】B

【解析】本题考查的是建设工程勘察合同履行管理。位于本工程区域内的临时占地，由发包人协调提供。位于道路、绿化或者其他市政设施内的临时占地，由勘察人向行政管理部门报建申请。

知识点十：合同价格与支付

1. 合同价格

① 勘察费用实行**发包人签证制度**，即勘察人完成勘察项目后通知发包人进行验收，通过验收后由发包人代表对实施的勘察项目、数量、质量和实施时间签字确认，以此作为计算勘察费用的依据之一。

② 勘察合同价格应当包括：收集资料、踏勘现场，制定纲要，进行测绘、勘探、取样、试验、测试、分析、评估、配合审查等，编制勘察文件，设计施工配合，青苗和园林绿化补偿，占地补偿，扰民及民扰，占道施工，安全防护、文明施工、环境保护，农民工工伤保险等全部费用和国家规定的增值税税金。

③ 设计合同的合同价格应当包括：收集资料，踏勘现场，进行设计、评估、审查等，编制设计文件，施工配合等全部费用和国家规定的增值税税金。

④ 发包人要求勘察人（设计人）进行外出考察、试验检测、专项咨询或专家评审时，相应费用不含在合同价格之中，**由发包人另行支付。**

2. 各阶段费用支付

具体内容如表 5-13 所示。

勘察、设计合同各阶段费用支付　　　　　　　　　　　　　　　　表 5-13

项目	具体内容
定金或预付款	①发包人应在收到定金或预付款支付申请后 28 日内支付 ②由于**不可抗力**或其他非勘察人的原因解除合同时，定金不予退还
中期支付	①发包人应在收到中期支付申请后的 28 日内支付 ②发包人未能在前述时间内完成审批或不予答复的，视为发包人同意中期支付申请
费用结算	①发包人应在收到费用结算申请后的 28 日内支付 ②发包人未能在前述时间内完成审批或不予答复的，视为发包人同意费用结算申请

【例题1】 根据《标准勘察招标文件》中的通用合同条款，勘察费用的确认实行（　　）签证制度。(2022年下半年考试真题)

　　A. 勘察人　　　　　　　　　　　　B. 监理人

　　C. 发包人　　　　　　　　　　　　D. 第三方

【答案】 C

【解析】 勘察费用的确认实行发包人签证制度。

【例题2】 根据《标准设计招标文件》中的通用合同条款，设计合同的合同价格应包括的费用内容有（　　）。(2022年上半年考试真题)

　　A. 征地补偿费用　　　　　　　　　B. 青苗和园林绿化补偿费用

　　C. 设计、评估、审查工作费用　　　D. 踏勘现场工作费用

　　E. 施工配合费用

【答案】 CDE

【解析】 设计合同的合同价格应当包括：收集资料，踏勘现场，进行设计、评估、审查等，编制设计文件，施工配合等全部费用和国家规定的增值税税金。

【例题3】 根据《标准勘察招标文件》中的通用合同条款，除专用合同条款另有约定，合同价中应包括的费用有（　　）。(2021年真题)

　　A. 进行测绘、取样、试验评估的费用

　　B. 占地及青苗、园林绿化补偿费用

　　C. 发包人要求勘察人外出考察的费用

　　D. 因勘察人员因需要对工程进行补充勘察的费用

　　E. 不可抗力导致勘察人勘查设备损坏的修复费用

【答案】 AB

【解析】 选项C，发包人要求勘察人进行外出考察、试验检测、专项咨询或专家评审时，相应费用不含在合同价格之中，由发包人另行支付；选项D，这个费用如有也是应该由勘察人自行承担；选项E，不可抗力导致勘察设备损坏由勘察人自行承担，合同价中不包括。

【例题4】 根据《标准设计招标文件》中的通用合同条款，设计合同履行中由于不可抗力原因解除合同时，设计人收取的定金处理方式是（　　）。(2022年下半年考试真题)

　　A. 全部退还　　　　　　　　　　　B. 按完成工作比例返还

　　C. 双倍返还　　　　　　　　　　　D. 不予退还

【答案】 D

【解析】 设计服务完成之前，由于不可抗力或其他非设计人的原因解除合同时，定金不予退还。

知识点十一：违约责任

1. 勘察人、发包人的违约情形

具体内容如表5-14所示。

勘察人、发包人违约的情形　　　　　　　　　　　　表 5-14

勘察人违约	发包人违约
①勘察文件不符合法律以及合同约定 ②勘察人转包、违法分包或者未经发包人同意擅自分包 ③勘察人未按合同计划完成勘察，从而造成工程损失 ④勘察人无法履行或停止履行合同 ⑤勘察人不履行合同约定的其他义务	①发包人未按合同约定支付勘察费用 ②发包人原因造成勘察停止 ③发包人无法履行或停止履行合同 ④发包人不履行合同约定的其他义务

2. 勘察人、发包人违约责任的承担

具体内容如表 5-15 所示。

勘察人、发包人违约责任的承担　　　　　　　　　　表 5-15

勘察人违约责任	发包人违约责任
勘察人应当承担由于违约所造成的费用增加、周期延误和发包人损失等 整改通知　→　解除合同通知	发包人应当承担由于违约所造成的费用增加、周期延误和勘察人损失等 暂停勘察通知　→　解除合同通知

3. 第三人造成的违约

① 一方当事人因第三人的原因造成违约的，应当向对方当事人承担违约责任。

② 一方当事人和第三人之间的纠纷，依照法律规定或者按照约定解决。

> **易错点**：不要直接找真正的责任方，如由于第三方原因导致乙方违约了，就由乙方先向甲方承担责任，之后乙方再去找真正责任方追责

【例题 1】根据《标准勘察招标文件》中的通用合同条款，勘察人有权要求发包人延长勘察周期和增加勘察费用的情形有（　　）。（2022 年上半年考试真题）

A. 勘察人原因在施工场地造成第三方财产损失并导致勘察周期延长和费用增加

B. 由于出现专用合同条款规定的异常恶劣气候条件导致勘察周期延长和费用增加

C. 由于出现专用合同条款规定的不利物质条件导致勘察周期延长和费用增加

D. 采取有效措施保护勘察中发现的地下文物导致勘察周期延长和费用增加

E. 当地居民采取阻工方式要求增加征地补偿款导致勘察周期延长和费用增加

【答案】BCDE

【解析】非勘察人原因导致勘察周期延长和费用增加，勘察人有权要求发包人延长勘察周期和增加勘察费用。

【例题 2】根据《标准设计招标文件》中的通用合同条款，由发包人承担设计服务期延误责任的情形有（　　）。（2021 年真题）

A. 发包人未按合同约定期限及时答复设计事项

B. 发包人未按合同约定及时支付设计费用

C. 设计人原因导致设计文件未能按期提交

D. 行政管理部门审查图纸时间延长

E. 勘察人提供的勘察成果滞后

【答案】ABDE

【解析】本题考查的是建设工程勘察合同履行管理。选项 A、B、D、E 属于非设计人原因，由发包人承担延误责任。

【例题3】根据《标准设计招标文件》中的通用合同条款，因设计人未能按合同计划提供图纸，导致施工承包人不能按监理人批准的进度计划施工而造成损失的，该损失最终应由（   ）承担。（2021 年真题）

A. 发包人　　　　　　　　　　　　B. 施工承包人
C. 设计人　　　　　　　　　　　　D. 监理人

【答案】A

【解析】由于发包人原因导致的延误，承包人有权获得工期顺延和（或）费用加利润补偿。由于提供图纸延误，属于发包人的原因，应由发包人承担。

【例题4】根据《标准设计招标文件》中的通用合同条款，设计合同履行过程中，发包人根据用户需求，增加了设备运行的工况条件，设计人为满足新增的设备运行工况而修改设计方案，并完成了相应设计变更工作。由此导致了设计人费用增加，修改增加的设计费用应由（   ）承担。（2022 年上半年考试真题）

A. 设计人　　　　　　　　　　　　B. 提出增加设备运行工况的用户
C. 设计人和发包人共同　　　　　　D. 发包人

【答案】D

【解析】发包人原因导致设计人费用增加，修改增加的设计费用应由发包人承担。

第二节　工程设计合同订立和履行管理

知识点一：设计要求

① 发包人应当遵守法律和规范标准，不得以任何理由要求设计人违反法律和工程质量、安全标准进行设计服务，降低工程质量。

② 设计文件必须保证工程质量和施工安全等方面的要求，按照有关法律法规规定在设计文件中提出保障施工作业人员安全和预防生产安全事故的措施建议。

③ 各项规范、标准和发包人要求之间如对同一内容的描述不一致时，应以描述更为严格的内容为准。

④ 基准日之后，设计所遵守的法律规定等版本发生重大变化，或者有新的法律，以及国家、行业和地方的规范和标准实施的，设计人应向发包人提出遵守新规定的建议。发包人应在收到建议后 7 日内发出是否遵守新规定的指示。

【例题1】根据《标准设计招标文件》中的通用合同条款，工程设计应执行的各项规范、标准和发包人要求之间对同一内容的描述不一致时，应以（   ）为准。（2021 年真题）

A. 描述更为严格的内容　　　　　　B. 规范标准描述的内容
C. 发包人要求所描述的内容　　　　D. 行业惯例遵循的内容

【答案】A

【解析】本题考查建设工程设计合同履行管理。

【例题2】根据《标准设计招标文件》中的通用合同条款，为保证工程质量和施工安全，设计单位提出相关措施建议的内容包括（　　）。(2022年上半年考试真题)

A. 设计人员现场服务的安全保护措施

B. 清理现场人员的安全保护措施

C. 预防生产事故和保护施工作业人员的安全措施

D. 业主方工程施工的安全生产方案

【答案】C

【解析】设计文件必须保证工程质量和施工安全等方面的要求，按照有关法律法规规定在设计文件中提出保障施工作业人员安全和预防生产安全事故的措施建议。

知识点二：开始设计

① 发包人应提前**7日**向设计人发出开始设计通知。

② 设计服务期限自开始设计通知中**载明**的开始设计日期起计算。

③ 因发包人原因造成合同签订之日起**90日**内未能发出开始设计通知的，设计人有权提出**价格调整要求，或者解除合同**。发包人应当承担由此增加的费用和（或）工期延误。

【例题】根据九部委发布的标准设计合同，因发包人原因造成合同签订之日起（　　）内未能发出开始设计通知的，设计人有权提出价格调整要求，或者解除合同。

A. 30日　　　　B. 60日　　　　C. 90日　　　　D. 180日

【答案】C

【解析】本题考查的是建设工程设计合同履行管理。因发包人原因造成合同签订之日起90日内未能发出开始设计通知的，设计人有权提出价格调整要求，或者解除合同。

知识点三：发包人审查设计文件

① 发包人接收设计文件之后，可以自行或者组织专家会进行审查。

② 发包人对于设计文件的审查期限，自文件接收之日起不应超过**14日**。

③ 发包人逾期未作出审查结论且未提出异议的，视为设计人的设计文件已经通过发包人审查。

④ 发包人审查后不同意设计文件的，应以书面形式通知设计人，说明审查不通过的理由及其具体内容。

⑤ 设计人应根据发包人的审查意见修改完善设计文件，并重新报送发包人审查，**审查期限重新起算**。

【例题】根据九部委发布的标准设计合同，以下有关设计审查的说法，正确的是（　　）。

A. 发包人接收设计文件之后，应当组织专家会进行审查

B. 发包人对于设计文件的审查期限，自文件接收之日起不应超过14日

C. 发包人逾期未作出审查结论，视为设计未通过发包人审查

D. 发包人审查后不同意设计文件的，设计人承担违约责任

E. 修改设计方案后重新进行审查的，审查期限重新起算

【答案】BE

【解析】本选项 A，发包人可以自行审查，也可以组织专家审查；选项 C，发包人逾期未作出结论的，视为设计已通过审查；选项 D，发包人审查后不同意设计文件的，设计人应根据发包人的审查意见修改完善设计文件，并重新报送发包人审查，而不是直接视为设计人违约。

本章精选习题

一、单项选择题

1. 根据《标准勘察招标文件》中的通用合同条款，勘察人应对勘察方法的（　　）完全负责。

A. 完备性、可靠性、先进性 　　　　 B. 完备性、正确性、经济性

C. 适用性、先进性、经济性 　　　　 D. 正确性、适用性、可靠性

2. 根据《标准勘察招标文件》中的通用合同条款，发包人应向勘察人提供的文件资料是（　　）。

A. 施工测量放线成果 　　　　　　　 B. 岩土工程钻探方案

C. 标志桩定位报告 　　　　　　　　 D. 建筑总平面布置图

3. 根据《标准设计招标文件》中的通用合同条款，除专用合同条款另有约定外，发包人对设计文件的审查期限，自设计文件接收之日起不应超过（　　）日。

A. 14 　　　　　　　　　　　　　　 B. 21

C. 28 　　　　　　　　　　　　　　 D. 30

4. 根据《标准设计招标文件》中的通用合同条款，应由设计人承担违约责任的情形是（　　）。

A. 因地下条件不利导致设计工作终止

B. 设计文件未达到设计深度要求

C. 设计人按合同约定分包多项设计工作

D. 设计文件未被政府规划管理部门批准

5. 根据《标准勘察招标文件》中的通用合同条款，勘察费用实行（　　）制度。

A. 发包人签证 　　　　　　　　　　 B. 勘察人签证

C. 监理人签证 　　　　　　　　　　 D. 监理人核查

6. 根据《标准设计招标文件》中的通用合同条款，设计合同履行过程中发生不可抗力事件，对不可抗力事件引起的后果及其损失，承担的主体是（　　）。

A. 发包人 　　　　　　　　　　　　 B. 设计人

C. 发包人和设计人 　　　　　　　　 D. 项目业主

7. 经发包人代表授权的人员在授权范围内发出的指示效力，表述正确的是（　　）。

A. 应当经发包人代表确认后具有效力

B. 应当经发包人确认后具有效力

C. 与发包人代表发出的指示具有同等效力

D. 其效力低于发包人代表发出的指示

8. 根据《标准设计招标文件》中的通用合同条款，发包人代表授权发包人的其他人员负责其指派的工作时，应将被授权人员的姓名和（　　）通知设计人。

A. 职业资格

B. 授权范围

C. 技术职称

D. 授权时间

9. 工程建设涉及的合同中，采用定金担保的合同是（　　）。

A. 施工合同

B. 监理合同

C. 设计合同

D. 仓储合同

10. 根据《标准勘察招标文件》中的通用合同条款，因勘察人使用的勘察设备不足以满足合同约定的勘察成果质量要求，发包人要求勘察人更换勘察设备，勘察人及时进行了更换，由此增加的费用由（　　）承担。

A. 发包人

B. 勘察人

C. 设备供应商

D. 发包人和勘察人共同

11. 由于地质勘察资料存在错误，导致图纸设计出现错误，则在设计合同中，此部分损失应由（　　）承担。

A. 发包人

B. 勘察单位

C. 设计人

D. 监理单位

12. 建设工程勘察合同是当事双方根据工程勘察工作需要，就查明、分析、评价建设场地的（　　）而订立的协议。

A. 地质地理环境特征和岩土工程条件

B. 地质地理环境特征和施工现场布置

C. 自然环境条件特征和地下施工方案

D. 自然环境条件特征和土方开挖条件

13. 根据九部委发布的标准设计合同，合同的履约担保为无条件担保，其内涵为（　　）。

A. 担保人无条件地提供担保

B. 履约保证金的数额不确定

C. 担保人在收到发包人的赔偿要求后，无条件支付

D. 设计人在收到发包人的赔偿要求后，无条件支付

14. 根据九部委发布的标准设计合同，发包人应提前（　　）向设计人发出开始设计通知。因发包人原因造成合同签订之日起（　　）内未能发出开始设计通知的，设计人有权提出价格调整要求，或者解除合同。

A. 7 日，60 日

B. 7 日，90 日

C. 14 日，60 日

D. 14 日，90 日

15. 关于建设工程勘察合同的说法，正确的是（　　）。

A. 建设工程勘察合同示范文本应当强制使用

B. 承包人必须具备法人资格

C. 勘察工作范围由法规确定

D. 当事人不能约定合同争议的最终解决方式

16. 根据九部委发布的《标准勘察招标文件》，履约担保有效期（   ）。

A. 自勘察人签订勘察合同至勘察工作质量保修期结束后的 14 或 15 日失效

B. 自勘察人开始勘察工作至勘察工作完成失效

C. 自勘察人签订勘察合同至发包人签收最后一批勘察成果文件之日起 28 日后失效

D. 自勘察人开始勘察工作至发包人签收最后一批勘察成果文件之日起 28 日后失效

二、多项选择题

1. 根据《标准勘察招标文件》和《标准设计招标文件》中的通用合同条款，勘察和设计合同价格应包括的内容有（   ）。

A. 收集资料、踏勘现场并进行勘察设计工作的费用

B. 工程施工期间配合及现场服务的费用

C. 工程勘察和设计服务应缴纳的增值税税金

D. 发包人要求勘察人和设计人进行专项试验检测的费用

E. 发包人未按期支付费用导致的逾期付款违约金

2. 根据《标准勘察招标文件》中的通用合同条款，勘察人有权要求发包人延长勘察周期和增加勘察费用的情形有（   ）。

A. 勘察人原因在施工场地造成第三方财产损失并导致勘察周期延长和费用增加

B. 由于出现专用合同条款规定的异常恶劣气候条件导致勘察周期延长和费用增加

C. 由于出现专用合同条款规定的不利物质条件导致勘察周期延长和费用增加

D. 采取有效措施保护勘察中发现的地下文物导致勘察周期延长和费用增加

E. 当地居民采取阻工方式要求增加征地补偿款导致勘察周期延长和费用增加

3. 根据《标准设计招标文件》中的通用合同条款，属于发包人违约的情形有（   ）。

A. 因发生不可抗力事件导致设计工作严重受阻

B. 设计人在合同约定的时间内未能获得发包人按合同约定应支付的设计费用

C. 发包人未按合同约定对设计人提出的确认事项进行答复导致设计滞后

D. 设计文件标注的质量标准不符合工程建设强制性标准规定

E. 设计人所提供设计文件的设计深度不符合设计合同约定

4. 根据《标准勘察招标文件》中的通用合同条款，属于勘察合同变更情形的有（   ）。

A. 勘察范围发生变化

B. 对工程同一部位进行再次勘查

C. 暂停勘察及恢复勘察

D. 发包人原因引起的勘察周期延误

E. 勘察成果未达到合同约定的深度要求

5. 根据九部委发布的标准设计合同，发包人按约定应提供的资料包括（   ）。

A. 基础资料　　　　　　　　　B. 勘察报告

C. 监理报告　　　　　　　　　D. 设计任务书

E. 设计规范

6. 根据九部委发布的标准设计合同，以下属于发包人义务的是（　　）。

A. 遵守法律　　　　　　　　　　B. 依法纳税

C. 设计缺陷整改　　　　　　　　D. 办理证件和批件

E. 支付合同价款

7. 根据九部委发布的标准设计合同，合同附件格式包括（　　）。

A. 合同协议书　　　　　　　　　B. 履约保证金格式

C. 预付款担保格式　　　　　　　D. 投标保证金格式

E. 专用合同条款

习题答案及解析

一、单项选择题

1.【答案】D

【解析】勘察人对于勘察方法的正确性、适用性和可靠性完全负责。

2.【答案】D

【解析】本题考查发包人应向勘察人提供的文件资料。

3.【答案】A

【解析】发包人对于设计文件的审查期限，自文件接收之日起不应超过14日。

4.【答案】B

【解析】选项A属于发包人责任；选项C无违约情形；选项D不直接导致违约。

5.【答案】A

【解析】勘察费用实行发包人签证制度，即勘察人完成勘察项目后通知发包人进行验收，通过验收后由发包人代表对实施的勘察项目、数量、质量和实施时间签字确认，以此作为计算勘察费用的依据之一。

6.【答案】C

【解析】对不可抗力事件引起的后果及其损失按照损失自担原则确定责任主体。

7.【答案】C

【解析】被授权人员在授权范围内发出的指示视为已得到发包人代表的同意，与发包人代表发出的指示具有同等效力。

8.【答案】B

【解析】发包人代表可以授权发包人的其他人员负责执行其指派的一项或多项工作。发包人代表应将被授权人员的姓名及其授权范围通知设计人。

9.【答案】C

【解析】勘察和设计合同，均采用定金担保。

10.【答案】B

【解析】勘察人应当承担由于违约所造成的费用增加、周期延误和发包人损失等。

11.【答案】A

【解析】一方当事人因第三人的原因造成违约的，应当向对方当事人承担违约责任。

12.【答案】A

【解析】建设工程勘察合同是指勘察人根据建设工程的要求，通过查明、分析、评价建设场地的地质地理环境特征和岩土工程条件，进而订立的协议。

13.【答案】C

【解析】无条件担保是指担保人在收到发包人以书面形式提出的在担保金额内的赔偿要求后，在7日内无条件支付。

14.【答案】B

【解析】本题考查设计工作中重要的时间规定。

15.【答案】B

【解析】选项A错误，示范文本适用于为设计提供勘察工作的委托任务；选项C错误，就具体工程项目的需求而言，可以委托勘察人承担一项或多项工作，订立合同时应具体明确约定勘察工作范围和成果要求；选项D错误，明确约定解决合同争议的最终方式是采用仲裁或诉讼。

16.【答案】C

【解析】履约保证金有效期从发包人与勘察人签订的合同生效之日起至发包人签收最后一批勘察成果文件之日起28日后失效。

二、多项选择题

1.【答案】ABC

【解析】选项D，发包人要求勘察人、设计人进行外出考察、试验检测、专项咨询或专家评审时，相应费用不含在合同价格之中，由发包人另行支付；选项E，违约金在费用结算的时候考虑。

2.【答案】BCDE

【解析】非勘察人原因导致勘察周期延长和费用增加，勘察人有权要求发包人延长勘察周期和增加勘察费用。

3.【答案】BC

【解析】选项A属于不可抗力；选项D、E属于设计人违约。

4.【答案】AB

【解析】本题考查标准勘察合同的内容。选项A、B，参照施工合同中的合同变更；选项C属于合同履行，不是变更合同；选项D、E属于违约，也不是变更合同。

5.【答案】ABD

【解析】设计合同中发包人提供的资料内容不包括监理报告和设计规范。

6.【答案】ADE

【解析】选项B、C为设计人的义务。

7.【答案】AB

【解析】注意施工合同的合同附件格式有三项，包括预付款担保格式，但设计合同只有两项。

第六章　建设工程施工合同管理

本章内容框架及知识点分值分布如表 6-1、图 6-1 所示。

本章内容框架及知识点分值分布　　　　　表 6-1

知识点分布	2020 年			2021 年			2022 年上半年			2022 年下半年		
	单选（道）	多选（道）	分值	单选（道）	多选（道）	分值	单选（道）	多选（道）	分值	单选（道）	多选（道）	分值
施工合同标准文本	2	1	4	1	0	1	1	1	3	0	0	0
施工合同有关各方管理职责	0	1	2	0	1	2	1	0	1	2	0	2
施工合同订立	3	2	7	3	0	3	2	0	2	1	0	1
施工合同履行管理	10	3	16	7	5	17	6	5	16	6	5	16
合计	15	7	29	11	6	23	10	6	22	9	5	19

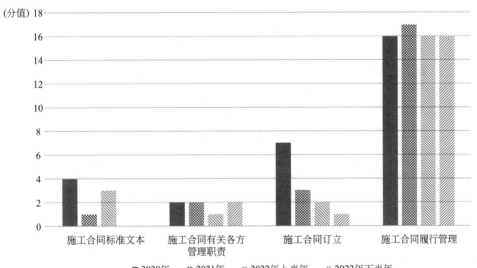

图 6-1　本章知识点分值分布

第一节　施工合同标准文本

知识点一：标准施工招标文件体系

1. 标准施工招标文件体系

具体内容如表 6-2、图 6-2 所示。

标准施工招标文件体系 表 6-2

类型	具体内容
纵向分两个环节(根据招标程序)	①标准施工招标资格预审文件 ②标准施工招标文件
横向分三类(根据适用范围)	①标准施工招标文件 ②简明标准施工招标文件 ③标准设计施工总承包招标文件

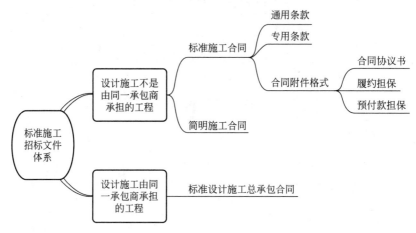

图 6-2 标准施工招标文件体系

2. 九部委联合发布的三个标准合同文本的适用范围

具体内容如表 6-3 所示。

三个标准合同文本的适用范围和组成 表 6-3

具体内容	设计、施工不是由同一承包商承担的工程		设计施工由同一承包商承担的工程
	标准施工合同	简明施工合同	标准设计施工总承包合同
适用范围	一定规模以上工程	工期不超过 **12 个月**、技术相对简单的小型项目	
组成	①通用条款 ②专用条款 ③合同附件格式	由**发包人**负责材料和设备的供应，承包人仅承担施工义务，因此合同条款较少	与标准施工合同相同

【例题 1】《简明标准施工招标文件》的适用对象是（   ）。（2020 年真题）

A. 设计和施工由同一承包人承担的工程

B. 总投资为 9000 万元的非政府投资工程

C. 工期为 10 个月的小型工程

D. 工期紧、技术难度大的工程

【答案】 C

【解析】《简明标准施工招标文件》适用于依法必须进行招标的工程建设项目，工期不超过 12 个月、技术相对简单且设计和施工不是由同一承包人承担的小型项目。

【例题2】采用《简明施工合同》的工程，负责材料和设备的供应人通常为（　　）。（2015年真题）

A. 分包人　　　　B. 发包人　　　　C. 施工项目部　　　　D. 承包人

【答案】B

【解析】简明施工合同适用于工期在12个月内的中小型工程施工，通常由发包人负责材料和设备的供应。

知识点二：行业标准施工招标文件中应不加修改地引用的内容

其具体概括为"两须知、两办法和一条款"，具体内容如表6-4所示。

行业标准施工招标文件中应不加修改地引用的内容　　　　表6-4

文件	不加修改引用的内容
标准资格预审文件	①申请人须知（申请人须知前附表除外） ②资格审查办法（资格审查办法前附表除外）
标准施工招标文件	①投标人须知（投标人须知前附表和其他附表除外） ②评标办法（评标办法前附表除外） ③**通用条款（广泛适用于各类工程）**

【例题】根据《标准施工合同》，行业标准施工招标文件中应不加修改地引用（　　）。

A. 通用条款　　　　　　　　　B. 专用条款

C. 评标办法　　　　　　　　　D. 投标人须知前附表

E. 合同协议书

【答案】AC

【解析】行业标准施工招标文件中应不加修改地引用的内容见表6-4。

知识点三：通用条款与专用条款

①**通用条款**广泛适用于各类建设工程。

②行业编制的标准施工招标文件中的**专用条款**可结合施工**项目的具体特点**，对标准的通用合同条款进行**补充、细化**。

> **易错点辨析：**并不是专用条款的约定一定不得与通用条款约定相抵触。一定要注意条件，如果通用合同条款中明确专用合同条款可以作出不同约定的，专用条款的内容可以和通用条款不一致。如果通用条款中未作出明确允许，则专用条款不得与通用条款不一致

③**除通用合同条款明确专用合同条款可作出不同约定外**，补充和细化的内容不得与通用合同条款的规定相抵触否则抵触内容无效。（注意条件）

④通用条款中适用于招标项目的条或款**不必**在专用条款内重复。

⑤需要补充细化的内容应与通用条款的条或款的**序号一致。**

⑥通用条款与专用条款中相同序号的条款内容**共同构成**对履行合同某一方面的完备约定。

【例题1】根据《标准施工招标资格预审文件和标准施工招标文件暂行规定》，各行业编制本行业标准施工招标文件时应遵循的原则是（　　）。（2020年真题）

A. 结合行业特点，编制本行业的"通用合同条款"

B. "专用合同条款"对"通用合同条款"的补充、细化，不得与"通用合同条款"相抵触

C. 对"通用合同条款"和"专用合同条款"应不加修改地引用

D. 对"通用合同条款"的修改，须征得行业主管部门的同意

【答案】B

【解析】本题考查通用条件、专用条件的规定。选项 A，各行业的标准招标文件中，应不加修改地引用九部委发布的标准施工招标文件中的通用条款。选项 C，不加修改引用的是通用条款，不包括专用条款。选项 D，各行业编制的标准施工合同应不加修改地引用《标准施工招标文件》中的"通用合同条款"，即标准施工合同和简明施工合同的通用条款广泛适用于各类建设工程。没有合适选项时，尽管有缺陷，只能选择选项 B。

【例题 2】关于《标准施工招标文件》合同文本及条款的说法，正确的是（   ）。（2019 年真题）

A. 通用合同条款和专用合同条款应当不加修改地引用

B. 通用合同条款可以约定专用合同条款补充、细化时，允许与通用合同条款不一致

C. 各行业编制的标准施工招标文件的通用合同条款，可结合施工项目的具体特点进行补充、细化

D. 通用合同条款与专用合同条款相互矛盾时，合同无效

【答案】B

【解析】各行业编制的标准施工招标文件中的"专用合同条款"可结合施工项目的具体特点，对标准的"通用合同条款"进行补充、细化。除"通用合同条款"明确"专用合同条款"可作出不同约定外，补充和细化的内容不得与"通用合同条款"的规定相抵触，否则抵触内容无效。选项 C，各行业的标准施工文件中的**通用条款**须**不加修改地引用**，所以不是结合项目具体特点进行补充细化。

知识点四：标准施工合同的组成

1. 合同附件格式

具体内容如表 6-5 所示。

标准施工合同附件格式的组成   表 6-5

项目	内容
合同协议书(唯一需要双方同时签字盖章的法律文书)	①发包人和承包人的名称 ②施工的工程或标段 ③签约合同价 ④合同工期 ⑤质量标准 ⑥项目经理的人选
履约担保	①承包人向发包人提交 ②履约担保采用保函形式
预付款担保	①承包人向发包人提交 ②预付款担保采用银行保函

> **注意区别**：只有施工合同有三个合同附件格式，多出一个预付款担保。勘察设计以及材料设备采购合同只有前两个

2. 履约担保与预付款担保的区别

具体内容如表 6-6、图 6 3 所示。

履约担保与预付款担保的区别 表 6-6

项目	履约担保	预付款担保
担保期限	发包人和承包人**签订**合同之日起,至签发工程**移交**证书日止(没有到缺陷责任期满止,即对承包人**保修期内不承担担保责任**)	自预付款**支付**给承包人起生效,至发包人签发的进度付款证书说明已完全**扣清预付款**止
担保金额	担保期间担保金额**不变**	保持担保金额与**剩余预付款**的金额相等原则

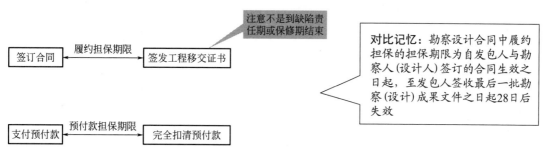

图 6-3　履约担保和预付款担保的期限

3. 履约担保与预付款担保的担保方式——无条件担保方式

① 发包人认为承包人有严重违约情况时,即可凭保函向担保人要求予以赔偿,**不需承包人确认。**

② 担保人承诺在收到发包人以书面形式提出的在担保金额内的赔偿要求后,在 **7 日**内无条件支付。

【例题 1】 根据《标准施工招标文件》,合同附件格式有(　　)。(2022 年上半年考试真题)

A. 通用合同条款格式　　　　　　B. 专用合同条款格式

C. 合同协议书格式　　　　　　　D. 履约担保格式

E. 预付款担保格式

【答案】 CDE

【解析】 标准施工合同中给出的合同附件格式包括合同协议书、履约担保和预付款担保。

【例题 2】 根据《标准施工招标文件》中的通用合同条款,施工合同履约担保期限应自(　　)之日起。(2021 年真题)

A. 招标人发出中标通知书　　　　B. 发承包双方签订合同

C. 中标人接到中标通知书　　　　D. 监理人发出开工通知

【答案】 B

【解析】 履约担保,担保期限自发包人和承包人签订合同之日起,至签发工程移交证书日止。

【例题 3】 根据《标准施工招标文件》中的通用合同条款,关于预付款担保金额的说

法，正确的有（　　）。（2020年真题）

    A. 承包人提交的担保金额应与收到的合同约定的预付款金额保持一致

    B. 发包人从工程进度款中已扣除部分预付款后，担保金额可相应递减

    C. 担保金额在发包人未扣除全部预付款前应高于合同约定的预付款金额

    D. 担保金额不应低于预付款金额减去已向承包人签发的进度款支付证书中扣除的金额

    E. 担保金额必须保持与剩余预付款额相同

【答案】AE

【解析】选项B、C、D，保函格式中明确说明："本保函的担保金额，在任何时候不应超过预付款金额减去发包人按合同约定在向承包人签发的进度付款证书中扣除的金额。"即保持担保金额与剩余预付款的金额相等原则。选项B用词不妥，将"可"改为"应当"较为合适。

第二节　施工合同有关各方管理职责

知识点一：监理人

具体内容如表6-7所示。

监理人的具体内容　　　　　　　　　　　　　　　　　　表6-7

项目	具体内容
监理人的定义	①监理人是指**受委托人的委托**，依照法律、规范标准和监理合同等，对建设工程勘察、设计或施工等阶段进行质量控制、进度控制、投资控制、合同管理、信息管理、组织协调和安全监理的法人或其他组织(三控两管一协调一安全监理) ②监理人属于**发包人**一方的人员，但又不同于发包人的雇员，即不是一切行为均遵照发包人的指示，而是**在授权范围内独立工作**
监理人受发包人委托对施工合同的履行进行管理	①监理在发包人**授权范围内**，负责现场管理工作 ②在发包人授权范围内**独立处理**合同履行过程中的有关事项，行使通用条款规定，以及专用条款中说明的权利 ③承包人收到监理人发出的任何指示，**视为已得到发包人的批准**，应遵照执行 ④在合同规定的权限范围内，**独立**处理或决定有关事项，如单价的合理调整、变更估价，索赔等
监理的**核心**地位	①监理人应公平合理地处理合同履行过程中涉及的有关事项 ②除合同另有约定外，承包人只从**总监理工程师**或被授权的监理人员处取得指示。发包人对施工工程的任何想法通过监理人的协调指令来实现；承包人的各种问题也首先提交监理人 ③**监理有权确定，但无权决定**。总监理工程师在处理事项时，应首先与合同当事人协商，尽量达成一致。监理人对有关问题的处理**不用决定而用确定**一词，即表示总监理工程师提出的方案或发出的指示并非最终不可改变，任何一方有不同意见均可按照争议的条款解决，同时体现了监理人**独立工作**的性质
监理人的指示	①监理人未能按合同约定发出指示、指示延误或指示错误而导致承包人施工成本增加和(或)工期延误，由**发包人**承担赔偿责任 ②监理人无权免除或变更合同约定的发包人和承包人权利、义务和责任 ③合同约定应由承包人承担的义务和责任，不因监理人对承包人提交文件的审查或批准，对工程、材料和设备的检查和检验，以及为实施监理作出的指示等职务行为而减轻或解除

【例题1】 根据《标准施工招标文件》中的通用合同条款，对监理人管理施工合同的工作要求是（　　）。（2022年下半年考试真题）

A. 作为施工合同当事人履行合同义务

B. 在发包人授权范围内依据施工合同约定签发监理指示

C. 遵照发包人指示办理施工许可手续

D. 站在发包人利益优先的立场处理合同变更

【答案】 B

【解析】 选项A，监理人不是施工合同的当事人；选项C，由发包人办理施工许可手续；选项D，监理人应按照合同条款的约定，公平合理地处理合同履行过程中涉及的有关事项。

【例题2】 根据《标准施工招标文件》中的通用合同条款，关于监理人职责和权利的说法正确的是（　　）。（2022年上半年考试真题）

A. 监理人在施工合同履行过程中行使任何权利前均需经发包人批准

B. 监理人有权变更施工合同约定的承包人的义务

C. 监理人无权免除施工合同约定的发包人和承包人的责任

D. 监理人对工程材料检验合格则视为其批准，可减轻承包人的责任和义务

【答案】 C

【解析】 选项A，承包人收到监理人发出的任何指示，**视为已得到发包人的批准**，应遵照执行；选项B、D错误，监理人无权免除或变更合同约定的发包人和承包人权利、义务和责任，合同约定应由承包人承担的义务和责任，不因监理人对承包人提交文件的审查或批准，对工程、材料和设备的检查和检验，以及为实施监理作出的指示等职务行为而减轻或解除。

【例题3】 根据《标准施工招标文件》中的通用合同条款，监理人受发包人委托管理施工合同履行的权利有（　　）。（2021年真题）

A. 在发包人授权范围内发出监理人指示

B. 根据合同约定向承包人发出变更指示

C. 根据工程实际情况免除合同约定的承包人部分义务

D. 与施工合同当事人商定变更工程价款

E. 检查工程实体、材料和设备质量

【答案】 ABE

【解析】 选项C错误，监理人无权免除或变更合同约定的发包人和承包人权利、义务和责任；选项D错误，总监理工程师在协调处理合同履行过程中的有关事项时，应首先与合同当事人协商，尽量达成一致。不能达成一致时，总监理工程师应认真研究审慎"确定"后通知当事人双方并附详细依据。

【例题4】 根据《标准施工招标文件》中的通用合同条款，关于监理人指示的说法，正确的有（　　）。（2020年真题）

A. 监理人指示错误给承包人造成的损失应由发包人承担赔偿责任

B. 监理人根据工程情况变化可以指示免除承包人的部分合同责任

C. 监理人未按合同约定发出的指示延误导致承包人增加的施工成本应由发包人承担

D. 监理人根据工程设计变更指示可以改变承包人的有关合同义务

E. 监理人对承包人施工进度计划变更的批准应视为免除承包人工期延误的责任

【答案】AC

【解析】选项 A，监理人未能按合同约定发出指示、指示延误或指示错误而导致承包人施工成本增加和（或）工期延误，由发包人承担赔偿责任；选项 B、D，监理人无权免除或变更合同约定的发包人和承包人权利、义务和责任。

第三节　施工合同订立

知识点一：标准施工合同组成文件

1. 合同文件的组成

① 合同协议书；

② 中标通知书；

③ 投标函及投标函附录（注意不是招标文件）；

④ 专用合同条款；

⑤ 通用合同条款；

⑥ 技术标准和要求；

⑦ 图纸；

⑧ 已标价的工程量清单；

⑨ 其他合同文件——经合同当事人双方确认构成合同的其他文件。

2. 合同文件优先解释次序及歧义的解释

具体内容如表 6-8 所示。

合同文件优先解释次序及歧义解释　　　　　　　　表 6-8

项目		具体内容
次序	专用条款对次序有约定	从其约定
	专用条款对次序无约定	以合同文件序号为优先解释顺序
歧义	合同条款约定由谁解释	从其约定
	合同条款未明确由谁解释歧义	①总监理工程师应与发包人和承包人协商达成一致 ②不能达成一致时，由**总监理工程师**确定

【例题 1】《标准施工合同》通用条款规定的合同组成文件包括（　　）。（2018 年真题）

A. 招标文件　　　　　　　　B. 投标函及投标函附录

C. 中标通知书　　　　　　　D. 工程量清单

E. 合同协议书

【答案】BCE

【解析】本题考查合同文件的组成。选项 A，有投标函及投标函附录，无招标文件；选项 D，有已标价工程量清单，不是工程量清单。

【例题2】根据《标准施工招标文件》，合同文件的优先解释顺序是（　　　）。（2020 年真题）

A. 技术标准和要求、图纸、已标价工程量清单、投标函及其附录

B. 投标函及其附录、已标价工程量清单、技术标准和要求、图纸

C. 技术标准和要求、投标函及其附录、图纸、已标价工程量清单

D. 投标函及其附录、技术标准和要求、图纸、已标价工程量清单

【答案】D

【解析】本题考查合同文件的优先解释顺序。

知识点二：投标函及附录

① 投标函附录是投标函内承诺部分主要内容的细化，包括项目经理的人选、工期、缺陷责任期、分包的工程部位、公式法调价的基数和系数等的具体说明。

② 投标文件中的部分内容在订立合同后**允许进行修改或调整**，如施工前应编制更为详尽的施工组织设计、进度计划等。

合同协议书、中标通知书和投标函附录的内容对比如表 6-9 所示。

> 易混点辨析：看清题目考的是合同协议书或中标通知书的内容，还是投标函附录的内容

合同协议书、中标通知书和投标函附录的内容对比　　　　　表 6-9

合同协议书内容 （中标通知书）	中标通知书的内容 （与合同协议书中内容完全一致）	投标函附录内容
①施工标段 ②中标价 ③**工期** ④工程质量标准 ⑤**项目经理名称**	①施工标段 ②中标价 ③工期 ④工程质量标准 ⑤项目经理名称	①**项目经理的人选** ②**工期** ③缺陷责任期 ④分包的工程部位 ⑤公式法调价的基数和系数

【例题1】根据《标准施工合同》，合同协议书中需要明确填写的内容有（　　　）。（2016 年真题）

A. 施工工程或标段　　　　　　　　　B. 工程结算方式

C. 质量标准　　　　　　　　　　　　D. 合同组成文件

E. 变更处理程序

【答案】AC

【解析】本题考查合同协议书的内容。

【例题2】根据《标准施工合同》，以下（　　　）属于投标函附录的内容。

A. 施工工程标段　　　　　　　　　　B. 缺陷责任期

C. 分包工程部位　　　　　　　　　　D. 签约合同价

E. 项目经理人选

【答案】BCE

【解析】本题考查的是合同文件投标函附录的内容。选项 A、D 属于合同协议书中的内容。

知识点三：订立合同时需要明确的内容

1. 发包人提供图纸的期限和数量

① 标准施工合同适用于**发包人**提供图纸，承包人负责施工的建设项目（图纸由甲方提供）。

② 如果承包人有专利技术且有相应的设计资质，可以约定由承包人完成部分施工图设计。此时应明确承包人的设计范围，提交设计文件的期限与数量，监理人签发图纸修改的期限等。

2. 气候责任的承担

具体内容如表 6-10 所示。

气候责任的承担 表 6-10

情况	责任承担主体
异常恶劣的气候条件	①发包人承担风险 ②顺延工期，但不补偿费用和利润
不利气候条件	①承包人承担风险 ②不顺延工期，不补偿费用和利润
如何界定两类气候	在**专用条款**中明确界定

3. 基准日期

具体内容如表 6-11、图 6-4 所示。

基准日期及风险划分 表 6-11

项目	具体内容
确定基准日期的目的	划分由于政策法规的变化或市场物价浮动对合同价格影响的责任
基准日期	**投标截止日期前第 28 日**
基准日期之前的风险	一般由承包人承担，不调整价格
基准日期之后的风险	一般由发包人承担，允许调价

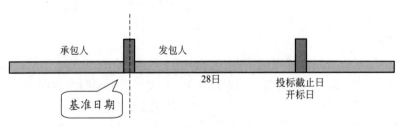

图 6-4 基准日期图示

4. 合同价款的调整

具体内容如表 6-12 所示。

合同价款的调整 表 6-12

合同类型	调价规定
标准施工合同(工期 12 个月以上)	①应设调价条款 ②发包人和承包人共担市场价格风险 ③调价仅适用于工程量清单中按**单价**支付部分,总价支付部分不考虑调价
简明施工合同	合同履行期间不考虑调价

【例题 1】根据《标准施工招标文件》中的通用合同条款,合同中的"图纸"应包括( )。(2022 年上半年考试真题)

A. 招标图纸
B. 施工图
C. 招标图纸和施工图
D. 承包人依据施工图提供的加工图

【答案】B

【解析】订立合同时必须明确约定发包人陆续提供施工图纸的期限和数量。

【例题 2】根据《标准施工合同》,如果承包人有专利技术且有相应设计资质,双方约定由承包人完成部分工程施工图设计时,需要在订立合同时明确的内容有( )。(2016 年真题)

A. 发包人提交施工图审查的时间
B. 承包人的设计范围
C. 承包人提交设计文件的期限
D. 承包人提交设计文件的数量
E. 监理人签发图纸修改的期限

【答案】BCDE

【解析】如果承包人有专利技术且有相应的设计资质,可以约定由承包人完成部分施工图设计。此时也应明确承包人的设计范围,提交设计文件的期限、数量,以及监理人签发图纸修改的期限等。

【例题 3】为了明确划分由于政策法规变化或市场物价浮动对合同价格影响的责任,《标准施工合同》中的通用条款规定的基准日期是指( )。(2016 年真题)

A. 投标截止日前第 14 日
B. 投标截止日前第 28 日
C. 招标公告发布之日前第 14 日
D. 招标公告发布之日前第 28 日

【答案】B

【解析】通用条款规定的基准日期指投标截止日前第 28 日。

【例题 4】关于《标准施工招标文件》的施工合同文本通用合同条款规定的"基准日期"的说法,正确的有( )。(2019 年真题)

A. 承包人以基准日期前的市场价格编制工程报价
B. 长期合同中调价公式中的可调因素价格指数以基准日的价格为准
C. 承包人以基准日期后的市场价格编制工程报价
D. 基准日期后,因法律政策、规范标准的变化,导致承包人工程成本发生约定以外的增减,相应调整合同价款
E. 基准日期即为投标截止日

【答案】ABD

【解析】选项 C，承包人以基准日期前的市场价格编制工程报价；选项 E，通用条款规定的基准日期指投标截止日前第 28 日。

知识点四：公式法调价

1. 公式法调价的公式

定值权重与可调因子变值权重之和为 1。

调价公式如图 6-5 所示。

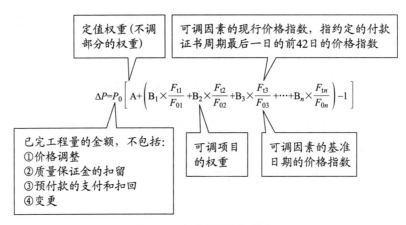

图 6-5　公式法调价的公式

2. 公式法调价的相关规定

如表 6-13 所示。

公式法调价的相关规定 表 6-13

项目	内容
在投标函附录 价格指数和权重表中约定	①各可调因子(哪些因素可调) ②定值(哪些因素不可调) ③变值权重(权重) ④基本价格指数及其来源(价格指数)
价格指数来源	①首先采用工程项目所在地有关行政部门提供的**价格指数** ②其次可采用有关部门提供的价格
优点	①采用社会价格不采用个别价格:采用价格指数进行调整,不考虑承包人实际购买材料的价格 ②程序简便:无须核实承包人的发票或单证(票据法调整价格时须核实)

【例题 1】某工程施工合同约定，根据价格调整公式调整合同价，可调值部分的费用类型占合同总价的比例和相关价格指数见表 6-14，若结算当月完成的合同额为 1000 万元，则调整后的合同金额为（　　）万元。

例题 1 表　　　　　　　　　　　　　表 6-14

项目	占合同总价的比例	基准日期价格指数	合同签订时价格指数	结算时价格指数
人工	30%	101	103	106
钢筋	20%	101	110	105
混凝土	25%	105	109	115
木材	10%	102	102	105

A. 896　　　　　　　　B. 1050

C. 1017　　　　　　　D. 1000

易错点：本题题干中并没有直接给出定值权重是多少，必须先算出来：1−30%−20%−25%−10%=15%

【答案】B

【解析】本题考查价格指数调价公式。

$$调整后合同价 = 1000 \times \left(15\% + 30\% \times \frac{106}{101} + 20\% \times \frac{105}{101} + 25\% \times \frac{115}{105} + 10\% \times \frac{105}{102} \right)$$

$$= 1049.52 \approx 1050 \ 万元。$$

【例题 2】根据《标准施工招标文件》中的通用合同条款，价格调整公式中的定值权重为 0.2 时，可调因子的变值权重之和为（　　）。（2021 年真题）

A. 0.8　　　　B. 1.0　　　　C. 1.2　　　　D. 1.8

【答案】A

【解析】定值权重与可调因子变值权重之和为 1。

知识点五：保险责任

1. 工程保险的类型及投保主体

具体内容如表 6-15 所示。

一切险和第三者责任险，无论是由承包人还是发包人办理，均必须以发包人和承包人的共同名义投保

工程保险的类型及投保主体　　　　　　　表 6-15

保险类型	工程一切险和第三方责任险	工伤、意外伤害险	施工设备保险	进场材料和工程设备保险
发包人	平行发包时√	√		①双方可约定
承包人	一般情况下√	√	√	②谁采购谁投保

2. 不足额投保

具体内容如表 6-16 所示。

不足额投保的含义和处理　　　　　　　表 6-16

项目	具体内容
何为不足额投保	保险金额少于工程实际价值(以建筑安装工程费的 60%~70% 作为保险金额)
赔偿方式	①保险公司按实际损失相应百分比赔偿损失 ②赔偿**不足部分**由该事件的**风险责任方**负责补偿
赔偿不足部分的处理	①永久工程损失的差额由**发包人**补偿 ②临时工程、施工设备等损失由**承包人**负责

3. 未按约定投保的补偿

① 如果负有投保义务的一方当事人未按合同约定办理保险，或未能使保险持续有效，另一方当事人可**代为办理**，所需费用由对方当事人承担。

② 当负有投保义务的一方当事人未按合同约定办理某项保险，导致受益人未能得到保险人的赔偿，原应从该项保险得到的保险赔偿应由**负有投保义务**的一方当事人支付。

【例题 1】 根据《标准施工招标文件》中的通用合同条款，在工程整个施工期间应为其现场雇用的全部人员投保人身意外伤害险并缴纳保险费的投保人是（   ）。（2022 年上半年考试真题）

A. 发包人和设计人 　　　　　　　　　B. 承包人和分包人

C. 发包人和监理人 　　　　　　　　　D. 发包人和承包人

【答案】 D

【解析】 发包人和承包人分别为自己现场项目管理机构的所有人员投保人身意外伤害保险。

【例题 2】 根据《标准施工招标文件》中的通用合同条款，负有投保义务的一方当事人未按合同约定办理保险，导致受益人未能得到保险人赔偿的，损失赔偿应由（   ）承担。（2020 年真题）

A. 发包人 　　　　　　　　　　　　　B. 承包人

C. 受益人 　　　　　　　　　　　　　D. 负有投保义务的当事人

【答案】 D

【解析】 当负有投保义务的一方当事人未按合同约定办理某项保险，导致受益人未能得到保险人的赔偿，原应从该项保险得到的保险赔偿应由负有投保义务的一方当事人支付。

【例题 3】 根据《标准施工招标文件》的施工合同文本通用合同条款，如果一个建设工程项目的施工采用平行发包的方式分别交由多个承包人施工，为防止重复投保或漏保，双方可在专用条款中的定由（   ）投保为宜。（2019 年真题）

A. 发包人 　　　　　　　　　　　　　B. 由其中一个承包人

C. 由多个承包人分别 　　　　　　　　D. 组成联合体

【答案】 A

【解析】 如果一个建设工程项目的施工采用平行发包的方式，此时由发包人投保为宜。

【例题 4】 根据《标准施工招标文件》的施工合同文本通用合同条款，采取不足额投保方式投保的，当发生保险事件时，对于损失赔偿不足的部分，采取的处理原则有（   ）。（2019 年真题）

A. 不足的部分按合同相应条款约定，由该事件的风险责任方赔偿

B. 保险公司按实际损失的相应比例予以赔偿

C. 不足的部分由发包人全部承担

D. 永久工程损失的差额由发包人补偿

E. 临时工程和施工设备等损失由承包人补偿

【答案】 ADE

【解析】 选项 B，受到保险范围内的损害后，保险公司按实际损失的相应百分比予以

赔偿；选项 C，标准施工合同要求在专用条款具体约定保险金不足以赔偿损失时，承包人和发包人应承担的责任。

【例题 5】 根据《标准施工合同》，投保"建筑工程一切险"和"第三者责任险"的正确做法是（　　）。（2017 年真题）

A. 分别由发包人和承包人负责投保　　　B. 均由发包人负责投保

C. 分别由承包人和发包人负责投保　　　D. 均由承包人负责投保

【答案】 D

【解析】 标准施工合同和简明施工合同的通用条款中均由承包人负责投保"建筑工程一切险""安装工程一切险"和"第三者责任保险"。

知识点六：发包人、承包人义务

> **注意**：发包人应保证资料的真实、准确、完整，但不对承包人据此判断、推论错误导致编制施工方案的后果承担责任

1. 发包人的义务（三项）

具体内容如表 6-17 所示。

发包人的义务　　　　　　　　　　　　　　　　表 6-17

义务	具体内容
提供施工场地	①提供施工现场（包括永久和临时，可分期提供） ②向承包人提供地下管线和地下设施的相关资料 ③现场外的道路通行权
组织设计交底	**组织**设计单位向承包人和监理人进行交底
约定开工时间	通用条款中未约定开工时间，可在合同协议书或专用条款中约定

2. 承包人的义务（五项）

具体内容如表 6-18 所示。

承包人的义务　　　　　　　　　　　　　　　　表 6-18

义务	具体内容
现场查勘	①现场查勘后，承包人不得再以不了解现场情况为理由而推脱合同责任 ②发现实际情况与发包人所提供资料有重大差异，应及时通知监理人，由其作出指示或说明
编制施工实施计划	编制施工组织设计、**专项施工方案**、质量管理体系、环境保护措施计划等，报监理人审批
施工**现场内**的交通道路和临时工程	承包人应负责修建、维修、养护和管理施工所需的临时道路，修建施工所需的临时工程，提供施工所需的必要设施等
施工控制网	承包人负责测设和管理施工控制网点，并在竣工后将施工控制网点移交发包人
提出开工申请	向监理人提交

3. 哪些分部分项工程需要施工单位编制专项施工方案

如图 6-6 所示。

【例题 1】 根据《建设工程安全生产管理条例》，承包人需要编制专项施工方案并经专家论证的工程是（　　）。（2022 年上半年考试真题）

A. 高空作业工程　　　　　　　　　B. 深水作业工程

C. 大型爆破工程　　　　　　　　　D. 地下暗挖工程

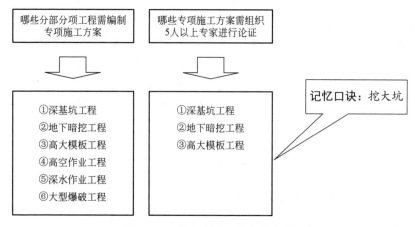

图 6-6　编制专项施工方案的范围

【答案】D

【解析】对深基坑工程、地下暗挖工程、高大模板工程的专项施工方案，还需经 5 人以上专家论证方案的安全性和可靠性。

【例题 2】根据《标准施工招标文件》中的通用合同条款，监理人依据施工合同约定，指示承包人对施工的临时道路进行必要的养护，由此产生的费用应由（　　）。（2022 年下半年考试真题）

A. 承包人
B. 发包人
C. 发包人和承包人共同
D. 监理人

【答案】A

【解析】承包人应负责修建、维修、养护和管理施工所需的临时道路、临时工程和必要的设施，以满足开工的要求。

【例题 3】施工合同履行中，实施爆破作业需要采取相应的防护措施。由此产生费用的正确处理方式是（　　）。（2022 年下半年考试真题）

A. 无须监理人认可，费用由承包人承担
B. 无须监理人认可，费用由发包人承担
C. 须经监理人认可，费用由承包人承担
D. 须经监理人认可，费用由发包人承担

【答案】C

【解析】承包人实施爆破作业需要采取相应的防护措施，应由监理人审查，费用由承包人承担。

【例题 4】根据《标准施工招标文件》中的通用合同条款，应由承包人承担责任的情形有（　　）。（2022 年下半年考试真题）

A. 因混凝土养护所必需的暂停施工
B. 承包人雇用的人员对薪酬不满而擅自暂停施工
C. 发包人负责的设计图纸未按计划签发而导致的暂停施工
D. 承包人雇员未按疫情防控要求进行健康检查导致不能进入施工现场的暂停施工

E. 当地政府根据疫情防控政策要求的施工现场暂停施工

【答案】ABD

【解析】选项 C，由发包人承担责任；选项 E，属于不可抗力，可以免责。

【例题 5】根据《标准施工招标文件》中的通用合同条款，属于发包人义务的是（　　）。（2021 年真题）

A. 组织设计交底　　　　　　　　　B. 编制施工环保措施计划

C. 审批施工组织设计　　　　　　　D. 组织论证专项施工方案

【答案】A

【解析】发包人的义务包含提供施工场地、组织设计交底、约定开工时间。

【例题 6】根据《标准施工合同文件》中的通用合同条款，承包人应在施工过程中负责管理施工控制网点，并在（　　）后将其移交发包人。（2021 年真题）

A. 工程缺陷责任期届满　　　　　　B. 工程竣工

C. 工程竣工验收合格　　　　　　　D. 工程最终结算

【答案】B

【解析】本题考查的是承包人义务（施工合同）。承包人在施工过程中负责管理施工控制网点，对丢失或损坏的施工控制网点应及时修复，并在工程竣工后将施工控制网点移交发包人。

知识点七：监理人职责

1. 监理人的职责

具体内容如表 6-19 所示。

监理人的职责　　　　　　　　　　　　　　　　　　　　　表 6-19

职责	具体内容
审查承包人的实施方案	①审查进度计划 ②合同进度计划
发出开工通知	①监理人征得发包人同意后，应在开工日期 **7 日前**向承包人发出开工通知 ②合同工期自**开工通知中载明的开工日**起计算

2. 约定的开工时间已届至，但不具备开工条件的处理

具体内容如表 6-20 所示。

不具备开工条件的处理　　　　　　　　　　　　　　　　　　表 6-20

情形	处理
发包人原因	①监理人发出延期开工通知 ②顺延合同工期并赔偿承包人的损失
承包人原因	①监理人仍应按时发出开工指示 ②合同工期不予顺延

【例题1】根据《标准施工招标文件》中的通用合同条款，监理人应在（   ）中载明工程开工日期。（2022年下半年考试真题）

A. 开工报审表   B. 开工通知

C. 合同进度计划   D. 施工进度计划

【答案】B

【解析】监理人应在开工报告中载明工程开工日期。合同工期自开工通知中载明的开工日起计算。

【例题2】根据《标准施工招标文件》中的通用合同条款，监理人征得发包人同意后，应提前（   ）日向承包人发出开工通知。（2020年真题）

A. 7   B. 10   C. 14   D. 15

【答案】A

【解析】监理人征得发包人同意后，应在开工日期7日前向承包人发出开工通知，合同工期自开工通知中载明的开工日起计算。

【例题3】根据《标准施工合同》，监理人在工程施工准备阶段的职责有（   ）。（2017年真题）

A. 审查施工质量管理体系   B. 组织论证专项施工方案

C. 审查施工环境保护措施   D. 组织测设施工控制网

E. 审查施工进度计划

【答案】ACE

【解析】本题考查的是监理人的职责。选项B、D属于承包人的职责。

第四节　施工合同履行管理

其主要管理的内容如图6-7所示。

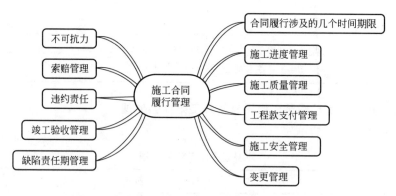

图6-7　标准施工招标文件中履行管理的主要内容

知识点一：合同履行涉及的几个时间期限

相关规定如表6-21所示。

合同履行涉及的几个时间期限 表 6-21

项目	相关规定
合同工期	①合同工期指承包人在投标函内承诺完成合同工程的时间期限,以及通过变更和索赔程序应给予顺延工期的时间之和 ②合同工期的作用是用于判定承包人是否按期竣工的标准 **合同工期＝合同内约定的工期＋变更索赔顺延的工期**
施工期	①从监理人发出的开工通知中写明的开工日起算,至工程接收证书中写明的实际竣工日止 ②**施工期**与**合同工期**比较,判定是提前竣工还是延误竣工 ③延误竣工承包人承担拖期赔偿责任,提前竣工是否应获得奖励需视专用条款中是否有约定 开工 ↔ 竣工
缺陷责任期	①缺陷责任期从工程接收证书中写明的竣工日开始起算,期限一般为 **1 年**,包括延长时间在内最长时间不超过 **2 年** ②缺陷责任期内工程运行期间出现的工程缺陷,**承包人应负责修复**,直到检验合格为止 ③修复费按**缺陷原因**来划分。发包人原因造成的缺陷,承包人修复后可获得查验、修复的费用及合理利润。如果承包人不能在合理时间内修复缺陷,发包人可以自行修复或委托其他人修复,修复费用由缺陷原因的责任方承担
保修期	①自实际竣工日起算,发包人在专用条款内约定工程质量保修范围、期限和责任 ②对于提前验收的单位工程起算时间相应提前 ③承包人对保修期内出现的不属于其责任原因的工程缺陷,不承担修复义务

缺陷责任期和保修期的区别:

① 保修期是在《建设工程质量管理条例》(中华人民共和国国务院令第 279 号)中规定的。

② 缺陷责任是《建设工程质量保证金管理暂行办法》(建质〔2005〕7 号)规定的。

③ 缺陷责任期和保修期起点相同,但终点不同,应用不同。

其对比内容如表 6-22、图 6-8 所示。

缺陷责任期和保修期的区别 表 6-22

项目	缺陷责任期	保修期
内涵	**建设单位扣留施工单位质量保证金的期限**	施工单位承担保修责任的期限
期限	一般为 1 年,最长不超过 2 年	最低为两年
对象	一个项目只有一个缺陷责任期	一个项目的不同部位,其保修期不同
责任	与保修责任不直接挂钩,与质量保证金直接挂钩	施工单位承担保修责任

【例题 1】根据《标准施工招标文件》,关于缺陷责任期的说法,正确的是(   )。(2020 年真题)

A. 缺陷责任期应从工程接收证书写明的竣工日开始起算

B. 缺陷责任期内出现的工程缺陷由发包人负责修复

C. 缺陷责任期内发生的修复费用由承包人承担

D. 缺陷责任期最长不得超过 1 年

【答案】A

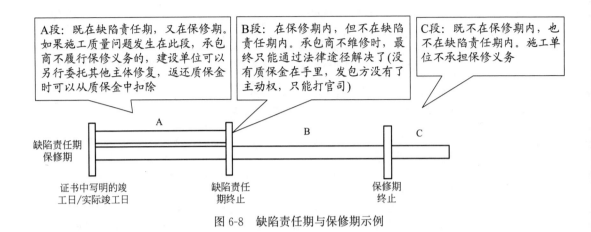

图 6-8　缺陷责任期与保修期示例

【解析】选项 B，缺陷责任期内出现工程缺陷，由承包人负责修复；选项 C，缺陷修复费用由责任方承担，属于承包人原因造成的，应由承包人承担修复和查验的费用；属于发包人原因造成的，发包人应承担修复和查验的费用，并支付承包人合理利润；选项 D，缺陷责任期最长不超过 2 年。

【例题 2】《标准施工合同》中的"合同工期"是指（　　）。（2018 年真题）

A. 承包人完成工程从开工之日起至实际竣工日经历的期限

B. 合同协议书中写明的施工总日历天数

C. 承包人从监理人发出的开工通知中写明的开工日起，至工程接收证书中写明的实际竣工日止的期限

D. 承包人在投标函内承诺完成工程的时间期限，以及按照合同条款通过变更和索赔程序应给予的顺延工期时间之和

【答案】D

【解析】"合同工期"指承包人在投标函内承诺完成合同工程的时间期限，以及按照合同条款通过变更和索赔程序应给予顺延工期的时间之和。

【例题 3】根据《标准施工合同》，施工期的结束日期是指（　　）。（2017 年真题）

A. 发包人组织的工程竣工验收合格日

B. 工程施工合同中双方约定的完工日

C. 工程接收证书中写明的实际竣工日

D. 承包人施工任务的实际完工日

【答案】C

【解析】承包人施工期从监理人发出的开工通知中写明的开工日起算，至工程接收证书中写明的实际竣工日止。

【例题 4】某工程施工合同约定的工期为 20 个月，专用条款规定承包人提前竣工或延误竣工均按月计算奖金或延误损害赔偿金。施工至第 16 个月，因承包人原因导致实际进度滞后于计划进度。承包人修改后的进度计划的竣工时间为第 22 个月，工程师认可了该进度计划的修改。承包人的实际施工期为 21 个月。下列关于承包人的工期责任的说法中，正确的是（　　）。

A. 提前工期 1 个月给予承包人奖励

B. 延误工期 1 个月追究承包人拖期违约责任

C. 对承包人既不追究拖期违约责任，也不给予奖励

D. 因工程师对修改进度计划的认可，按延误工期 0.5 个月追究承包人违约责任

【答案】B

【解析】用施工期与合同工期比较，判定承包商的施工是提前竣工，还是延误竣工。本题的合同工期为 20 个月，施工期为 21 个月，所以工期延误 1 个月。工程师对修改后进度计划的批准，并不意味着承包商可以摆脱合同规定应承担的责任。

知识点二：施工进度管理

1. 合同进度计划的动态管理

① 进度计划由承包人编制，监理人审核通过。经监理人批准的施工进度计划称为"合同进度计划"。

② 不论何种原因造成工程的实际进度与合同进度计划不符，包括超前或滞后，均应修订合同进度计划，由监理人批复。

③ 如果修订的合同进度计划对竣工时间有较大影响或需要补偿额超过监理人独立确定的范围时，在批复前应取得发包人同意。

④ 监理人对进度计划提出修改意见以及审查，**并不改变承包人责任**。

2. 可以顺延合同工期的情况——非承包人原因

具体内容如表 6-23 所示。

可以顺延合同工期的情况　　　　　　　　　　　　　　　表 6-23

发包人原因	第三方或不可抗力
①增加合同工作内容 ②改变合同中任何一项工作的质量要求或其他特性 ③发包人迟延提供材料、工程设备或变更交货地点 ④因发包人原因导致的暂停施工 ⑤提供图纸延误 ⑥未按合同约定及时支付预付款、进度款 ⑦发包人造成工期延误的其他原因	出现专用合同条款约定的**异常恶劣气候条件**可以顺延工期(异常恶劣气候条件的停工是否影响总工期：导致的停工是**关键工作**，或不在关键路线上但**停工时间超过总时差**，承包人才有权获得合同工期的顺延) **易混点辨析**：注意区别一般的气候条件和异常恶劣的气候条件。一般的气候条件，属于施工单位应承担的责任，不可顺延工期

3. 承包人原因的延误

① 未能按合同进度计划完成工作时，承包人应采取措施加快进度，并承担加快进度所增加的费用。

② 由于承包人原因造成工期延误，承包人应支付逾期竣工违约金。

③ 最高赔偿限额为签约合同价的 **3%**。

4. 暂停施工 (施工单位做好现场安全防护工作)

其规定如表 6-24 所示。

暂停施工的规定 表 6-24

	承包人责任	发包人责任(非承包方原因)
情形	①承包人违约引起的暂停施工 ②由于承包人原因为工程合理施工和安全保障所必需的暂停施工 ③承包人擅自暂停施工 ④承包人其他原因引起的暂停施工 ⑤专用合同条款约定其他原因	①发包人未履行义务 ②**不可抗力** ③协调管理原因 ④行政管理部门的指令
责任承担	①费用承包人自担 ②工期不予顺延	①发包人增加费用并支付利润 ②可延长工期

5. 停工的程序

具体内容如表 6-25 所示。

停工的程序 表 6-25

项目	具体内容
一般停工程序	①监理人向承包人发出暂停施工的指示 ②暂停施工期间由承包人负责妥善保护工程并提供安全保障
紧急情况下的暂停施工	①由于发包人的原因发生暂停施工的紧急情况,且监理人未及时下达暂停施工指示,承包人可先暂停施工并及时向监理人提出暂停施工的书面请求 ②监理人应在接到书面请求后的 **24 小时** 内予以答复,逾期未答复视为同意承包人的暂停施工请求

6. 发包人要求的提前竣工

具体内容如表 6-26 所示。

发包人要求的提前竣工 表 6-26

项目	具体内容
提前竣工条件	发包人与承包人协商达成提前竣工协议作为合同文件的组成部分
提前竣工协议的内容	①承包人赶工措施 ②发包人应提供的条件 ③所需追加的合同价款 ④提前竣工给承包人的奖励等
提前竣工奖励	建议奖励金额可为发包人实际效益的 **20%**

【例题 1】根据《标准施工招标文件》中的通用合同条款,工程提前竣工时,发包人与承包人签署的提前竣工协议应包括的内容有( )。(2022 年上半年考试真题)

A. 承包人修订的进度计划和赶工措施

B. 发包人提出的工期提前的要求

C. 承包人提出的工期变更索赔申请

D. 发包人提供的条件和追加的合同价款

E. 提前竣工给发包人带来效益应给承包人的奖励

【答案】ADE

【解析】本题考查提前竣工协议的内容。

【例题2】根据《标准施工招标文件》中的通用合同条款，工程发生暂停施工时，不给予承包人费用和工期补偿的情形有（　　）。（2022年上半年考试真题）

A. 承包人施工机械故障维修引起暂停施工

B. 承包人违反安全管理规定造成安全事故引起暂停施工

C. 发包人采购的材料未能按时到货停工待料引起暂停施工

D. 承包人为提高施工效率优化施工方案引起暂停施工

E. 由于工程交叉施工，监理人从整体协调指示承包人暂停施工

【答案】ABD

【解析】承包人责任引起的暂停施工，承包人自行承担增加的费用和工期。发包人责任引起的暂停施工，承包人有权要求发包人延长工期和（或）增加费用，并支付合理利润。

【例题3】根据《标准施工合同》，"合同进度计划"是指（　　）。（2015年真题）

A. 承包人投标书内提交的进度计划

B. 施工准备阶段承包人编制的进度计划

C. 承包人按监理人指示修改后经监理人批准的进度计划

D. 承包人按监理人指示修改后经发包人批准的进度计划

【答案】C

【解析】经监理人批准的施工进度计划称为"合同进度计划"。

【例题4】某施工合同履行过程中，承包人因自身原因造成实际工程进度滞后计划进度，按照工程师要求对进度计划进行了修改，并得到工程师的确认。但执行修改后的进度计划，仍不能按期完工。下列关于该拖期的处理方法中，正确的是（　　）。

A. 追究承包人拖期违约责任时，减少合同约定的日拖期赔偿金额

B. 工程师对确认进度计划负责，承担部分拖期完工违约金

C. 承包人按合同约定的拖期违约金的计算办法承担违约责任

D. 按照修改后的进度计划确认新的合同工期，不视为拖期完工

【答案】C

【解析】监理人对进度计划提出修改意见以及审查，并不改变承包人责任。

【例题5】下列在施工过程发生的事件中，可以顺延工期的情况包括（　　）。

A. 不可抗力事件的影响

B. 承包人采购的施工材料未按时交货

C. 施工许可证没有及时颁发

D. 不具备合同约定的开工条件

E. 工程师未按合同约定提供所需指令

【答案】ACE

【解析】可以顺延工期的一定是非承包人原因。选项D有歧义，无法明确判定责任方。

知识点三：施工质量管理

1. 工程质量责任

如表 6-27 所示。

发包人和承包人双方的工程质量责任 表 6-27

承包人原因造成质量问题	发包人原因造成质量问题
①监理人有权要求承包人返工直至符合合同要求为止 ②由此造成的费用增加和(或)工期延误由承包人承担	发包人应承担由于承包人返工造成的费用增加和(或)工期延误,并支付承包人合理利润

2. 承包人的质量检查

如表 6-28 所示。

承包人的质量检查 表 6-28

项目	内容
材料和设备的检验	无论哪一方采购的材料设备,均由**承包人**进行检验
施工部位的检查	执行自检、互检和工序交叉检验制度,尤其做好工程隐蔽前的质量检查
现场工艺试验	对大型的现场工艺试验,还应编制工艺试验措施计划,报送监理人审批

3. 隐蔽工程检验

① 承包人自检合格后,通知监理人在约定的期限内检查（监理和承包人共同检验）。

② 监理人检查确认质量不合格的,承包人应在监理人指示的时间内修整或返工后,由监理人重新检查。

③ 承包人未通知监理人到场检查,私自将工程隐蔽部位覆盖,监理人有权指示承包人钻孔探测或揭开检查,由此增加的费用和（或）工期延误由承包人承担。

④ 收到共同检验的通知后,监理人既未发出变更检验时间的通知,又未按时参加,承包人可以单独进行检查和试验,此次检查或试验视为监理人在场情况下进行,监理人应签字确认。

4. 材料、设备和工程以及隐蔽工程的重新检验——责任承担看再次检验质量是否合格

隐蔽工程重新检验的内容如表 6-29 所示。

隐蔽工程重新检验 表 6-29

情况	处理
重新试验结果证明**不符合**合同要求	由此增加的费用和(或)工期延误由**承包人**承担
重新试验和检验结果证明**符合**合同要求	由**发包人**承担由此增加的费用和(或)工期延误,并支付承包人合理利润

5. 发包人提供的材料和工程设备的管理（甲供材）

如表 6-30 所示。

发包人提供材料设备的管理　　　　　　　　　　　　表 6-30

项目	内容
验收	①发包人在到货 **7 日**前通知承包人 ②**承包人会同监理人共同进行验收**
验收后的保管	由**承包人**负责接收、保管和施工现场内的二次搬运所发生的费用
发包人提前交货	承包人**不得拒绝**，但发包人应承担承包人由此增加的保管费用
发包人延期交货或有质量问题	由发包人承担由此增加的费用和（或）工期延误，并向承包人支付合理利润

6. 发包人对承包人施工设备的控制

① 承包人使用的施工设备不能满足合同进度计划或质量要求时，监理人有权要求承包人增加或更换施工设备，增加的费用和工期延误由**承包人**承担。

② 未经**监理人**同意，不得将施工设备和临时设施中的任何部分运出施工场地或挪作他用。

③ 对目前闲置的施工设备或后期不再使用的施工设备，经监理人根据合同进度计划审核同意后，承包人方可将其撤离施工现场。

【例题 1】某工程施工合同约定，土方填筑作业每一层必须经监理人检验。承包人以工期紧为由，未通知监理人到场检查，自行检验后进行了填筑作业。监理人指示承包人按填筑层厚逐层揭开检验，经随机抽检，填筑质量符合合同要求，由此增加的费用和工期延误由（　　）承担。（2022 年上半年考试真题）

A. 发包人　　　　　　　　　　　　　　B. 承包人
C. 发包人和承包人共同　　　　　　　　D. 承包人和监理人共同

【答案】B

【解析】未通知监理人到场检查，私自将工程隐蔽部位覆盖，监理人有权指示承包人钻孔探测或揭开检查，由此增加的费用和（或）工期延误由承包人承担。

【例题 2】根据《标准施工招标文件》中的通用合同条款，对于发包人负责提供的材料和工程设备，承包人应完成的工作内容有（　　）。（2021 年真题）

A. 提交材料和工程设备的质量证明文件
B. 根据合同计划安排向监理人报送要求发包人交货的日期计划
C. 会同监理人在约定的时间和交货地点共同进行验收
D. 运输、保管材料和工程设备
E. 支付材料和工程设备合同价款

【答案】BC

【解析】选项 A，属于发包人的工作；选项 D，发包人提供的材料和工程设备验收后，由承包人负责接收、保管和施工现场内的二次搬运所发生的费用；选项 E，发包人负责提供的材料和工程设备，由发包人支付材料和工程设备合同价款。

【例题 3】根据《标准施工招标文件》中的通用合同条款，关于监理人对承包人的材料、设备和工程的质量试验和检验的说法，正确的是（　　）。（2020 年真题）

A. 承包人按合同约定进行材料、设备和工程的试验和检验，均须由监理人组织
B. 监理人未按合同约定派员参加试验和检验的，承包人应重新组织试验和检验

C. 监理人对承包人的试验和检验结果有疑问，要求承包人重新试验和检验的，须经发包人同意

D. 监理人提出的重新试验和检验证明材料、设备和工程的质量不符合合同要求的，由此造成的费用增加和工期延误由承包人承担

【答案】D

【解析】选项 A，由承包人组织，通知监理人参加；选项 B，监理人原因未派人参加，承包人可自行组织验收，视为监理到场；选项 C，无须发包人同意；选项 D，重新试验和检验的结果证明该项材料、工程设备或工程的质量不符合合同要求，由此增加的费用和（或）工期延误由承包人承担；重新试验和检验结果证明符合合同要求，由发包人承担由此增加的费用和（或）工期延误，并支付承包人合理利润。

【例题 4】根据《标准施工招标文件》中的通用合同条款，发包人负责提供的材料和工程设备经验收后，接收保管和施工现场内二次搬运所发生的费用由（　　）承担。（2020年真题）

A. 发包人　　　　　　　　　　　　B. 承包人

C. 发包人和承包人　　　　　　　　D. 发包人和材料设备供应商

【答案】B

【解析】发包人提供的材料和工程设备验收后，由承包人负责接收、保管和施工现场内的二次搬运所发生的费用。

知识点四：涉及支付管理的几个概念

如图 6-9 所示。

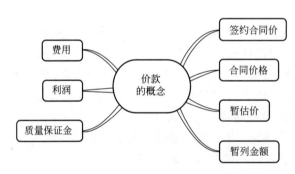

图 6-9　涉及支付管理的几个概念

1. 签约合同价与合同价格

具体内容如表 6-31 所示。

签约合同价与合同价格　　　　　　　　　　　　　　　　　表 6-31

项目	具体内容
签约合同价	指签订合同时合同协议书中写明的，包括了**暂列金额、暂估价的合同总金额**，即中标价
合同价格（结算价）	①指承包人按合同约定完成了包括**缺陷责任期**内的全部承包工作后发包人应付给承包人的金额 ②合同价格即承包人完成施工、竣工、保修全部义务后的工程结算总价，包括履行合同过程中按合同约定进行的变更、价款调整、通过索赔应予补偿的金额

合同价格（结算价）＝签约合同价＋变更＋价款调整＋索赔。

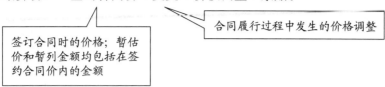

2. 暂估价与暂列金额

具体内容如表 6-32 所示。

暂估价与暂列金额　　　　　　表 6-32

概念	具体内容
暂估价 项目一定有，但**价格不确定**	①暂估价指发包人在工程量清单中给出的，用于支付**必然发生但暂时不能确定**价格的材料、设备以及专业工程的金额 ②该笔款项属于签约合同价的组成部分 ③合同履行阶段一定发生，但招标阶段由于局部设计深度不够、质量标准尚未最终确定、投标时市场价格差异较大等原因，要求承包人按暂估价格报价部分，合同履行阶段再最终确定该部分的合同价格金额
暂列金额 **价格确定**，但这钱花不花不确定	①暂列金额指已标价工程量清单中所列的一笔款项 ②用于在签订协议书时**尚未确定或不可预见**变更的施工及其所需材料、工程设备、服务等的金额，包括以**计日工**方式支付的款项（备用金、预备费）

3. 暂估价的确定

具体内容如表 6-33 所示。

暂估价的确定　　　　　　表 6-33

类型	确定方式
属于依法必须招标的项目	由发包人和承包人以**招标**的方式选择供应商或分包人，按招标的中标价确定
非必须招标项目	①材料和设备由承包人负责提供，经监理人确认相应的金额（乙方提监理确认） ②专业工程施工的价格由**监理**估价确定

4. 费用和利润

费用是履行合同所发生的或将要发生的**不计利润**的所有合理开支，包括管理费和应分摊的其他费用。导致承包人增加开支的事件补偿费用与利润的处理原则如表 6-34 所示。

导致承包人增加开支的事件补偿费用与利润的处理原则　　　　　表 6-34

类型	补偿内容
属于发包人无法合理预见和克服的情况	费用
属于发包人应予控制而未做好的情况	费用＋利润

5. 质量保证金

如表 6-35 所示。

质量保证金   表 6-35

项目	内容
概念	是将承包人的部分应得款扣留在发包人手中,用于因施工原因修复缺陷工程的开支项目
总比例	不得高于工程价款结算总额的 **3%**
计算质保金的基数	以承包人本期应获得的工程进度付款中,扣除以下项目之后的款额为基数: ①预付款的支付 ②预付款的扣回 ③因物价浮动对合同价格的调整
起扣点	从第一次支付工程进度款时开始起扣,累计扣留达到约定的总额为止
每次扣款比例	每次支付工程进度款时应扣质量保证金的比例(例如 10%)
质量保证金的返还	①监理人在缺陷责任期满颁发**缺陷责任终止证书**后,承包人向发包人申请到期应返还质量保证金,发包人应在 14 日内核实情况并返还(**注意不是在保修期结束后返还**) ②如果约定的缺陷责任满时,承包人还没有完成全部缺陷修复或部分单位工程延长的缺陷责任期尚未到期,发包人有权扣留与未履行缺陷责任剩余工作所需金额相应的质量保证金

【例题 1】根据《标准施工招标文件》中的通用合同条款,合同协议书中写明的合同总金额应包括的金额是（   ）。(2022 年上半年考试真题)

A. 暂列金额和暂估价　　　　　　　　B. 变更的价款调整

C. 索赔补偿金额　　　　　　　　　　D. 保修期的保修费用

【答案】A

【解析】签约合同价指签订合同时合同协议书中写明的,包括了暂列金额、暂估价的合同总金额。

【例题 2】根据《标准施工招标文件》中的通用合同条款,采用计日工计价的工作应从（   ）中支付。(2022 年上半年考试真题)

A. 暂估价　　　　　　　　　　　　　B. 暂列金额

C. 单价措施项目费　　　　　　　　　D. 总价措施项目费

【答案】B

【解析】暂列金额适用于材料、设备、施工、服务,包括以计日工方式支付的款项。

【例题 3】根据《标准施工招标文件》中的通用合同条款,暂估价是指（   ）的金额。(2022 年下半年考试真题)

A. 招标时暂不能确定价格,但合同履行中必然发生的材料、设备及专业工程

B. 招标时暂不能确定价格,合同履行中未必发生的材料、设备及专业工程

C. 招标时能够确定价格,合同履行中必然发生的材料、设备及专业工程

D. 招标时能够确定价格,合同履行中未必发生的材料、设备及专业工程

【答案】A

【解析】暂估价指发包人在工程量清单中给出的,用于支付必然发生,但招标投标阶段暂时不能确定价格的材料、设备以及专业工程施工的金额。

【例题 4】根据《标准施工招标文件》中的通用合同条款,质量保证金的计算基数应包括（   ）。(2021 年真题)

A. 付款周期末已实施工程的价款金额

B. 工程预付款的支付金额

C. 工程预付款的扣回金额

D. 按合同约定价格调整的金额

E. 按合同约定经监理人核实的计日工金额

【答案】AE

【解析】质量保证金从第一次支付工程进度款时开始起扣，从承包人本期应获得的工程进度付款中，扣除预付款的支付、扣回以及因物价浮动对合同价格的调整三项金额后的款额为基数，按专用条款约定的比例扣留本期的质量保证金。

【例题5】通用条款规定的费用是指（　　）。（2020年真题）

A. 施工合同履行中发生的不计利润的合理开支

B. 施工合同履行中由发包人支付给承包人的全部款项

C. 发包人对承包人履行合同支付的结算价

D. 承包人完成工程的实际成本

【答案】A

【解析】通用条款内对费用的定义为：履行合同所发生的或将要发生的不计利润的所有合理开支，包括管理费和应分摊的其他费用。

【例题6】根据《标准施工招标文件》的施工合同文本通用合同条款，支付管理中的"合同价格"是指（　　）。（2019年真题）

A. 协议书中的签约合同价格

B. 承包人最终完成全部施工和缺陷修复义务后应得的全部全同价款

C. 中标通知书中的中标价格

D. 承包人的投标报价

【答案】B

【解析】合同价格指承包人按合同约定完成了包括缺陷责任期内的全部承包工作后，发包人应付给承包人的金额。

【例题7】根据《标准施工招标文件》的施工合同文本通用合同条款，"暂估价"和"暂列金额"的主要区别有（　　）。（2019年真题）

A. 是否列入已标价的工程量清单　　B. 是否在招标阶段已经确定的价格

C. 是否在合同履行阶段必然发生　　D. 承包人是否必然获得支付

E. 是否包括在签约合同价内

【答案】BCD

【解析】二者的区别表现为：暂估价是在招标投标阶段暂时不能合理确定价格，但合同履行阶段必然发生，发包人一定予以支付的款项；暂列金额则指招标投标阶段已经确定价格，监理人在合同履行阶段根据工程实际情况指示承包人完成相关工作后给予支付的款项。签约合同价内约定的暂列金额可能全部使用或部分使用，因此承包人不一定能够全部获得支付。

【例题8】根据《标准施工合同》，关于工程质量保证金的说法，正确的有（　　）。（2017年真题）

A. 质量保证金从第一次支付工程进度款时起扣

B. 质量保证金主要用于约束承包人在缺陷责任期内履行合同义务

C. 发包人应在缺陷责任期满颁发缺陷责任终止证书时一并向承包人返还质量保证金

D. 合同双方应在专用合同条款中约定每次支付工程进度款时应扣质量保证金的比例

E. 质量保证金累计扣留达到约定总额时不再扣留

【答案】ADE

【解析】本题考查的是工程款支付管理。选项 B，质量保证金用于约束承包人在施工阶段、竣工阶段和缺陷责任期内，均必须按照合同要求对施工的质量和数量承担约定的责任；选项 C，监理人在缺陷责任期满颁发缺陷责任终止证书后，承包人向发包人申请到期应返还承包人质量保证金的金额，发包人应在 14 日内会同承包人按照合同约定的内容核实承包人是否完成缺陷修复责任。

知识点五：价格调整

1. 物价浮动引起的合同价格调整

① 施工工期 **12 个月**以上的工程，应考虑市场价格浮动对合同价格的影响，由发包人和承包人分担市场价格变化的风险。

② 公式法调价，但仅适用于工程量清单中**单价支付**部分。

2. 调价公式的基本原则

① 每次计算调整差额时，如果得不到现行价格指数，可暂用**上一次价格指数**计算。

② 由于变更导致合同中调价公式约定的权重变得不合理时，由监理人与承包人和发包人协商后进行调整。

③ 因**非承包人原因**导致工期顺延，原定竣工日后的支付过程中，调价公式继续有效。

④ 因**承包人原因**未在约定的工期内竣工，后续支付时应采用原约定竣工日与实际支付日的两个价格指数中**较低**的一个作为支付计算的价格指数（惩罚违约者原则）。

3. 法律法规的变化引起的合同价格调整

基准日期后（图 6-10），因法律法规变化导致承包人的施工费用发生增减变化时，监理人根据法律，国家或省、自治区、直辖市有关部门的规定，采用商定或确定的方式对合同价款进行调整（基准日期后的可以调整）。

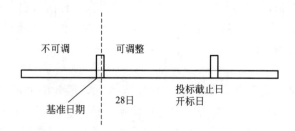

图 6-10　法律法规的变化引起的合同价格调整

【例题 1】根据《标准施工招标文件》中的通用合同条款，采用公式法调整工程价款时，合同约定变更范围和内容导致调整公式中的权重不合理时，由监理人与（　　）协商后进行调整。（2020 年真题）

A. 发包人和分包人　　　　　　　　B. 承包人和分包人

C. 承包人和发包人　　　　　　　　D. 分包人和造价管理部门

【答案】C

【解析】由于变更导致合同中调价公式约定的权重变得不合理时，由监理人与承包人和发包人协商后进行调整。

【例题2】施工合同履行期间市场价格浮动对施工成本造成影响时，是否允许调整合同价格要视（　　）来决定。（2015年真题）

A. 合同工期长短　　　　　　　　B. 材料价格浮动幅度

C. 合同计价方式　　　　　　　　D. 劳动力价格浮动幅度

【答案】A

【解析】合同履行期间市场价格浮动对施工成本造成的影响是否允许调整合同价格，要视合同工期的长短决定。工期在12个月以内的简明施工合同的通用条款没有调价条款；工期12个月以上的施工合同，由于承包人在投标阶段不可能合理预测一年以后的市场价格变化，因此应设有调价条款。

知识点六：进度款支付

1. 工程量计量

具体内容如表6-36所示。

工程量计量 表6-36

类型	计量周期	确定方式
单价子目的计量	一般按**月**计量	①承包人对已完成的工程进行计量后，向监理人提交有关计量资料 ②监理人应在收到资料后的7日内进行复核 ③监理人未在约定时间内复核，视为已接受承包人实际完成的工程量
总价子目的计量	一般按**支付分解**报告	①总价子目的计量和支付应以总价为基础，不考虑市场价格浮动调整 ②除变更外，总价子目结算通常不进行现场计量，只进行图纸计量

2. 进度付款申请单的内容

① 截至本次**付款周期**末已实施工程的价款；

② 变更金额（变更）；

③ 索赔金额（索赔）；

④ 本次应支付的预付款和扣减的返还预付款（预付款）；

⑤ 本次扣减的质量保证金（质保金）；

⑥ 根据合同应增加和扣减的其他金额。

3. 工程进度款的支付

① 承包人向监理人提交进度付款申请单。

② 监理人在**14日**内完成审核，出具经发包人签认的进度付款证书。

③ 发包人应在监理人收到进度付款申请单后的**28日**内，将进度应付款支付给承包人。

④ 在对以往历次已签发的进度付款证书进行汇总和复核中发现错、漏或重复的，监

理人有权予以修正，承包人也有权提出修正申请。

⑤ 经双方复核同意的修正，应在**本次进度付款**中支付或扣除。

【例题 1】根据《标准施工招标文件》中的通用合同条款，关于总价支付项工程计量的说法，正确的是（　　）。（2022 年上半年考试真题）

A. 监理人按已完成的工作量按日计量

B. 监理人按已批准承包人的支付分解报告作为计量周期

C. 总价子目表中标明用于结算的工程量，通常应现场计量

D. 总价子目的计量与支付以总价为基础，考虑市场价格浮动的调整

【答案】B

【解析】总价子目的计量周期按批准的支付分解报告确定，其计量和支付以总价为基础，不考虑市场价格浮动的调整。除变更外，总价子目表中标明的工程量是用于结算的工程量，通常不进行现场计量，只进行图纸计量。

【例题 2】根据《标准施工招标文件》中的通用合同条款，可列入施工进度付款证书的内容有（　　）。（2022 年上半年考试真题）

A. 按合同约定截至本次付款周期末已实施工程的价款

B. 按合同约定应增加的变更金额

C. 按合同约定已确认质量不符合要求项的工程价款

D. 按合同约定应支付的预付款和扣还预付款

E. 按合同约定应扣减的质量保证金

【答案】ABDE

【解析】通用条款中要求进度付款申请单的内容。

【例题 3】根据《标准施工招标文件》中的通用合同条款，监理人收到承包人提交进度付款申请单后的处理程序为（　　）。（2021 年真题）

A. 监理人核查→发包人确认→发包人出具经监理人签认的进度付款证书

B. 监理人核查→发包人审查同意→监理人出具经发包人签认的进度付款证书

C. 监理人核查→发包人审查同意→监理人出具经承包人签认的进度付款证书

D. 监理人核查→承包人签认→发包人出具进度付款证书

【答案】B

【解析】监理人在收到承包人进度付款申请单以及相应的支持性证明文件后的 14 日内完成核查，提出发包人到期应支付给承包人的金额以及相应的支持性材料。经发包人审查同意后，由监理人向承包人出具经发包人签认的进度付款证书。

【例题 4】根据《标准施工招标文件》，关于进度款支付证书的说法，正确的是（　　）。（2020 年真题）

A. 进度款支付证书应由监理人审查承包人进度付款申请单后签发

B. 监理人出具进度款支付证书视为监理人已批准承包人完成该部分工作

C. 进度款支付证书应经发包人审查同意并签认后由监理人出具

D. 进度款支付证书一经签发监理人无权修改

【答案】C

【解析】经发包人审查同意后，由监理人向承包人出具经发包人签认的进度付款证书。

知识点七：施工安全管理

1. 发包人和承包方的施工安全责任

① 发包人（承包人）应对其现场机构全部人员的工伤事故承担责任，但由于承包人（发包人）原因造成的，应由承包人（发包人）承担责任。

② 发包人应负责赔偿工程或工程的任何部分对**土地的占用**所造成的第三者财产损失，以及由于发包人原因在施工场地及其毗邻地带造成的第三者人身伤亡和财产损失负责赔偿。

③ 由于承包人原因在施工场地内及其毗邻地带造成的第三者人员伤亡和财产损失，由承包人负责赔偿。

2. 承包人的安全规定

① 承包人编制施工安全措施计划，报送监理人审批。

② 承包人制定灾害紧急预案，报送监理人审批。

③ 承包人编制安全措施计划和安全操作规程，配备必要的安全生产和劳动保护措施。

④ 合同约定的安全作业环境及安全施工措施所需费用已包括在相关工作的合同价格中。

⑤ 因采取**合同未约定**的安全作业环境及安全施工措施增加的费用，由监理人按商定或确定方式予以补偿。（发包人承担）

【例题 1】 根据《标准施工招标文件》，承包人的施工安全管理责任有（　　）。（2022年下半年考试真题）

A. 负责赔偿工程对土地占用所造成的第三人损失

B. 严格执行国家安全标准并制定施工安全操作规程

C. 组织施工安全生产管理并加强危险品管理

D. 加强操作人员安全教育并发放安全工作手册

E. 承担其履行合同所雇全部人员的工伤事故责任

【答案】 BCD

【解析】 工程对土地占用所造成的第三人损失由发包人负责。承包人应对其雇佣的全部人员，包括分包人人员的工伤事故承担责任，但由于发包人原因造成的除外。

【例题 2】 根据《标准施工招标文件》中的通用合同条款，承包人的施工安全责任是（　　）。（2020 年真题）

A. 执行监理人编制的施工安全措施计划

B. 要求发包人提供劳动保护用具

C. 制定安全操作规程

D. 承担施工现场所有人员工伤事故的赔偿责任

【答案】 C

【解析】 承包人应按合同约定的安全工作内容，编制施工安全措施计划报送监理人审批，按监理人的指示制定应对灾害的紧急预案，报送监理人审批。承包人还应按预案做好安全检查，配置必要的救助物资和器材，切实保护好有关人员的人身和财产安全。

知识点八：变更管理

1. 变更的范围和内容（增改删）

① 取消合同中任何一项工作，**但被取消的工作不能转由发包人或其他人实施。**

② 改变合同中任何一项工作的质量或其他特性。

③ 改变合同工程的基线、标高、位置或尺寸。

④ **改变合同中任何一项工作的施工时间或改变已批准的施工工艺或顺序。**

⑤ 为完成工程需要追加的额外工作。

2. 变更的类型

具体内容如表 6-37 所示。

变更的类型   表 6-37

项目	类型	具体内容
监理人指示变更	直接指示的变更	不需要征求承包人意见
	与承包人协商后确定的变更	①监理人首先向承包人发出变更意向书 ②承包人如果同意实施变更，则向监理人提出书面变更建议 ③监理人审查承包人的建议书
承包人申请变更	承包人**建议**的变更	①承包人提出合理化建议，书面提交监理人 ②如建议被采纳，监理人向承包人发出变更指示
	承包人**要求**的变更	①承包人向监理人提出书面变更建议 ②监理人在收到书面建议后的 **14 日**内作出变更指示

3. 变更估价程序（两个 14 日）

① 承包人应在收到变更指示或变更意向书后的 14 日内，向监理人提交变更报价书。

② 监理人收到承包人变更报价书后的 14 日内，根据合同约定的估价原则，商定或确定变更价格。

其流程如图 6-11 所示。

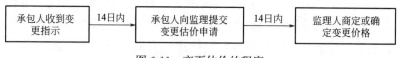

图 6-11　变更估价的程序

4. 变更的估价原则

① 已标价工程量清单中有**适用**于变更工作的子目，采用该子目的单价计算变更费用。

② 无适用于变更工作的子目，但有**类似**子目，可参照类似子目的单价，由监理人商定或确定单价。

③ 已标价工程量清单中无适用或类似子目的单价，可按照**成本加利润**的原则，由**监理人商定或确定**单价。

5. 不利物质条件的影响

① 不利物质条件属于**发包人**应承担的风险，指承包人在施工场地遇到的不可预见的

自然物质条件、非自然的物质障碍和污染物，包括地下和水文条件，**但不包括气候条件**。（气候条件属承包人应承担的风险）

②监理人应当及时发出指示，构成变更的，按变更对待。监理人没有发出指示，承包人因采取合理措施而增加的费用和工期延误，由发包人承担（顺延工期＋补偿费用，但不补偿利润）。

【**例题1**】根据《标准施工招标文件》中的通用合同条款"不利物质条件"所包含的情形有（　　）。（2022年下半年考试真题）

A. 施工过程中不可避免发生且不能克服的自然灾害

B. 施工场地遇到不可预见的自然物质条件

C. 施工场地遇到不可预见的非自然的物质障碍和污染物

D. 施工过程中不可避免发生且不能克服的社会性突发事件

E. 施工过程中遇到的瘟疫

【**答案**】BC

【**解析**】不利物质条件属于发包人应承担的风险，指承包人在施工场地遇到的不可预见的自然物质条件、非自然的物质障碍和污染物，包括地下和水文条件，但不包括气候条件。

【**例题2**】某工程因原设计的基础处理强夯作业影响邻近工地的居民生活，为此通过设计变更对基础进行处理，该变更增加的合同价格应由（　　）承担。（2022年上半年考试真题）

A. 发包人　　　　　　　　　　B. 承包人

C. 设计人　　　　　　　　　　D. 承包人和发包人共同

【**答案**】A

【**解析**】因设计缺陷导致的设计变更属于发包人的责任，变更增加的合同价格应由发包人承担。

【**例题3**】根据《标准施工招标文件》中的通用合同条款，施工合同履行期间，属于变更范围的有（　　）。（2022年上半年考试真题）

A. 承包人投入施工设备的数量超过投标文件承诺的数量

B. 为完成工程需要追加的额外工作

C. 改变合同中任何一项工作的施工时间

D. 改变合同中任何一项工作的质量特性

E. 承包人在合同中的某项工作转由发包人自行实施

【**答案**】BCD

【**解析**】本题考查标准施工合同通用条款规定的变更范围。

【**例题4**】某工程采用《标准施工招标文件》招标，中标施工单位在施工中发现招标文件中载明的部分临时场地不能使用。经发包人与设计人协调后，设计单位签发了变更设计通知单。监理人针对此变更应签发的是（　　）。（2022年下半年考试真题）

A. 变更意向书　　　　　　　　B. 监理通知单

C. 变更指示　　　　　　　　　D. 变更确认单

【**答案**】C

【解析】属于必须实施的变更，如按照发包人的要求提高质量标准、设计错误需要进行的设计修改、协调施工中的交叉干扰等情况，不需要征求承包人意见，监理人经发包人同意后，发出变更指示，要求承包人完成变更工作。

【例题5】根据《标准施工招标文件》中的通用合同条款，关于变更意向书及变更指示发出主体的说法，正确的是（　　）。（2021年真题）

A. 可以由发包人发出　　　　　　　　B. 只能由监理人发出

C. 可以由承包人发出　　　　　　　　D. 只能由发包人发出

【答案】B

【解析】变更意向书及变更指示都只能由监理人发出。

【例题6】工程施工过程中，对于变更工作的单价在已标价工程量清单中无适用或类似子目时，应由监理人按照（　　）的原则商定或确定。（2016年真题）

A. 成本加酬金　　　　　　　　　　　B. 成本加利润

C. 成本加规费　　　　　　　　　　　D. 直接成本加间接成本

【答案】B

【解析】已标价工程量清单中无适用或类似子目的单价，可按照成本加利润的原则，由监理人商定或确定变更工作的单价。

【例题7】某工程，变更增加项目的工作内容为压实度0.98的土方填筑，合同已标价工程量清单中有压实度0.92的土方填筑项目。根据《标准施工招标文件》，该变更项目的估价原则为（　　）。（2021年真题）

A. 直接采用工程量清单中压实度0.92的土方填筑项目单价

B. 按照成本加利润的原则，由监理人商定或确定

C. 参照压实度0.92的土方填筑项目单价，由监理人在合理范围内商定或确定

D. 由承包人与发包人按施工预算价格协商确定

【答案】C

【解析】变更的估价原则：已标价工程量清单中无适用于变更工作的子目，但有类似子目，可在合理范围内参照类似子目的单价，由监理人商定或确定变更工作的单价。

知识点九：不可抗力

1. 不可抗力事件（"三不两类"事件）

① 指承包人和发包人在订立合同时不可预见，在工程施工过程中不可避免发生并不能克服的自然灾害和社会性突发事件（不可预见/不可避免/不能克服）。

② 如地震、海啸、瘟疫、水灾、骚乱、暴动、战争和专用合同条款约定的其他情形。

2. 不可抗力发生后的管理（减损义务）

不可抗力发生后，发包人和承包人均应采取措施尽量避免和减少损失的扩大，任何一方没有采取有效措施导致损失扩大的，应对扩大的损失承担责任。

3. 不可抗力造成的损失

具体内容如表6-38所示。

不可抗力造成的损失的承担　　　　　　　　　　表 6-38

发包方承担的项目	承包方承担的项目
①永久工程的损害 ②因工程损害导致第三方人员伤亡和财产损失 ③已运至施工场地的**材料和工程设备**的损害(劳动对象) ④发包方人员的伤亡损失 ⑤**停工期间应监理人要求照管工程和清理、修复工程的金额** ⑥**不能按期竣工,发包人要求赶工的费用**	①**承包方人员**伤亡损失 ②**承包人设备**的损坏(劳动工具) ③停工损失(但停工期间应监理人要求照管工程和清理、修复费用由发包人承担)

4. 因不可抗力解除合同

① 合同解除后，已经订货的材料、设备由订货方负责退货或解除订货合同。

② 不能退还的货款和因退货、解除订货合同发生的费用，由**发包人**承担。

③ 因未及时退货造成的损失由责任方承担。

【例题 1】根据《标准施工招标文件》中的通用合同条款，属于不可抗力的情形（　　）。（2022 年上半年考试真题）

A. 政策和法律调整　　　　　　　　B. 海啸

C. 瘟疫　　　　　　　　　　　　　D. 骚乱

E. 地震

【答案】BCDE

【解析】不可抗力是指承包人和发包人在订立合同时不可预见，在工程施工过程中不可避免发生并不能克服的自然灾害和社会性突发事件，如地震、海啸、瘟疫、水灾、骚乱、暴动、战争和专用合同条款约定的其他情形。

【例题 2】某工程采用《标准施工招标文件》招标，中标施工单位履行合同中，因不可抗力影响，部分材料、设备、人员未能按合同约定的时间进场。承包人为此提交了包括延长工期、补偿费用和利润的索赔申请。监理人对此索赔的正确处理方式是（　　）。（2022 年下半年考试真题）

A. 批准延长工期、增加费用和利润

B. 仅批准延长工期

C. 批准延长工期、增加费用

D. 仅批准增加费用

【答案】B

【解析】不可抗力情况下，承包人仅能获得工期补偿。

【例题 3】根据《标准施工招标文件》的施工合同文本通用合同条款，规定因不可抗力造成的损失，由发包人承担的有（　　）。（2019 年真题）

A. 永久工程的损失　　　　　　　　B. 施工设备损坏

C. 停工损失　　　　　　　　　　　D. 施工场地的材料和工程设备

E. 承包人的人员伤亡损失

【答案】AD

【解析】本题考查的是不可抗力。不可抗力造成的损失由发包人和承包人分别承担。

选项 B、C、E 为承包人应承担的风险。

知识点十：索赔管理

1. 索赔的程序

如图 6-12 所示。

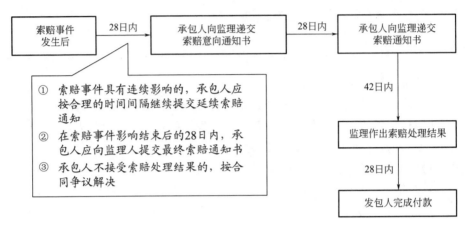

图 6-12　索赔的程序

2. 承包人提出索赔的期限

① 颁发工程接收证书后，不能再对施工期的事件索赔。

② 最终结清证书生效后，不能再就缺陷责任期内的事件索赔。

3. 不能补偿工期、费用和利润的项目

如表 6-39、表 6-40 所示。

不能补偿利润的
是由于客观原因

不有补偿工期、费用和利润的项目		表 6-39
不能补偿工期 （5个）	不能补偿费用 （2个）	不能补偿利润 （8个）
①发包人提供的材料和工程设备提前交货(**提前**) ②物价浮动引起的价格调整(**只影响价格不影响工期的**) ③法规变化引起的价格调整(**只影响价格不影响工期的**) ④发包人原因试运行失败，承包人修复(**已竣工**) ⑤不可抗力停工期间的照管和后续清理(**影响工期的另列一条**)	①异常恶劣的气候条件 ②不可抗力不能按期竣工(可顺延工期，但不补费用)	①文物、化石 ②不利的物质条件 ③**发包人提供的材料和工程设备提前交货**(特例) ④异常恶劣的气候条件 ⑤物价浮动引起的价格调整 ⑥法规变化引起的价格调整 ⑦不可抗力停工期间的照管和后续清理 ⑧不可抗力不能按期竣工

索赔的一般原则				表 6-40
	原因	工期	费用	利润
非承包方原因	发包方原因	√	√	√
	客观原因	√	√	×

关于气候和物质条件的内容总结如下：

① 异常恶劣的气候条件，可索赔工期，不能索赔费用和利润。

② 不利的气候条件，由施工单位自己承担，不能索赔。

③ 不利的物质条件，可以索赔工期和费用，不能索赔利润。

【例题1】根据《标准施工招标文件》的施工合同文本通用合同条款，"不利气候条件"对施工的影响应当属于（　　）承担的风险。（2019年真题）

A. 发包人　　　　　　　　　　　B. 承包人

C. 发包人和承包人共同　　　　　D. 由专用条款约定的一方

【答案】B

【解析】本题考查的是索赔管理。"异常恶劣的气候条件"属于发包人的责任，"不利气候条件"对施工的影响则属于承包人应承担的风险。因此，应当根据项目所在地的气候特点，在专用条款中明确界定不利于施工的气候和异常恶劣的气候条件之间的界限。

【例题2】根据《标准施工招标文件》中的通用合同条款，承包人有权且只能提出工期和费用补偿的情形有（　　）。（2022年下半年考试真题）

A. 监理人的指示延误　　　　　　B. 发包人提供的材料和设备提前交货

C. 施工中遇到文物　　　　　　　D. 发包人未按合同约定支付进度款

E. 施工中遇到不利物质条件

【答案】CE

【解析】选项A、D可提出工期、费用、利润补偿；选项B仅能提出费用补偿。

【例题3】根据《标准施工招标文件》中的通用合同条款，发包人仅限于给予承包人费用补偿的情形有（　　）。（2020年真题）

A. 法规变化引起的价格调整　　　B. 监理人的指示错误

C. 因不可抗力停工期间的工程照管　D. 发包人提供图纸延误

E. 重新检验隐蔽工程质量

【答案】AC

【解析】可以给承包人补偿的条款表6-2。

【例题4】在合同履行过程中，由于发包人提供的图纸设计错误，导致承包人施工放线返工，则应（　　）。

A. 仅补偿承包人费用，不补偿利润　B. 既不补偿承包人费用，也不补偿利润

C. 既补偿承包人费用，又补偿利润　D. 仅补偿利润部分，不补偿发包人费用

【答案】C

【解析】本题考查的是工程款支付管理。属于发包人应予控制而未做好的情况，所以应补偿费用和合理利润。

【例题5】根据《标准施工招标文件》的施工合同文本通用合同条款，可以同时给承包人工期、费用和利润补偿的情形有（　　）。（2019年真题）

A. 监理人的指示延误　　　　　　B. 发包人提供的材料和工程设备提前交货

C. 异常恶劣的气候条件　　　　　D. 法规变化引起的价格调整

E. 隐蔽工程重新检验质量合格

【答案】AE

【解析】本题考查的是索赔管理。选项 B 错误，发包人提供的材料和工程设备提前交货只能索赔相应的费用；选项 C 错误，异常恶劣的气候条件只能索赔工期；选项 D 错误，法规变化引起的价格调整。

知识点十一：违约责任

1. 承包人、发包人违约的情况及处理程序

具体内容如表 6-41 所示。

违约情况及违约处理程序 表 6-41

项目	承包人违约	发包人违约
违约情况	①私自将合同的全部或部分权利转让给其他人，将合同的全部或部分义务转移给其他人 ②未经监理人批准，私自将已按合同约定进入施工场地的施工设备、临时设施或材料撤离施工场地 ③使用不合格材料或工程设备，工程质量达不到标准要求，又拒绝清除不合格工程 ④未能按合同进度计划及时完成合同约定的工作，已造成或预期造成工期延误 ⑤缺陷责任期内未对工程接收证书所列缺陷清单的内容或缺陷责任期内发生的缺陷进行修复，又拒绝按监理人指示再进行修补 ⑥承包人无法继续履行或明确表示不履行或实质上已停止履行合同 ⑦承包人不按合同约定履行义务的其他情况	①发包人未能按合同约定支付预付款或合同价款，或拖延、拒绝批准付款申请和支付凭证，导致付款延误 ②发包人原因造成停工的持续时间超过 56 日以上 ③监理人无正当理由没有在约定期限内发出复工指示，导致承包人无法复工 ④发包人无法继续履行或明确表示不履行或实质上已停止履行合同 ⑤发包人不履行合同约定的其他义务
违约处理程序	发现承包人违约，监理人向承包人发出整改通知　　承包人仍不纠正违约行为，发人可向承包人发出解除合同通知 28日	承包人向发包人发出通知，要求发包人纠正违约行为　　发包人仍不履行合同，承包人有权暂停施工，并通知监理人　　发包人仍不纠正，承包人可向发包人发出解除合同通知 28日　　28日

2. 因承包人违约解除合同的处理

具体内容如表 6-42 所示。

承包人违约解除合同的处理 表 6-42

项目	内容
发包人进驻施工现场	①发包人可派员进驻施工场地,另行组织人员或委托其他承包人施工 ②发包人有权扣留使用承包人在现场的材料、设备和临时设施 ③发包人的扣留行为不免除承包人应承担的违约责任,也不影响发包人根据合同约定享有的索赔权利
承包人已签订其他合同的转让	①发包人有权要求承包人将其为实施合同而签订的材料和设备的订货合同或任何服务协议转让给**发包人** ②并在解除合同后的 14 日内,依法办理转让手续

3. 因承包人违约解除合同后的结算

① 监理人与当事人双方协商承包人实际完成工作的价值，以及承包人已提供的材料、施工设备、工程设备和临时工程等的价值。无法达成一致的，由**监理人**单独确定。

② 合同解除后，发包人应暂停对承包人的一切付款，查清各项付款和已扣款金额，包括承包人应支付的违约金。

③ 发包人应按合同的约定向承包人索赔由于解除合同给发包人造成的损失。

④ 合同双方确认上述往来款项后，发包人出具最终结清付款证书，结清全部合同款项。

⑤ 发包人和承包人未能就解除合同后的结清达成一致，按合同约定解决争议的方法处理。

4. 因发包人违约解除合同，在解除合同后 28 日内向承包人支付下列金额：

① 合同解除日以前所完成工作的价款。

② 承包人为该工程施工订购并已付款的材料、工程设备和其他物品的金额。发包人付款后，**该材料、工程设备和其他物品归发包人所有**。

③ 承包人为完成工程所发生的，而发包人未支付的金额。

④ 承包人撤离施工场地以及遣散承包人人员的赔偿金额。

⑤ 由于解除合同赔偿的承包人损失。

⑥ 按合同约定在合同解除日前应支付给承包人的其他金额。

【例题1】某工程完成竣工验收后，建设单位发现有一处防火门的开启防线不符合设计要求，则整改该问题所产生的费用应由（　　）承担。（2021 年真题）

A. 发包人　　　　　　　　　　B. 承包人

C. 发包人和监理人共同　　　　D. 参与验收的各方共同

【答案】B

【解析】本题考查违约责任。对于承包人违反合同规定的情况，监理人应向承包人发出整改通知，要求其在指定的期限内改正。承包人应承担其违约所引起的费用增加和（或）工期延误。监理人发出整改通知 28 日后，承包人仍不纠正违约行为，发包人可向承包人发出解除合同通知。

【例题2】根据《标准施工招标文件》中的通用合同条款，由承包人承担增加的费用和工期的情形有（　　）。（2021 年真题）

A. 由于承包人原因为安全保障所必需的暂停施工

B. 承包人负责采购、运输的材料未能按期运到工地

C. 因不可抗力事件导致承包人暂停施工

D. 因不利物质条件导致承包人暂停施工

E. 发包人负责采购的工程设备未能按期运到工地

【答案】AB

【解析】本题标准施工合同中索赔管理。选项 C、D、E 均由发包人承担责任，其中选项 C、D，承包人可索赔工期和费用；选项 E，可索赔工期、费用和利润。

知识点十二：竣工验收管理

1. 单位工程验收

① 单位工程验收由**发包人**组织。

② 验收合格后，由**监理人**向**承包人**出具经**发包人签认**的单位工程验收证书。

③ 移交后的单位工程由**发包人**负责照管。

2. 竣工验收的条件

① 除**甩项**外，承包人的施工已完成合同范围内的全部单位工程以及有关工作。

② 已按合同约定的内容和份数备齐了符合要求的竣工资料。

③ 已按监理人的要求编制了在缺陷责任期内完成的尾工（甩项）工程和缺陷修补工作清单以及相应施工计划。

④ 监理人要求在竣工验收前应完成的其他工作。

⑤ 监理人要求提交的竣工验收资料清单。

3. 竣工验收程序

如图 6-13 所示。

图 6-13　竣工验收程序

① 发包人在收到承包人竣工验收申请报告 56 日后未进行验收，视为验收合格。

② 实际竣工日期以提交竣工验收申请报告的日期为准，但发包人由于不可抗力不能进行验收的情况除外。

4. 竣工验收结果

具体内容如表 6-43 所示。

表 6-43

竣工验收结果

验收情况	后果	实际竣工日
一次验收合格通过	监理人应在收到竣工验收申请报告后 56 日内，向承包人出具经发包人签认的工程接收证书	承包人**提交**竣工验收申请报告的日期（注意不是实际验收日）
验收基本合格，但提出了整修和完善要求	**缓发**工程接收证书。经监理人复查达到要求后，再签发工程接收证书	承包人**提交**竣工验收申请报告的日期（注意不是实际验收日）
二次验收合格通过	①监理人要求承包人重作或进行补救处理，并承担由此产生的费用 ②承包人完成整修后重新提交竣工验收申请报告	承包人**重新提交**竣工验收报告的日期

5. 竣工结算程序（三个 14 日）

如图 6-14 所示。

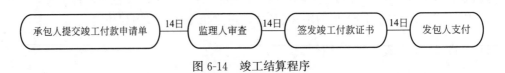

图 6-14　竣工结算程序

6. 竣工清场（承包人进行清场）

① 施工场地内残留的垃圾已全部清除出场；

② 临时工程已拆除，场地已按合同要求进行清理、平整或复原；

③ 按合同约定应撤离的承包人设备和剩余的材料，包括废弃的施工设备和材料，已按计划撤离施工场地；

④ 工程建筑物周边及其附近道路、河道的施工堆积物，已按监理人指示全部清理；

⑤ 监理人指示的其他场地清理工作已全部完成。

【例题 1】 根据《标准施工招标文件》的施工合同文本通用合同条款，竣工验收管理程序中，监理人审查竣工验收申请报告的各项内容，认为工程尚不具备竣工验收条件时，应当在收到竣工申请报告后（　　）日内通知承包人。（2022 年下半年考试真题）

A. 28　　　　　　B. 30　　　　　　C. 56　　　　　　D. 60

【答案】 A

【解析】 监理人审查后认为尚不具备竣工验收条件，应在收到竣工验收申请报告后的 28 日内通知承包人，指出在颁发接收证书前承包人还需进行的工作内容。

【例题 2】 某工程采用《标准施工招标文件》进行招标，工程量清单中的某分部工程最高投标限价为 24 元/m³。中标施工单位的报价为 20 元/m³。工程施工中，该分部工程的实际单价为 25 元/m³。项目监理机构应按（　　）元/m³ 进行该分部工程合同价款结算。（2022 年下半年考试真题）

A. 20　　　　　　B. 22.5　　　　　　C. 24　　　　　　D. 25

【答案】 A

【解析】 结算按照工程量清单中施工单位的报价结算。

【例题 3】 根据《标准施工招标文件》中的通用合同条款，工程接收证书颁发后，承包人按监理人指示完成施工场地内残留垃圾清除工作的费用应由（　　）承担。（2021 年真题）

A. 发包人　　　　　　　　　　　B. 监理人

C. 发包人和承包人共同　　　　　D. 承包人

【答案】 D

【解析】 承包人未按监理人的要求恢复临时占地，或者场地清理未达到合同约定，发包人有权委托其他人恢复或清理，所发生的金额从拟支付给承包人的款项中扣除。

【例题 4】 根据《标准施工招标文件》的施工合同文本通用合同条款，承包人竣工清场的主要义务有（　　）。（2019 年真题）

A. 就交付工程的使用功能向发包人交底

B. 拆除临时工程，清理，平整复原场地

C. 保证工程建筑物周边及其附近道路交通通畅

D. 施工场地内承包人设备和剩余材料已按计划撤离现场

E. 施工场地内残留垃圾已全部清除出场

【答案】 BDE

【解析】 选项 A、C 不属于清场的内容。

【例题 5】 根据《标准施工合同》，发包人在收到承包人竣工验收申请报告（　　）日

后未进行验收，视为验收合格。（2016 年真题）

A. 14
B. 28
C. 42
D. 56

【答案】D

【解析】发包人在收到承包人竣工验收申请报告 56 日后未进行验收，视为验收合格。

【例题 6】根据《标准施工合同》，工程实际竣工日，为（　　）。

A. 承包人提交竣工验收申请报告之日

B. 监理人审查合格竣工验收申报报告之日

C. 发包人组织进行验收之日

D. 工程接收证书颁发日

【答案】A

【解析】以承包人提交竣工验收申请报告的日期为实际竣工日期，并在工程接收证书中写明。注意不是实际验收之日。

【例题 7】根据《标准施工合同》，竣工验收基本合格但提出了需要整修和完善要求，经监理人复查整修和完善工作达到了要求，再签发工程接收证书，这种情况下竣工日为（　　）。

A. 承包人提交竣工验收申请报告之日

B. 整修和完善工作完成日

C. 承包人重新提交竣工验收报告的日期

D. 工程接收证书颁发日

【答案】A

【解析】经监理人复查整修和完善工作达到了要求，再签发工程接收证书，竣工日仍为承包人提交竣工验收申请报告的日期。

知识点十三：缺陷责任期管理

1. 缺陷责任期

① 缺陷责任期自**实际竣工日期**起计算。

② 缺陷责任期满，包括延长的期限终止后 14 日内，由监理人向承包人出具经发包人签认的缺陷责任期终止证书，并退还剩余的质量保证金。

③ 颁发缺陷责任期终止证书，意味承包人已按合同约定完成了施工、竣工和缺陷修复责任的义务。

2. 最终结清（程序均为 14 日）

① 监理人收到承包人提交的最终结清申请单后的 14 日内，提出发包人应支付给承包人的价款送发包人审核并抄送承包人。

② 发包人应在收到后 14 日内审核完毕，由监理人向承包人出具经发包人签认的最终结清证书。

③ 发包人应在监理人出具最终结清证书后的 14 日内，将应支付款支付给承包人。

竣工验收过程中证书的内涵如表 6-44 所示。

竣工验收过程中证书的内涵　　　　　　　　　　　表 6-44

证书	内涵
接收证书	类似于竣工验收合格并移交
缺陷责任终止证书	承包人已按合同约定完成了施工、竣工和缺陷修复责任的义务(退质保金)
最终结清证书	类似于结算完成
结清单生效	①表明合同终止,承包人不再拥有索赔的权利 ②如果发包人未按时支付结清款,承包人仍可就此事项进行索赔

【例题 1】根据《标准施工招标文件》中的通用合同条款,承包人可按合同约定在（　　）后向监理人提交最终结清申请单。(2022 年上半年考试真题)

A. 签发缺陷责任期终止证书　　　　B. 缺陷责任期终止
C. 签发工程接收证书　　　　　　　D. 签发保修责任证书

【答案】A

【解析】缺陷责任期终止证书签发后,承包人按专用合同条款约定的份数和期限向监理人提交最终结清申请单,并提供相关证明材料。

【例题 2】根据《标准施工招标文件》中的通用合同条款,在缺陷责任期内应由发包人承担责任的有（　　）。(2022 年下半年考试真题)

A. 承包人提供的材料存在质量缺陷
B. 发包人提供的设备存在质量缺陷
C. 发包人超设计工况运行导致故障
D. 发包人按承包人提供的运行手册运行导致故障
E. 设备未及时进行日常维护导致故障

【答案】BCE

【解析】选项 A、D 属于承包人的责任,由承包人承担责任。

【例题 3】根据《标准施工招标文件》的施工合同文本通用合同条款,缺陷责任期满(包括延长的期限终止)后 14 日内,应当向承包人出具缺陷任期终止证书,该证书应（　　）。(2019 年真题)

A. 发包人出具经监理人审核　　　　B. 监理人出具经发包人签认
C. 发包人和监理人共同签认　　　　D. 监理人签认

【答案】B

【解析】缺陷责任期满,包括延长的期限终止后 14 日内,由监理人向承包人出具经发包人签认的缺陷责任期终止证书,并退还剩余的质量保证金。

【例题 4】根据《标准施工合同》,关于工程竣工和缺陷责任期的说法,正确的有（　　）。(2017 年真题)

A. 监理人应负责照管竣工验收合格后承包人移交的单位工程
B. 单位工程验收成果应作为全部竣工验收申请报告附件
C. 施工合同付款的最终结清应在缺陷责任期终止证书签发后进行
D. 发包人应在工程竣工验收合格后向承包人返还剩余的质量保证金
E. 实际竣工日以承包人提交竣工验收申请报告的日期为准

181

【答案】BCE

【解析】选项 A，移交后的单位工程由发包人负责照管；选项 D，缺陷责任期满，包括延长的期限终止后 14 日内，由监理人向承包人出具经发包人签认的缺陷责任期终止证书，并退还剩余的质量保证金。

本章精选习题

一、单项选择题

1. 《标准施工招标文件》的适用范围是（　　）。

A. 一定规模以上的工程项目   B. 多元投资主体的工程项目

C. 工期在一年之内的工程项目   D. 跨行业的工程项目

2. 下列合同文件中，列入《标准施工招标文件》中施工合同文本中的合同附件格式的是（　　）。

A. 协议书、投标保函、履约担保

B. 投标保函、履约担保、预付款担保

C. 协议书、预付款担保、履约担保

D. 工程量清单、材料设备一览表、工程预付款明细单

3. 下列合同文件中，属于《标准施工招标文件》中施工合同组成文件中需要发包人和承包人同时签字盖章的文件是（　　）。

A. 专用条款   B. 通用条款

C. 中标通知书   D. 合同协议书

4. 根据《标准施工合同》，关于预付款担保方式及生效的说法，正确的是（　　）。

A. 采用无条件担保方式，并自预付款支付给承包人起生效

B. 采用有条件担保方式，并自预付款支付给承包人起生效

C. 采用无条件担保方式，并自合同协议书签订之日起生效

D. 采用有条件担保方式，并自合同协议书签订之日起生效

5. 下列合同文件中，属于《标准施工招标文件》中施工合同文本的合同文件，在专用条款没有另行约定的情况下，其正确的解释次序是（　　）。

A. 中标通知书、专用合同条款、通用合同条款、合同协议书

B. 合同协议书、通用合同条款、专用合同条款、中标通知书

C. 合同协议书、中标通知书、专用合同条款、通用合同条款

D. 中标通知书、合同协议书、专用合同条款、通用合同条款

6. 根据《标准施工合同》，履约担保的期限自发包人和承包人订立合同之日起至（　　）之日止。

A. 工程竣工验收   B. 工程缺陷责任期满

C. 签发工程移交证书   D. 签发最终结清证书

7. 关于监理人的合同管理地位和职责的说法，正确的是（　　）。

A. 在合同规定的权限范围内，监理人可独立处理变更估价、索赔等事项

B. 监理人向承包人发出的指示，承包人征得发包人批准后执行

C. 发包人可不通过监理人直接向承包人发出工程实施指令

D. 监理人的指示错误给承包人造成损失，由发包人和监理人承担连带责任

8. 根据《标准施工合同》，工程保险可以采用不足额投保方式，即工程受到保险事件损害时，保险公司赔偿损失后的不足部分，按合同约定由（　　）责任补偿。

A. 发包人　　　　　　　　　　　B. 承包人

C. 事件的风险责任人　　　　　　D. 监理人

9. 根据《标准施工招标文件》中的通用合同条款，发包人根据实际情况向承包人提出提前竣工要求的，应在提前竣工协议中明确的内容是（　　）。

A. 承包人修订的进度计划和赶工措施，发包人提供的条件和追加的合同价款

B. 发包人提出的赶工要求和追加合同价款，承包人要求的奖励办法

C. 发包人修订的进度计划和奖励办法，承包人提出的赶工措施和追加的费用

D. 承包人修订的进度计划和施工条件要求，发包人的工期要求和追加的合同价款

10. 根据《标准施工招标文件》，关于暂估价的说法，正确的是（　　）。

A. 暂估价是指签约合同价之外用于支付部分材料设备的费用或专业工程价款

B. 暂估价是指施工合同履行中可能发生的工程费用

C. 暂估价是指发包人在工程量清单中写明支付但暂时不能确定价格的工程款项

D. 暂估价内的工程材料设备或专业工程施工均须由承包人负责提供

11. 根据《标准施工合同》，监理人在施工准备阶段的职责是（　　）。

A. 按专用条款约定的时间向承包人无条件发出开工通知

B. 在开工日期 15 日前向承包人发出开工通知

C. 批准或要求修改承包人报送的施工进度计划

D. 组织编制施工"合同进度计划"

12. 根据《标准施工合同》，监理人征得发包人同意后，应在开工日期（　　）日前向承包人发出开工通知。

A. 7　　　　　　　　　　　　　B. 14

C. 21　　　　　　　　　　　　D. 28

13. 根据《标准施工合同》，合同工期应自（　　）载明的开工日起计算。

A. 发包人发出的中标通知书　　　B. 监理人发出的开工通知

C. 合同双方签订的合同协议书　　D. 监理人批准的施工进度计划

14. 根据《标准施工招标文件》中的通用合同条款，因不可抗力导致工期延长，监理人按发包人要求指令承包人采取赶工措施发生的合理赶工费用应由（　　）承担。

A. 发包人　　　　　　　　　　　B. 承包人

C. 发包人和监理人共同　　　　　D. 参与验收的各方共同

15. 根据《标准施工招标文件》中的通用合同条款，在暂停施工期间，负责施工现场保护和安全保障的主体是（　　）。

A. 发包人　　　　　　　　　　　B. 监理人

C. 承包人　　　　　　　　　　　D. 监理人和承包人

16. 根据《标准施工合同》，因承包人原因逾期竣工时，承包人应支付逾期竣工违约

金，最高赔偿限额为（　　）。

    A. 工程结算价的 2%
    B. 签约合同价的 2%

    C. 工程结算价的 3%
    D. 签约合同价的 3%

17. 根据《标准施工合同》，对于发包人提供的材料和工程设备，承包人应在约定时间内，（　　）共同进行验收。

    A. 会同监理人在交货地点
    B. 会同发包人代表、监理人在交货地点

    C. 会同监理人在施工现场
    D. 会同发包人代表、监理人在施工现场

18. 根据《标准施工合同》，关于"暂列金额"的说法，正确的是（　　）。

    A. 暂列金额未包括在签约合同价内

    B. 暂列金额不可以计日工方式支付

    C. 暂列金额可能全部使用或部分使用

    D. 暂列金额应按合同规定全部支付给承包人

19. 根据《标准施工合同》，对于未达到必须招标规模或标准的项目，可由监理人在暂估价内直接确定价格的是（　　）。

    A. 临时设施
    B. 建筑材料

    C. 工程设备
    D. 专业工程

20.《标准施工合同》通用条款规定的"基准日期"是指（　　）。

    A. 投标截止日
    B. 开标之日

    C. 中标通知书发出之日
    D. 投标截止日前第 28 日

21. 根据《标准施工合同》，因承包人原因未在约定的工期内竣工时，原约定竣工日的价格指数和实际支付日的价格指数会有所不同，后续支付时应将（　　）作为支付计算的价格指数。

    A. 两个价格指数中的较高者
    B. 两个价格指数中的均值

    C. 两个价格指数中的较低者
    D. 两个价格指数按约定权重的均值

22. 根据《标准施工合同》，采用公式法调价方式考虑市场价格浮动对合同价的影响，仅适用于工程量清单中的（　　）部分。

    A. 单价支付
    B. 工程材料费用

    C. 总价支付
    D. 人工费用

23. 根据《标准施工合同》，不属于施工合同履行中"不利物质条件"的是（　　）。

    A. 不利地质条件
    B. 不利水文条件

    C. 有毒作业环境
    D. 不利气候条件

24. 如果施工索赔事件的影响持续存在，承包商应在该项索赔事件影响结束后的 28 日内向工程师提交（　　）。

    A. 索赔意向通知
    B. 索赔通知

    C. 施工现场的记录
    D. 索赔依据

25. 在施工索赔中，监理人作出的处理索赔的决定（　　）。

    A. 承包人必须接受
    B. 承包人可以不接受

    C. 仲裁机构应予以认可
    D. 排除了法院的诉讼管辖

26. 根据《标准施工合同》，工程施工中承包人有权得到费用和工期补偿，但无利润补偿的情形是（　　）。

　　A. 发包人提供图纸延误　　　　　　B. 不利的物质条件

　　C. 隐蔽工程重新检验质量合格　　　D. 监理人指示错误

27. 根据《标准施工招标文件》的施工合同文本通用合同条款，竣工验收管理程序中，监理人审查竣工验收申请报告的各项内容，认为工程尚不具备竣工验收条件时，应当在收到竣工申请报告后（　　）日内通知承包人。

　　A. 28　　　　　　　　　　　　　　B. 30

　　C. 56　　　　　　　　　　　　　　D. 60

28. 根据《标准施工招标文件》中的通用合同条款，施工合同签订前，中标人应按招标文件规定向招标人提交的凭证是（　　）。

　　A. 投标保证金凭证　　　　　　　　B. 预付款担保凭证

　　C. 履约担保凭证　　　　　　　　　D. 质量管理体系认证文件

29. 关于《标准施工招标文件》施工合同文本通用合同条款中"进度款付款证书"的说法，正确的是（　　）。

　　A. 监理人收到承包人进度款付款申请单并核查后，向承包人出具进度款付款证书

　　B. 监理人有权扣除质量不合格部分的工程款

　　C. 监理人出具进度款付款证书，视为监理人批准了承包人完成的该部分工作

　　D. 承包人对监理人出具的进度款付款证书出现的漏项无权申请重新修正

30. 根据《标准施工合同》，缺陷责任期满承包人提交最终结清单前，仍有权提出索赔要求。索赔的原因应是在（　　）发生的事项。

　　A. 施工期间　　　　　　　　　　　B. 竣工验收期间

　　C. 缺陷责任期内　　　　　　　　　D. 合同有效期内

二、多项选择题

1. 根据《标准施工合同》，关于监理人地位的说法，正确的有（　　）。

　　A. 监理人是受发包人委托的发包人代表

　　B. 监理人是受发包人聘请的管理人

　　C. 监理人属于施工合同履行管理的独立第三方

　　D. 监理人属于遵守发包人指示的发包人一方人员

　　E. 监理人是受发包人委托对合同履行实施管理的法人或其他组织

2. 根据《标准施工招标文件》中的通用合同条款，属于施工期间"不利物质条件"的有（　　）。

　　A. 不可预见的自然物质条件　　　　B. 不可预见的非自然物质障碍

　　C. 突发性重大疫情　　　　　　　　D. 恶劣的气候条件

　　E. 不可预见的污染物

3. 根据《标准施工招标文件》中的通用合同条款，承包人按合同约定应履行的职责有（　　）。

　　A. 按工作内容和施工进度要求，编制施工组织设计和施工进度计划

　　B. 负责办理施工场地临时道路占用的许可手续

　　C. 测设施工控制网并报监理人审批

D. 负责在施工现场建立完善的工程质量管理体系

E. 对深基坑工程和地下暗挖工程编制专项施工方案

4. 施工中由（　　）引起的暂停施工，承包人有权要求延长工期，增加费用和利润。

A. 发包人负责提供的设备未按时到位

B. 发包人委托的设计人提供的设计文件错误

C. 发生不可抗力

D. 承包人原因进行施工方案调整

E. 承包人施工机械故障

5. 根据《〈标准施工招标资格预审文件〉和〈标准施工招标文件〉暂行规定》（2007年九部委第56号），各行业编制本行业标准施工合同应遵守的原则有（　　）。

A. 结合行业特点，编制本行业中通用合同条款

B. 不加修改地引用标准文件中的"通用合同条款"

C. 结合施工项目的具体特点，编制"专用合同条款"

D. "专用合同条款"补充和细化的内容不得与"通用合同条款"相抵触

E. "通用合同条款"不能约定"专用合同条款"，可以修改"通用合同条款"

6. 根据《标准施工合同》，保险的正确处理方式有（　　）。

A. 发承包双方应分别为自己在现场人员投保人身意外伤害险

B. 发包人应以自己的名义投保工程设备险

C. 承包人应以自己的名义投保施工设备险

D. 发包人应为履行合同的本方人员缴纳工伤保险费

E. 承包人应以自己的名义投保进场材料险

7. 投保建筑工程一切险，需要在专用合同条款中约定的内容有（　　）。

A. 投保人　　　　　　　　　　　B. 投保内容

C. 保险金额　　　　　　　　　　D. 保险费率

E. 保险期限

8. 根据《标准施工招标文件》的施工合同文本通用合同条款，承包人按合同约定完成的主要工作有（　　）。

A. 组织设计人、监理人进行施工图纸和设计文件的交底

B. 核对工程资料，进一步收集相关的地址、水文等资料

C. 编制施工组织设计和施工进度计划

D. 编制施工环保措施计划

E. 准备施工用的测量基准点，基准线和水准点等书面资料

9. 根据《标准施工合同》，发包人在施工准备阶段的主要义务有（　　）。

A. 审定施工方案　　　　　　　　B. 组织设计交底

C. 提供施工现场　　　　　　　　D. 约定开工时间

E. 讨论通过施工组织设计

10. 根据《标准施工合同》，承包人在施工准备阶段的主要义务有（　　）。

A. 提出开工申请　　　　　　　　B. 办理临时道路通行审批手续

C. 编制施工组织设计　　　　　　D. 提交工程质量保证措施文件

E. 负责管理施工控制网点

11. 对于达到一定规模的危险性较大的分部分项工程如（　　），必须编制专项施工方案，并应组织专家论证、审查。

A. 深基坑工程   B. 地下暗挖工程

C. 高大模板工程   D. 高空作业工程

E. 深水作业工程

12. 根据《标准施工合同》，关于暂估价的说法，正确的有（　　）。

A. 暂估价中涉及的专业工程一定会实施

B. 暂估价是签约合同价的组成部分

C. 暂估价中涉及的专业工程不需要进行招标

D. 暂估价金额需要在合同履行阶段最终确定

E. 暂估价金额由监理人控制使用

13. 根据《标准施工合同》，关于工程计量的说法，正确的有（　　）。

A. 单价子目已完工程量按月计算

B. 总价子目的计量支付不考虑市场价格浮动

C. 总价子目已完工程量按月计算

D. 总价子目表中标明的工程量通常不进行现场计量

E. 总价子目表中标明的工程量通常不进行图纸计量

14. 根据《标准施工合同》，承包人的施工安全责任有（　　）。

A. 赔偿工程对土地占用所造成的第三者财产损失

B. 编制施工安全措施计划

C. 制定施工安全操作规程

D. 配备必要的安全生产和劳动保护措施

E. 赔偿施工现场所有人员工伤事故损失

15. 根据《标准施工招标文件》中的通用合同条款，施工合同履行期间，属于变更范围的有（　　）。

A. 承包人投入施工设备的数量超过了投标文件承诺的数量

B. 为完成工程需要追加的额外工作

C. 改变合同中任何一项工作的施工时间

D. 改变合同中任何一项工作的质量特性

E. 承包人在合同中的某项工作转由发包人自行实施

16. 根据《标准施工合同》，工程施工中承包人有权获得费用补偿和工期延期，并获得合理利润的情形有（　　）。

A. 发现文物、化石等的处理

B. 发包人改变合同中任何一项工作的质量要求

C. 发包人未按合同约定及时支付工程进度款导致暂停施工

D. 隐蔽工程重新检验质量合格

E. 不可抗力事件发生后的清理工作

17. 根据标准施工合同通用条款的规定，下列情形中，可以给予承包商延长合同工期的有（　　）。

　　A. 物价浮动引起的价格调整

　　B. 施工遇到不可预见的不利于施工的外界条件

　　C. 业主提前占用部分工程导致后续施工的延误

　　D. 后续法规调整引起的延误

　　E. 施工中受到其他承包商的干扰

　　18. 如投保工程一切险的保险金额少于工程实际价值，工程因保险事件损害时正确做法（　　）。

　　A. 保险公司按投保的保险金额所占百分比赔偿实际损失

　　B. 损失赔偿的不足部分由保险事件的风险责任方负责补偿

　　C. 永久工程损失赔偿的不足部分由发包人承担

　　D. 已完工工程损失由承包人承担

　　E. 施工设备和进场材料损失由保险公司承担

　　19. 根据《标准施工招标文件》中的通用合同条款，承包人施工项目部人员管理的主要措施有（　　）。

　　A. 在施工现场设立专门的质量检验机构

　　B. 施工人员的质量教育和技术培训

　　C. 严格执行规范和操作规程

　　D. 现场施工人员的职称和职业资格审查

　　E. 定期考核施工人员的劳动技能

　　20. 根据《标准施工合同》，关于签约合同价的说法，正确的有（　　）。

　　A. 签约合同价不包括承包人利润

　　B. 签约合同价即为中标价

　　C. 签约合同价包含暂列金额、暂估价

　　D. 签约合同价是承包方履行合同义务后应得的全部工程价款

　　E. 签约合同价应在合同协议书中写明

习题答案及解析

一、单项选择题

　　1.【答案】A

　　【解析】九部委联合颁发的文件适用于一定规模以上的工程项目。

　　2.【答案】C

　　【解析】标准施工合同中给出的合同附件格式，包括合同协议书、履约担保和预付款担保三个文件。

　　3.【答案】D

　　【解析】合同协议书是合同组成文件中唯一需要发承包双方同时签字盖章的法律文书。

4.【答案】A

【解析】预付款担保的担保方式是采用无条件担保形式。担保期限自预付款支付给承包人起生效，至发包人签发的进度付款证书说明已完全扣清预付款止。

5.【答案】C

【解析】本题考查合同文件的解释顺序。

6.【答案】C

【解析】担保期限自发包人和承包人签订合同之日起，至签发工程移交证书日止，注意不是到缺陷责任证书颁发为止。

7.【答案】A

【解析】选项 B 错误，承包人收到监理人发出的任何指示，视为已得到发包人的批准，应遵照执行；选项 C 错误，为了避免指令冲突及尽量减少合同争议，发包人对施工工程的任何想法通过监理人的协调指令来实现；选项 D 错误，如果监理人的指示错误或失误给承包人造成损失，则由发包人负责赔偿。

8.【答案】C

【解析】如果投保工程一切险的保险金额少于工程实际价值，损失赔偿的不足部分按合同相应条款的约定，由该事件的风险责任方负责补偿。

9.【答案】A

【解析】如果发包人提出提前竣工要求，应与承包人通过协商达成提前竣工协议作为合同文件的组成部分。协议的内容应包括：承包人修订进度计划及为保证工程质量和安全采取的赶工措施；发包人应提供的条件；所需追加的合同价款；提前竣工给发包人带来效益应给承包人的奖励等。

10.【答案】C

【解析】选项 A、B 错误，暂估价指发包人在工程量清单中给出的，用于支付必然发生但暂时不能确定价格的材料、设备以及专业工程的金额。暂估价属于签约合同价的组成部分。选项 D 错误，暂估价内的工程材料、设备或专业工程施工，属于依法必须招标的项目，施工过程中由发包人和承包人以招标的方式选择供应商或分包人，按招标的中标价确定。

11.【答案】C

【解析】选项 A，监理发出开工通知是有条件的，即发包人的开工前期工作已完成，且受发包人的委托；选项 B，监理人征得发包人同意后，应在开工日期 7 日前向承包人发出开工通知；选项 D，进度计划由承包人负责编制，经监理人审查批准。经监理人批准的施工进度计划称为"合同进度计划"。

12.【答案】A

【解析】监理人征得发包人同意后，应在开工日期 7 日前向承包人发出开工通知。

13.【答案】B

【解析】合同工期自开工通知中载明的开工日起计算。

14.【答案】A

【解析】发包人要求赶工的，承包人应采取赶工措施，赶工费用由发包人承担。

15.【答案】C

【解析】暂停施工期间由承包人负责妥善保护工程并提供安全保障。

16.【答案】D

【解析】最高赔偿限额为签约合同价的3%。

17.【答案】A

【解析】承包人会同监理人在约定的时间内，在交货地点共同进行验收。

18.【答案】C

【解析】暂列金额用于在签订协议书时尚未确定或不可预见变更的施工及其所需材料、工程设备、服务等的金额，包括以计日工方式支付的款项。签约合同价内约定的暂列金额可能全部使用或部分使用，因此承包人不一定能够全部获得支付。

19.【答案】D

【解析】暂估价属于依法必须招标的项目，发包人和承包人应以招标的方式选择供应商。非必须招标项目，材料和设备由承包人负责提供，经监理人确认相应的金额，专业工程施工的价格由监理估价确定。

20.【答案】D

【解析】通用条款规定的基准日期指投标截止日前第28日。

21.【答案】C

【解析】因承包人原因未在约定的工期内竣工，后续支付时应采用原约定竣工日与实际支付日的两个价格指数中，较低的一个作为支付计算的价格指数。

22.【答案】A

【解析】通用条款规定用公式法调价，但仅适用于工程量清单中单价支付部分，总价支付部分不考虑物价浮动的价格调整。

23.【答案】D

【解析】"不利物质条件"属于发包人应承担的风险，指承包人在施工场地遇到的不可预见的自然物质条件、非自然的物质障碍和污染物，包括地下和水文条件，但不包括气候条件。

24.【答案】B

【解析】对于具有持续影响的索赔事件，在该项索赔事件影响结束后的28日内，承包人应向监理人递交最终索赔通知书。

25.【答案】B

【解析】监理人作出的处理索赔的决定，若承包人不接受索赔处理结果的，按合同争议解决。

26.【答案】B

【解析】选项A、C、D不仅可以补偿工期、费用，还可以补偿利润。

27.【答案】A

【解析】监理人审查申请报告的各项内容，认为工程尚不具备竣工验收条件时，应在收到竣工验收申请报告后的28日内通知承包人。

28.【答案】C

【解析】在签订合同前，中标人应按招标文件中规定的金额、担保形式和履约担保格式向招标人提交履约担保。

29.【答案】B

【解析】选项A错误，监理人在收到承包人进度付款申请单审核后，经发包人审查同意后，由监理人向承包人出具经发包人签认的进度付款证书；选项C、D错误，监理人出具的进度付款证书，不应视为监理人已同意、批准或接受了承包人完成的该部分工作，在对以往历次已签发的进度付款证书进行汇总和复核中发现错、漏或重复的，监理人有权予以修正，承包人也有权提出修正申请。

30.【答案】C

【解析】发包人接受了承包人提交并经监理人签认的竣工付款证书后，承包人不能再对施工阶段、竣工阶段的事项提出索赔要求。缺陷责任期满至承包人提交最终结清单前，只限于提出工程接收证书颁发后发生的索赔。

二、多项选择题

1.【答案】BE

【解析】选项A，属于受发包人聘请的管理人并不是发包人代表；选项C，在施工合同的履行管理中不是"独立的第三方"，属于发包人一方的人员，但又不同于发包人的雇员；选项D，不是一切行为均遵照发包人的指示，而是在授权范围内独立工作。

2.【答案】ABE

【解析】不利物质条件属于发包人应承担的风险，指承包人在施工场地遇到的不可预见的自然物质条件、非自然的物质障碍和污染物，包括地下和水文条件，但不包括气候条件。

3.【答案】ACDE

【解析】选项B，发包人应根据合同工程的施工需要，负责办理取得出入施工场地的专用和临时道路的通行权。

4.【答案】AB

【解析】非承包方原因引起的暂停施工，可以延期工期。选项C不可抗力引起的暂停，不能索赔利润。

5.【答案】BC

【解析】选项A，各行业编制的标准施工合同应不加修改地引用"通用合同条款"；选项D、E，除"通用合同条款"明确"专用合同条款"可作出不同约定外，补充和细化的内容不得与"通用合同条款"的规定相抵触。

6.【答案】ACD

【解析】选项B，承包人以自己的名义投保设备工程险；选项E，进场材料和工程设备保险，由当事人双方具体约定，通常应是谁采购的材料和工程设备，由谁办理相应的保险。

7.【答案】BCDE

【解析】由承包人投保一切险，无须在专用条款中约定。

8.【答案】BCD

【解析】选项A错误，发包人应根据合同进度计划，组织设计单位向承包人和监理人对提供的施工图纸和设计文件进行交底，以便承包人制定施工方案和编制施工组织设计；选项E错误，承包人依据监理人提供的测量基准点、基准线和水准点及其书面资料，测设施工控制网。

9. 【答案】BCD

【解析】选项 A、E 均为监理人的任务。

10. 【答案】ACDE

【解析】选项 B 属于发包人的义务。

11. 【答案】ABC

【解析】深基坑工程、地下暗挖工程、高大模板工程需组织 5 人以上专家进行论证。

12. 【答案】ABD

【解析】选项 C 错误，暂估价中涉及的专业工程属于依法进行招标的项目，应该进行招标；选项 E 错误，不由监理控制使用，根据合同履行情况而定。

13. 【答案】ABD

【解析】选项 C，单价子目已完成工程量按月计量；总价子目的计量周期按批准承包人的支付分解报告确定。选项 E，除变更外，总价子目表中标明的工程量是用于结算的工程量，通常不进行现场计量，只进行图纸计量。

14. 【答案】BCD

【解析】选项 A 错误，发包人应负责赔偿工程或工程的任何部分对土地的占用所造成的第三者的财产损失；选项 E 错误，由于承包人原因在施工场地内及其毗邻地带造成的第三者人员伤亡或者财产损失，由承包人负责。

15. 【答案】BCD

【解析】本题考查标准施工合同中变更的范围。

16. 【答案】BCD

【解析】选项 A 只可索赔工期、费用；选项 E 只可索赔费用。

17. 【答案】BCDE

【解析】选项 A 只影响价格，不影响工期。

18. 【答案】ABC

【解析】不足额保险损失赔偿的不足部分按合同相应条款的约定，由该事件的风险责任方负责补偿。永久工程损失的差额由发包人补偿，临时工程、施工设备等损失由承包人负责。

19. 【答案】ABCE

【解析】本题考查项目部的人员管理，可凭工作经验作答。选项 D 不属于施工质量管的范围。

20. 【答案】BCE

【解析】选项 A，签约合同价中包括承包人利润；选项 D，签约合同价是写在协议书和中标通知书内的固定数额，作为结算价款的基数，具体结算时由于变更洽商的存在，结算款可能会与签约合同价不同。

第七章　建设工程总承包合同管理

本章内容框架及知识点分值分布如表 7-1、图 7-1 所示。

本章内容框架及知识点分值分布　　　　　　　　　　　表 7-1

知识点分布	2020 年			2021 年			2022 年上半年			2022 年下半年		
	单选（道）	多选（道）	分值	单选（道）	多选（道）	分值	单选（道）	多选（道）	分值	单选（道）	多选（道）	分值
工程总承包合同特点	1	0	1	0	0	0	1	0	1	0	0	0
工程总承包合同有关各方管理职责	1	0	1	1	0	1	2	1	4	0	1	2
工程总承包合同订立	1	0	1	3	2	7	2	1	4	0	2	4
工程总承包合同履行管理	1	2	5	2	1	4	2	1	4	7	2	11
合计	4	2	8	6	3	12	7	3	13	7	5	17

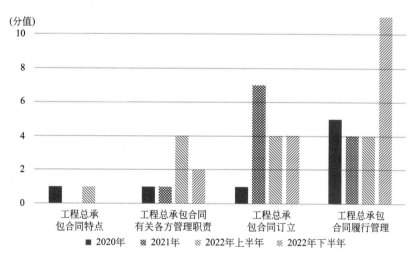

图 7-1　本章知识点分值分布

本章学习注意事项：
　　设计施工总承包合同与标准施工合同有很多规定是完全一致的，故与施工部分相同的内容在本章不再重复，可直接参考本书第六章的相关知识点介绍。

第一节 工程总承包合同特点

知识点一：工程总承包合同的特点

1. 建设项目总承包的要点

① 设计施工总承包合同文件，适用于**设计施工一体化**的总承包招标。

② 设计施工总承包合同文件的招标文件和合同通用条款的使用要求**与标准施工合同文件的要求相同**。

③ 合同文件组成与标准施工合同相同，也是由**协议书、通用条款和专用条款**组成，与标准施工合同内容相同的条款在用词上也完全一致。

2. 工程项目总承包的优缺点对比

如表 7-2 所示。

工程项目总承包的优缺点对比 表 7-2

优点	缺点
①单一的合同责任（合同责任明确，简化管理工作） ②固定工期、固定费用 ③可以缩短建设周期（设计与施工时间上可合理搭接） ④减少设计变更 ⑤减少**承包人**的索赔	①**设计不一定是最优方案**：由承包人提出方案设计，对工程实施成本的考虑往往会影响到设计方案的优化 ②**减弱**实施阶段**发包人**对承包人的监督和检查：发包人也聘请监理人，但监理人对项目的监督力度较低

【例题 1】对发包人而言，设计施工总承包合同的优点有（　　）。（2019 年真题）

A. 单一的合同责任　　　　　　B. 减少发包人对承包人的检查

C. 减少承包人的索赔　　　　　D. 固定工期

E. 减少设计变更

【答案】ACDE

【解析】本题考查的是设计施工总承包的特点。总承包方式的优点：①单一的合同责任；②固定工期、固定费用；③可以缩短建设周期；④减少设计变更；⑤减少承包人的索赔。总承包方式的缺点：①设计不一定是最优方案；②减弱实施阶段发包人对承包人的监督和检查。

【例题 2】建设工程采用设计施工总承包模式的不利因素是（　　）。（2017 年真题）

A. 监理人对工程实施的监督力度降低　　B. 承包人的工程索赔增多

C. 工程投资控制难度增加　　　　　　　D. 发包人的工程风险加大

【答案】A

【解析】虽然设计和施工过程中，发包人也聘请监理人（或发包人代表），但由于设计方案和质量标准均出自承包人，监理人对项目实施的监督力度比发包人委托设计再由承包人施工的管理模式，对设计的细节和施工过程的控制能力降低。

【例题 3】建设工程采用设计施工总承包模式的特点是（　　）。（2020 年真题）

A. 不利于承包人的工程变更

B. 建设周期不易把控

C. 设计和施工责任划分不清

D. 影响工程设计方案的比选范围和充分竞争

【答案】D

【解析】选项 A，设计施工总承包，承包人变更更容易；选项 B，该模式下，可以缩短建设周期；选项 C，该模式下，合同责任明确，设计施工责任均为承包人责任。

第二节　工程总承包合同有关各方管理职责

知识点一：设计施工总承包合同中双方的职责

具体内容如表 7-3 所示。

设计施工总承包合同中双方的职责　　　　　　　　　　　　　　　　表 7-3

项目	具体内容
发包人义务	①对工程项目的实施负责**投资支付** ②对项目建设有关重大事项的决定
承包人义务	按合同的约定承担完成工程项目的设计、招标、采购、施工、**试运行和缺陷责任期**的质量缺陷修复责任

知识点二：对联合体承包人的规定

① 总承包合同的承包人可以是独立承包人，也可以是联合体。

② 对于联合体的承包人，发包人和监理人仅与**联合体牵头人**或**联合体授权的代表**联系，由其负责组织和协调联合体各成员全面履行合同。

③ 联合体协议经发包人确认后作为合同附件。

④ 在合同履行过程中，未经发包人同意，承包人不得擅自改变联合体的组成和修改联合体协议。

【例题】根据《标准设计施工总承包招标文件》，关于联合体的说法，正确的有（　　）。（2018 年真题）

A. 总承包合同的承包人可以是联合体

B. 联合体协议经联合体成员协商一致可以修改

C. 联合体协议为总承包合同的附件

D. 监理人在合同履行中仅与联合体牵头人或授权代表联系协调工作

E. 联合体成员的内部分工不是总承包合同内容

【答案】ACD

【解析】选项 B，联合体协议经发包人确认后已作为合同附件，因此，通用条款规定，履行合同过程中，未经发包人同意，承包人不得擅自改变联合体的组成和修改联合体协议；选项 E，联合体的组成和内部分工是评标中很重要的评审内容，是总承包合同的内容。

知识点三：对分包工程的规定

① 承包人**不得转包**工程。

② 分包工作需要征得**发包人同意**。

③ 承包人不得将设计和施工的**主体、关键性**工作的施工分包给第三人。

④ 分包人的资格能力应与其分包工作的标准和规模相适应，其资质能力的材料应经监理人审查。

⑤ 发包人同意分包的工作，承包人应向**发包人和监理人**提交分包合同副本。

【例题】根据《标准设计施工总承包招标文件》，关于工程分包的说法，正确的是（　　）。（2020 年真题）

A. 承包人经发包人同意，可将全部施工分包给第三人

B. 承包人的分包合同，应由分包人向监理人提交副本备案

C. 承包人征得发包人同意，可将部分工程分包给有资质的分包人

D. 发包人、监理人和承包人共同对分包人进行分包管理

【答案】D

【解析】选项 A 错误，承包人不得将其承包的全部工程转包给第三人，也不得将其承包的全部工程肢解后以分包的名义分别转包给第三人；选项 B 错误，发包人同意分包的工作，承包人应向发包人和监理人提交分包合同副本；选项 C 错误，承包人征得发包人同意，也不可将主体、关键性工作的工程分包。

知识点四：设计施工总承包合同中监理人的职责

1. 设计施工总承包合同中监理人的职责

① 监理人的职责和权利与标准施工合同基本相同。

② 监理所发出的任何指示应视为已得到发包人的批准。

③ 发包人应在发出开始工作通知前将总监理工程师的任命通知承包人。

④ 总监理工程师更换时，应**提前 14 日**通知承包人。总监理工程师超过 **2 日**不能履行职责的，应委派代表代行其职责，并通知承包人。

2. 总监理工程师授权其他监理人员

① 总监理工程师可以授权其他监理人员负责一项或多项监理工作。

② 被授权的监理人员**在授权范围内**发出的指示视为已得到总监理工程师的同意，与总监理工程师发出的指示具有同等效力。

③ 总监理工程师不应将约定应由总监理工程师作出确定的权利授权或委托给其他监理人员。

④ 承包人对总监理工程师授权的监理人员发出的指示有疑问时，可在该指示发出的 48 小时内向总监理工程师提出书面异议，总监理工程师应在 48 小时内对该指示予以确认、更改或撤销。

【例题 1】根据《标准设计施工总承包招标文件》，发包人、承包人或监理人需要在 7 日内完成相应工作的情形有（　　）。（2022 年上半年考试真题）

A. 监理人获得发包人同意后向承包人发出开始工作通知

B. 监理人收到承包人报送的进度款支付分解报告给予批复

C. 发包人收到承包人提出遵守新规定的建议后发出指示

D. 监理人收到承包人进度付款申请单后进行审核

E. 承包人在发出索赔意向通知书后向监理人正式递交索赔通知书

【答案】ABC

【解析】符合专用条款约定的开始工作条件时，监理人获得发包人同意后应提前 7 日向承包人发出开始工作通知。监理人应当在收到承包人报送的支付分解报告后 7 日内给予批复或提出修改意见。发包人或监理人应在收到建议后 7 日内发出是否遵守新规定的指示。监理人在收到承包人进度付款申请单以及相应的支持性证明文件后的 14 日内完成审核。承包人应在发出索赔意向通知书后 28 日内，向监理人正式递交索赔通知书。

【例题 2】根据《标准设计施工总承包招标文件》，监理人更换总监理工程师时，应提前（　　）日通知承包人。（2021 年真题）

A. 7　　　　　　　B. 14　　　　　　　C. 21　　　　　　　D. 28

【答案】B

【解析】总监理工程师更换时，应提前 14 日通知承包人。

【例题 3】根据设计施工总承包合同文本，以下有关监理工程师及监理工程师授权的人员的说法，正确的是（　　）。

A. 发包人应在发出开始工作通知前 14 日将总监理工程师的任命通知承包人

B. 总监理工程师更换时，应提前 14 日通知承包人并征得承包人的同意

C. 总监理工程师超过 2 日不能履行职责的，应委派代表代行其职责，并通知承包人

D. 总监理工程师可以将自己的所有权利授权给其他监理人员

【答案】C

【解析】选项 A，发包人任命总监理工程师没有提到时间的限制；选项 B，总监理工程师更换时，应提前 14 日通知承包人，但并不需要征得承包人的同意；选项 D，总监理工程师不应将约定应由总监理工程师作出确定的权利授权或委托给其他监理人员。

第三节　工程总承包合同订立

知识点一：设计施工总承包合同文件

1. 合同文件的组成

① 合同协议书；

② 中标通知书；

③ 投标函及投标函附录；

④ 专用条款；

⑤ 通用合同条款；

⑥ **发包人要求**；

⑦ **承包人建议书**；

⑧ **价格清单**；

⑨ 经合同当事人双方确认的其他文件。

设计、勘察、施工合同文件的主要区别如表 7-4 所示。

设计、勘察、施工合同文件的主要区别 表 7-4

设计合同	勘察合同	施工合同
①发包人要求 ②设计费用清单 ③设计方案	①发包人要求 ②勘察费用清单 ③勘察纲要	①技术标准和要求 ②图纸 ③已标价工程量清单

2. 发包人要求与承包人建议

如表 7-5 所示。

发包人要求与承包人建议 表 7-5

项目	发包人要求	承包人建议
内涵	招标人提出的要求文件	是对发包人要求作出响应的文件
内容	①功能要求 ②工程范围 ③工艺安排或要求 ④时间要求 ⑤技术要求 ⑥竣工试验 ⑦竣工验收 ⑧竣工后试验(如有) ⑨文件要求 ⑩工程项目管理规定 ⑪其他要求	①承包人的工程**设计方案**和**设备方案**的说明 ②**分包方案** ③对发包人要求中的错误说明等内容 易错点:不包括施工方案

【**例题 1**】根据《标准设计施工总承包招标文件》,合同文件包括:①承包人建议书;②中标通知书;③合同协议书。仅就上述组成文件而言,正确的优先解释顺序为( )。(2022 年上半年考试真题)

A. ①②③ B. ③①② C. ①③② D. ③②①

【**答案**】D

【**解析**】总承包合同的组成文件优先解释顺序为:①合同协议书;②中标通知书;③投标函及投标函附录;④专用合同条款;⑤通用合同条款;⑥发包人要求;⑦承包人建议书;⑧价格清单;⑨其他合同文件。

【**例题 2**】根据《标准设计施工总承包招标文件》中的通用合同条款,解释顺序排在"通用合同条款"之后的合同文件有( )。(2022 年下半年考试真题)

A. 发包人要求 B. 专用合同条款

C. 承包人建议书 D. 中标通知书

E. 价格清单

【**答案**】ACE

【**解析**】组成合同的各文件中出现含义或内容的矛盾时,如果专用条款没有另行约定,合同文件序号为优先解释的顺序:①合同协议书;②中标通知书;③投标函及投标函附录；④专用合同条款；⑤通用合同条款；⑥发包人要求；⑦承包人建议书；⑧价格清单；⑨其他合同文件。

【例题3】 根据《标准设计施工总承包合同》，承包人建议书应包括的内容有（　　）。（2015年真题）

A. 工程设计方案　　　　　　　　B. 工程施工方案

C. 工程分包方案　　　　　　　　D. 工程报价清单

E. 工程质量标准

【答案】 AC

【解析】 承包人建议书是对"发包人要求"的响应文件，包括：承包人的工程设计方案和设备方案的说明，分包方案，对发包人要求中的错误说明等内容。

知识点二：价格清单

① 由于由承包人提出设计的初步方案和实施计划，因此，价格清单是指承包人完成所提投标方案计算的**设计**、施工、竣工、**试运行**、**缺陷责任期**各阶段的计划费用。

② 清单价格费用的总和为**签约合同价**。

合同价格=签约合同价+变更+索赔

③ 合同价格的计算如图7-2所示。

【例题】《设计施工总承包合同》的"价格清单"是指

（　　）。（2018年真题）

就是价格清单费用总和

A. 承包人按照发包人提出的工程量清单而计算的报价单　　图7-2　合同价格的计算

B. 承包人按发包人的设计图纸概算量，填入单价后计算的合同价格

C. 承包人按其提出的投标方案计算的设计、施工、竣工、试运行、缺陷责任期各阶段的计划费用

D. 承包人向发包人的投标报价

【答案】 C

【解析】 本题考查的是价格清单的内涵。设计施工总承包合同的价格清单，是指承包人完成所提投标方案计算的设计、施工、竣工、试运行、缺陷责任期各段的计划费用，清单价格费用的总和为签约合同价。

知识点三：知识产权

① 设计施工总承包合同承包人完成的设计工作成果和建造完成的建筑物，除**署名权**以外的著作权以及建筑物形象使用收益等其他知识产权均归**发包人**享有。（专用合同条款另有约定除外）

② 承包人在投标文件中采用专利技术的，专利技术的使用费**包含在投标报价内**。（发包人不另外付费）

③ 承包人在进行设计，以及使用任何材料、承包人设备、工程设备或采用施工工艺时，因侵犯专利权或其他知识产权所引起的责任，**由承包人**自行承担。

【例题1】 根据《标准设计施工总承包招标文件》，关于采用专利技术的说法，正确的是（　　）。（2020年真题）

A. 承包人采用专利技术的费用应包含在投标报价中

B. 承包人采用专利技术的费用应由发包人另行补偿

C. 承包人因侵犯专利权引起的责任由合同双方共同承担

D. 承包人因侵犯专利权引起的责任由发包人承担

【答案】A

【解析】选项 B 错误，承包人在投标文件中采用专利技术的，专利技术的使用费包含在投标报价内；选项 C、D 错误，承包人在进行设计，以及使用任何材料、承包人设备、工程设备或采用施工工艺时，因侵犯专利权或其他知识产权所引起的责任，由承包人自行承担。

【例题 2】根据《标准设计施工总承包合同》，设计施工总承包合同承包人完成的设计工作成果和建造完成的建筑物，如无特别约定，则除署名权以外的著作权归（　　）。

A. 发包人
B. 承包人
C. 发包人或承包人
D. 发包人和承包人共同

【答案】A

【解析】本题考查的是设计施工总承包合同文件。除署名权以外的著作权以及建筑物形象使用收益等知识产权均归发包人享有。（专用合同条款另有约定除外）

知识点四：通用条款中给出两种选择的项目（七项）

具体内容如表 7-6 所示。

通用条款中给出两种选择的项目　　　　　　　　　　　表 7-6

项目	选项一	选项二
施工场地的专用和临时道路的通行权，取得场外设施的权利	发包人负责办理,并承担费用	承包人负责办理并承担费用
对待发包人要求中的错误	无条件补偿条款	有条件补偿条款
工程材料和设备的提供方	承包人包工包料	发包人负责提供主要材料和工程设备的包工,部分包料
施工设备和临时工程	发包人不提供	发包人提供部分
计日工和暂估价的补偿方式	已包含在合同价格内,不另行考虑	实际发生费用另行补偿
不可预见物质条件的风险承担	承包人承担	发包人承担
竣工后试验谁来负责	发包人负责	承包人负责

【例题】根据《标准设计施工总承包招标文件》中的通用合同条款，可以由当事人在两种可供选择的条款中进行选择的情形有（　　）。（2022 年上半年考试真题）

A. 发包人是否提供竣工后试验所必需的燃料和材料

B. 计日工费和暂估价是否包括在合同价格中

C. 办理取得出入施工场地的道路通行权

D. 发包人要求中的错误导致承包人受到损失

E. 发包人是否提供施工设备和临时工程

【答案】BCDE

【解析】本题考查标准设计施工总承包合同通用条款给出两种可选用的约定形式的事项。

知识点五：发包人要求与承包人文件

1. 发包人要求中的错误处理

如表 7-7 所示。

发包人要求中的错误处理　　　　　　　　　　　　表 7-7

类型	内涵	
无条件补偿条款	①无论承包人复核时是否发现发包人要求的错误,全部由**发包人**承担责任 ②顺延工期和(或)补偿费用和利润	
有条件补偿条款	复核时发现错误	承包人通知发包人,**发包人**坚持不进行修改的,发包人承担责任
	复核时未发现错误	**承包人**自行承担责任

2. 承包人文件

① 由承包人根据合同应提交的所有文件。最主要的是**设计文件。**

② 需在专用条款约定承包人向监理人陆续提供文件的内容、数量和时间。

③ 不论监理人批准或视为已批准的承包人文件，均不影响监理人在以后拒绝该项工作的权利。

3. 无论承包人复核时发现与否，由于以下资料的错误，均由发包人承担（工期补偿＋费用补偿＋利润补偿）

① 发包人要求中引用的原始数据和资料。

② 对工程或其任何部分的功能要求。

③ 对工程的工艺安排或要求。

④ 试验和检验标准。

⑤ 除合同另有约定外，承包人无法核实的数据和资料。

【例题 1】根据《标准设计施工总承包招标文件》，承包人文件中最主要的文件是（　　）。（2021 年真题）

A. 设计文件　　　　　　　　　　B. 施工组织设计

C. 价格清单　　　　　　　　　　D. 承包人建议书

【答案】A

【解析】承包人文件中最主要的是设计文件。需在专用条款约定承包人向监理人陆续提供文件的内容、数量和时间。

【例题 2】根据《标准设计施工总承包招标文件》，合同双方需在专用合同条款中约定承包人向监理人提供的设计文件的（　　）。（2021 年真题）

A. 内容　　　B. 格式　　　C. 数量　　　　D. 地点

E. 时间

【答案】ACE

【解析】本题考查标准设计施工总承包合同中订立合同时需要明确的内容。承包人文件中最主要的是设计文件，需在专用条款约定承包人向监理人陆续提供文件的内容、数量和时间。

【例题 3】根据《设计施工总承包合同》，关于"发包人要求"中的错误，正确的处理方法是（　　）。（2018 年真题）

A. 将无条件补偿条款写入合同协议书

B. 将有条件补偿条款写入合同附录

C. 承包人复核时未发现的错误造成的损失由承包人承担

D. 将无条件或有条件补偿条款写入合同专用条款

【答案】D

【解析】选项 A、B，对于发包人要求中的错误，通用条款给出了两种供选择的条款；选项 C 错误，承包人复核算时未发现的错误造成的损失的承担主体，受是有条件补偿条款还是无条件补偿条款的限制。

知识点六：履约担保

① 承包人应保证其履约担保在发包人颁发工程接收证书前（或竣工后试验通过前）一直有效。

② 工程延期竣工，承包人有义务保证履约担保继续有效。

③ 由于发包人原因导致延期的，继续提供履约担保所需的费用由**发包人**承担。

④ 由于承包人原因导致延期的，继续提供履约担保所需费用由承包人承担。（延期履约担保所需费用由责任方承担）

【例题】根据《标准设计施工总承包招标文件》，承包人应保证其履约担保在（　　）前一直有效。（2022 年上半年考试真题）

A. 承包人提出工程竣工验收申请　　B. 发包人颁发工程接收证书

C. 承包人提出工程竣工结算申请　　D. 发包人颁发工程缺陷责任终止证书

【答案】B

【解析】承包人应保证其履约担保有效期至发包人颁发工程接收证书。

知识点七：保险责任

承包人按照专用条款约定投保第三者责任险的担保期限，应保证颁发缺陷责任期终止证书前一直有效。发承包双方投保的保险责任如表 7-8 所示。

发承包双方投保的保险责任　　　　　　表 7-8

承包人 投保险种	发包人（监理人） 投保险种
①设计和工程保险（设计责任险、建筑或安装工程一切险） ②第三者责任险（在缺陷责任期终止前有效） ③工伤保险和意外伤害保险（分包也投） ④施工设备、进场材料和工程设备保险	①工伤保险 ②意外伤害保险

【例题 1】根据《标准设计施工总承包招标文件》，合同双方应在专用合同条款中约定设计和工程保险的（　　）。（2021 年真题）

A. 投保时间　　　B. 投保险种　　　C. 保险范围　　　D. 保险期限

E. 投保对象

【答案】BCD

【解析】承包人按照专用条款的约定向双方同意的保险人投保建设工程设计责任险、建筑工程一切险或安装工程一切险。具体的投保险种、保险范围、保险金额、保险费率、保险期限等有关内容应当在专用条款中明确约定。

【例题2】根据《标准设计施工总承包招标文件》，关于责任保险的说法，正确的是（　　）。（2019年真题）

A. 建设工程设计责任险应当由发包人投保

B. 选择建设工程设计责任险的保险人，应当经发包人与承包人双方同意

C. 第三者责任险应当由发包人与承包人共同投保

D. 发包人应当为承包人的施工设备投保

【答案】B

【解析】选项A错误、选项B正确，承包人按照专用条款的约定向双方同意的保险人投保建设工程设计责任险、建筑工程一切险或安装工程一切险；选项C错误，承包人按照专用条款约定投保第三者责任险的担保期限，应保证颁发缺陷责任期终止证书前一直有效；选项D错误，承包人应为其施工设备、进场的材料和工程设备等办理保险。

【例题3】根据《标准施工总承包招标文件》中的《合同条款及格式》，承包人应保证其投保第三者责任险在（　　）前一直有效。（2016年真题）

A. 签发工程验收证书　　　　　B. 出具最终结清证书

C. 提交竣工验收报告　　　　　D. 颁发缺陷责任期终止证书

【答案】D

【解析】本题考查的是保险责任。承包人按照专用条款约定投保第三者责任险的担保期限，应保证颁发缺陷责任期终止证书前一直有效。

第四节　工程总承包合同履行管理

知识点一：设计工作的合同管理

1. 开始工作

① 监理人获得发包人同意后应提前 **7日** 向承包人发出开始工作通知。

② 合同工期自**开始工作通知中载明的开始工作日期**起计算。

③ 因发包人原因造成监理人未能在合同签订之日起 **90日** 内发出开始工作通知，承包人有权提出价格调整要求，或者解除合同。发包人应当承担由此增加的费用和（或）工期延误，并向承包人支付合理利润。（调价或解除合同）

2. 发包人对设计成果的审查

① 发包人应组织设计审查，审查期限自监理人收到承包人的设计文件之日起不超过 **21日**。

② 发包人审查认为设计文件不合格的，承包人应重新修改后报送发包人审查，审查

期限重新起算。

③ 合同约定的审查期限届满，发包人没有作出审查结论也没有提出异议，视为承包人的设计文件已获发包人同意。

3. 有关部门对设计成果的审查

① 发包人应在审查同意承包人的设计文件后**7日内**，向政府有关部门报送设计文件。

② 如果审查提出的意见需要修改发包人要求文件，发包人应重新提出"发包人要求"文件，承包人根据新提出的发包人要求修改设计文件。增加的工作量和拖延的时间按**变更**对待。

> 对比记忆：
> 关于设计成果的审查：
> ①设计合同：14日
> ②设计施工总承包合同：21日和7日

【例题1】 根据《标准设计施工总承包招标文件》，自监理人收到承包人的设计文件之日起，对设计文件的审查期限不应超过（ ）日。（2022年上半年考试真题）

A. 21　　　　B. 28　　　　C. 42　　　　D. 56

【答案】 A

【解析】 自监理人收到承包人的设计文件之日起，对设计文件的审查期限不应超过21日。

【例题2】 根据《标准设计施工总承包招标文件》中的通用合同条款，设计文件需政府有关部门审查或批准的工程，发包人应在审查同意承包人的设计文件后（ ）日内，向政府有关部门报送设计文件。（2022年下半年考试真题）

A. 7　　　　B. 14　　　　C. 21　　　　D. 28

【答案】 A

【解析】 设计文件需政府有关部门审查或批准的，发包人应在审查同意承包人的设计文件后7日内，向政府有关部门报送设计文件，承包人予以协助。

【例题3】 根据《标准设计施工总承包招标文件》，因发包人原因造成监理人未能在合同签订之日起（ ）日内发出开始工作通知，承包人有权提出价格调整或解除合同。（2021年真题）

A. 30　　　　B. 60　　　　C. 90　　　　D. 120

【答案】 C

【解析】 因发包人原因造成监理人未能在合同签订之日起90日内发出开始工作通知，承包人有权提出价格调整要求，或者解除合同。

知识点二：合同价款与工程款支付管理

1. 合同价格

① 合同价格＝签约合同价＋调整的价格。

② 合同价格中包含规费和税金。

③ 价格清单列出的仅为估算工程量，不视为实际或准确工程量，仅用于变更和支付的参考资料。

2. 工程进度付款

其程序如表7-9所示。

工程进度付款程序 表 7-9

项目	内容
支付分解报告	①承包人应当在收到监理人批复的合同进度计划后 7 日内,将**支付分解报告**报监理人审批 ②监理人应当在收到承包人报送的支付分解报告后 7 日内给予批复或提出修改意见
进度付款程序	承包人提交进度款付款申请 →14日→ 监理人审核并发出进度付款证书 → 发包人付款 最迟28日

3. 支付分解主要考虑的因素

① 价格清单的价格构成;

② 费用性质;

③ 计划发生时间;

④ 相应工作量。

4. 支付分解表分类和分解原则

具体内容如表 7-10 所示。

支付分解表分类和分解原则 表 7-10

项目	分解原则
勘察设计费	按照提交**勘察设计阶段性成果**的时间、对应的工作量进行分解
材料和工程设备费	按**订立合同、进场验收合格、安装就位、工程竣工**等阶段和比例进行分解
技术服务培训费	按照价格清单中的单价,结合合同进度计划对应的工作量进行分解
其他工程价款	按照价格清单中的价格,结合合同进度计划拟完成的工程量或者比例进行分解

【例题 1】根据《标准设计施工总承包招标文件》中的《合同条款及格式》,承包人应根据价格清单中的价格构成、费用性质、计划发生时间和相应工作量等因素,编制( )。(2016 年真题)

A. 工程进度款支付分解表　　　　B. 投资计划使用分配表

C. 工程进度款使用计划表　　　　D. 建设资金平衡表

【答案】A

【解析】承包人应根据价格清单的价格构成、费用性质、计划发生时间和相应工作量等因素,对拟支付的款项进行分解并编制支付分解表。

【例题 2】根据《标准设计施工总承包合同》,承包人在编制进度款支付分解表时,对拟支付的款项进行分解应考虑的因素有( )。(2015 年真题)

A. 工程效率　　　　　　　　　　B. 费用性质

C. 计划发生时间　　　　　　　　D. 相应工作量

E. 人员安排

【答案】BCD

【解析】承包人应根据价格清单的价格构成、费用性质、计划发生时间和相应工作量等因素,对拟支付的款项进行分解并编制支付分解表。

知识点三：合同变更的管理

具体内容如表 7-11 所示。

变更的类型及程序   表 7-11

变更类型	程序
监理人指示的变更（发包人要求变更）	监理人发出**变更意向书**→承包人提出具体实施方案→**发包人同意**→监理人发出**变更指示**
监理人发出文件的内容构成变更	①承包人收到监理人按合同约定发给的文件，认为其中存在对发包人要求构成变更情形时，可向监理人提出书面变更建议 ②承包人向监理提出书面变更建议→监理与发包人研究，14 日内作出变更指示/不同意的书面答复承包人 ③监理人应按照合同商定或确定变更价格，变更价格应包括合理的利润
承包人提出的合理化建议	承包人向监理人提交合理化建议→监理与发包人研究是否采纳（**与上区别是无答复时间要求**）

【例题 1】根据《标准设计施工总承包招标文件》中的通用合同条款，向承包人作出有关发包人要求改变的变更指示，只能由（   ）发出。（2022 年下半年考试真题）

  A. 发包人   B. 总承包人   C. 监理人   D. 设计人

【答案】C

【解析】经发包人同意，监理人可按约定的变更程序向承包人作出有关发包人要求改变的变更指示，承包人应遵照执行。若没有监理人的变更指示，承包人不得擅自变更合同内容。

【例题 2】根据《标准设计施工总承包招标文件》中的通用合同条款，确定变更价格正确的做法是（   ）。（2022 年下半年考试真题）

  A. 变更价格应包括在签约合同价中

  B. 由发包人根据项目投资效益决定变更价格

  C. 由承包人根据成本加利润原则确定变更价格

  D. 由监理人按合同与合同当事人商定或确定变更价格

【答案】D

【解析】监理人应按照合同商定或确定变更价格，变更价格应包括合理的利润，并应考虑承包人提出的合理化建议。

【例题 3】根据《标准设计施工总承包招标文件》中的《合同条款及格式》，在合同履行过程中，承包人提出合理化建议时，正确的处理程序是（   ）。（2017 年真题）

  A. 承包人向监理人提出→监理人与发包人协商→监理人向承包人发出变更指示

  B. 承包人向监理人提出→监理人向发包人报告→发包人与承包人协商合同变更

  C. 承包人向发包人提出→发包人与监理人协商→监理人向承包人发出变更指示

  D. 承包人向发包人提出→发包人通知监理人→监理人向承包人发出变更指示

【答案】A

【解析】本题考查的是变更管理。履行合同过程中，承包人可以书面形式向监理人提交改变"发包人要求"文件中有关内容的合理化建议书。监理人应与发包人协商是否采纳承包人的建议。建议被采纳并构成变更，由监理人向承包人发出变更指示。

知识点四：索赔管理

具体内容如表 7-12 所示

不能顺延工期的情况和不能补偿利润的项目　　　　　　表 7-12

不能顺延工期的情况	不能补偿利润的项目（费用均可补偿）
①为他人提供方便 ②发包人要求提前交货 ③缺陷责任期内非承包人原因缺陷的修复 ④发包人违约解除合同	①化石、文物 ②争议评审组对监理人确定的修改 ③为他人提供方便 ④不可预见物质条件 ⑤发包人要求提前交货 ⑥发包人提供的材料、设备不符合要求 ⑦异常恶劣的气候条件 ⑧行政审批延误

标准施工合同和标准设计施工总承包合同中关于异常恶劣气候条件的对比如表 7-13 所示。

关于异常恶劣气候条件的对比辨析　　　　　　表 7-13

标准施工合同	标准设计施工总承包合同
可以顺延工期，但不能补偿费用和利润	可以顺延工期，可以补偿费用，但不补偿利润

【例题 1】根据《标准设计施工总承包招标文件》，承包人可获得工期、费用和利润补偿的情形有（　　）。（2022 年上半年考试真题）

A. 发包人违约解除合同　　　　　　B. 不可抗力发生后的工程照管

C. 不可预见物质条件　　　　　　　D. 发包人原因影响设计进度

E. 监理人指示延误或错误

【答案】BDE

【解析】选项 A，发包人违约解除合同，承包人可获得费用、利润补偿；选项 C，不可预见物质条件，承包人可获得工期、费用补偿，不能得到利润补偿。

【例题 2】采用《标准设计施工总承包招标文件》招标的项目，在施工过程中因设计图纸未及时提供，导致施工费用增加的，所增加的费用应由（　　）承担。（2022 年下半年考试真题）

A. 发包人　　　　　B. 承包人　　　　　C. 监理人　　　　　D. 设计人

【答案】B

【解析】设计施工总承包合同中，承包人承担提供设计图纸的责任，因此，未及时提供设计图纸导致施工费用增加的，所增加的费用应由承包人承担。

【例题 3】根据《标准设计施工总承包招标文件》中的通用合同条款，承包人可以提出利润索赔的情形有（　　）。（2022 年下半年考试真题）

A. 发包人提供的基准资料错误

B. 发包人提供的设备不符合要求

C. 隐蔽工程重新检查证明质量合格

D. 不可抗力事件发生后照管、清理、修复工程

E. 不可抗力导致承包人设备损坏

【答案】ABC

【解析】选项A、C、D可以提出工期、费用、利润索赔。发包人提供的设备不符合要求，可以提出工期、费用索赔。不可抗力导致承包人设备损坏，由承包人自行承担。

【例题4】根据《标准设计施工总承包招标文件》的通用条款，由于异常恶劣的气候条件带来的延误与损失，（   ）。

A. 不能顺延工程，不能补偿费用和利润

B. 可以顺延工程，但不能补偿费用和利润

C. 可以顺延工程，可以补偿费用但不能补偿利润

D. 可以顺延工程，可以补偿费用和利润

> 易错点辨析：例题4和例题5这两题的备选项及题干表述完全一样，区别在于依据的文件不同，答案就不同

【答案】C

【解析】本题考查的是合同的索赔管理。异常恶劣的气候条件，可以顺延工程，可以补偿费用但不能补偿利润。

【例题5】根据《标准施工招标文件》的通用条款，由于异常恶劣的气候条件带来的延误与损失，（   ）。

A. 不能顺延工程，不能补偿费用和利润

B. 可以顺延工程，但不能补偿费用和利润

C. 可以顺延工程，可以补偿费用但不能补偿利润

D. 可以顺延工程，可以补偿费用和利润

【答案】B

【解析】本题考查的是合同的索赔管理。在标准施工合同中，异常恶劣的气候条件，可以顺延工程，但不能补偿费用和利润。

知识点五：违约责任

1. 承包人违约的处理

如图7-3所示。

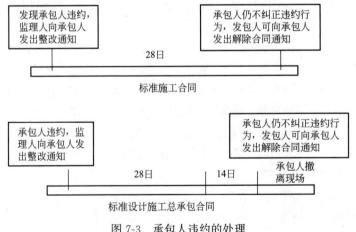

图7-3　承包人违约的处理

2. 发包人违约的处理

如图 7-4 所示。

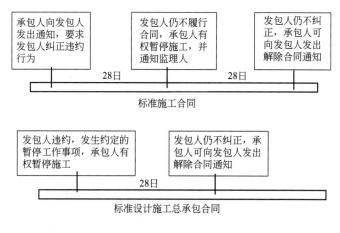

图 7-4　发包人违约的处理

【例题 1】根据《标准设计施工总承包招标文件》中的通用合同条款，应由发包人承担责任的情形有（　　）。（2022 年下半年考试真题）

A. 按合同约定承包人负责提供的临时设施延期

B. 按合同约定发包人负责的设计图纸审查滞后

C. 按合同约定承包人提供的工程设备延期到场

D. 按合同约定发包人提供的工程设备延期到场

E. 按合同约定承包人设计图纸未能按计划提供

【答案】BD

【解析】选项 B、D 的损失由发包人导致，应由发包人承担责任；选项 A、C、E 的损失由承包人导致，应由承包人承担责任。

【例题 2】根据《标准设计施工总承包招标文件》中的通用合同条款，承包人应承担违约责任的情形有（　　）。（2022 年下半年考试真题）

A. 承包人使用的施工机械数量不足，不能满足合同进度计划要求

B. 由承包人负责提供的设计文件的技术要求低于现行国家标准

C. 未经监理人批准，承包人将进入现场作业的设备用于其他项目施工，导致本项目关键工作停工

D. 监理人按发包人的要求在进度付款申请单签收后 2 个月签发付款证书

E. 承包人分包的混凝土搅拌站未按批准的施工配合比生产混凝土，导致混凝土强度达不到标准要求

【答案】ABCE

【解析】选项 A、B、C、E 的损失由承包人导致，应由承包人承担责任；选项 D 的损失由监理人导致，应由发包人承担责任。

知识点六：竣工试验

1. 承包人申请竣工试验及验收

① 承包人应提前 **21 日**将申请竣工试验的通知送达监理人。

② 监理人应在 **14 日**内，确定竣工试验的具体时间。

③ 经验收合格工程，监理人经发包人同意后向承包人签发工程接收证书。

④ 证书中注明的实际竣工日期，以**提交竣工验收申请报告的日期**为准。

2. 竣工试验程序（三阶段）

具体内容如表 7-14 所示。

竣工试验的三个阶段 表 7-14

阶段	具体内容
第一阶段:功能性试验(单机)	保证每一项工程设备都满足合同要求,并能安全地进入下一阶段试验
第二阶段:可利用条件下试验(联动)	保证工程或区段工程满足合同要求,在所有可利用的操作条件下安全运行
第三阶段:性能测试	当工程能安全运行时,承包人应通知监理人,可以进行其他竣工试验,包括各种性能测试,以证明工程符合发包人要求中列明的性能保证指标

【例题 1】根据《标准设计施工总承包招标文件》，在工程竣工试验的第二阶段，发包人应提出对（　　）的要求。（2022 年上半年考试真题）

A. 单车试验　　　　B. 功能性试验　　　　C. 联动试车　　　　D. 性能测试

【答案】C

【解析】本题考查竣工试验三个阶段的内容。

【例题 2】根据《标准设计施工总承包招标文件》中的通用合同条款，关于竣工验收的说法，正确的有（　　）。（2020 年真题）

A. 承包人应提前 14 日将申请竣工试验通知送达发包人

B. 承包人应在申请竣工试验前提交运行操作和维修手册

C. 承包人应在竣工试验通过时将工程移交给发包人组织试运行

D. 工程经验收合格，监理人经发包人同意后签发工程接收证书

E. 工程接收证书上注明的实际竣工日期为提交竣工验收申请报告的日期

【答案】BDE

【解析】选项 A，承包人应提前 21 日将申请竣工试验的通知送达监理人；选项 C，竣工试验通过后，承包人应按合同约定进行工程及工程设备试运行。

知识点七：竣工后试验

① 对于大型工程为了检验承包人的设计、设备选型和运行情况等的技术指标是否满足合同的约定，通常在**缺陷责任期内**工程稳定运行一段时间后进行竣工后试验。

② 竣工后试验可由发包人或承包人进行。（**组织主体可约定**）

③ 无论哪一方组织，发包人均需**提前 21 日**将试验日期通知承包人。

【例题 1】 根据《标准设计施工总承包招标文件》，关于竣工后试验的说法，正确的有（ ）。（2019 年真题）

A. 应当在工程竣工后、移交前进行

B. 应当在工程移交后的缺陷责任期内进行

C. 试验所必需的电力由发包人提供

D. 在专用条款中只能约定应当由发包人负责

E. 在专用条款中只能约定应当由承包人负责

【答案】 BC

【解析】 选项 A 错误，竣工后试验是指工程竣工移交后在缺陷责任期内投入运行期间，对工程的各项功能的技术指标是否达到合同规定要求而进行的试验。选项 D、E 错误，竣工后试验由谁来进行，通用条款给出两种可供选择的条款，订立合同时应予以明确采用哪个条款：①发包人负责竣工后试验；②承包人负责竣工后试验。可以选择其中任何一方负责。

【例题 2】 根据《标准设计施工总承包合同》，关于竣工后试验的说法，正确的有（ ）。（2015 年真题）

A. 发包人应将竣工后试验的日期提前 21 日通知承包人

B. 发包人在场的情况下承包人进行竣工后试验

C. 竣工后试验由监理人组织发包人和承包人进行

D. 监理人在竣工后试验合格时向承包人签发工程接收证书

E. 竣工后试验通常在缺陷责任期内工程稳定运行一段时间后进行

【答案】 AE

【解析】 选项 B，竣工后试验发包人或承包人都可以进行；选项 C，竣工后试验按专用条款的约定由发包人或承包人进行，并不是由监理人组织；选项 D，工程经竣工验收合格，监理人经发包人同意后向承包人签发工程接收证书，并不是竣工后试验合格。

知识点八：合同争议的解决

① 采用争议评审的，发包人和承包人应在开工日后的 28 日内或在争议发生后，协商成立争议评审组。

② 争议评审组由有合同管理和工程实践经验的专家组成。

③ 合同双方的争议，应首先由申请人向争议评审组提交一份详细的评审申请报告。

④ 被申请人在收到申请人评审申请报告副本后的 28 日内，向争议评审组提交一份答辩报告。

⑤ 争议评审组在收到合同双方报告后的 14 日内，邀请双方代表和有关人员举行调查会。

⑥ 在调查会结束后的 14 日内，争议评审组应在不受任何干扰的情况下作出书面评审意见，并说明理由。

⑦ 在争议评审期间，争议双方暂按总监理工程师的确定执行。

⑧ 发包人和承包人接受评审意见的，由监理人根据评审意见拟定执行协议，双方签字后作为合同的补充文件，并遵照执行。

⑨ 发包人或承包人不接受评审意见，并要求提意见后的 14 日内将仲裁或起诉意向书面通知另一方。

【例题】 根据《标准设计施工总承包招标文件》，发包人与承包人在履行合同中发生争议，经争议评审组评审但当事人不接受评审意见而提交仲裁的，应在仲裁结束前暂按（　　）执行。（2021 年真题）

A. 争议评审组的评审意见　　　　　　B. 发包人的意见

C. 承包人的意见　　　　　　　　　　D. 总监理工程师的确定

【答案】 D

【解析】 发包人或承包人不接受评审意见，并要求提交仲裁或提起诉讼的，应在收到评审意见后的 14 日内将仲裁或起诉意向书面通知另一方，并抄送监理人，但在仲裁或诉讼结束前应暂按总监理工程师的确定执行。

本章精选习题

一、单项选择题

1. 设计施工总承包模式与施工承包模式相比主要优点是有利于（　　）。

A. 业主选用指定的分包商　　　　　　B. 吸引更多的投标人竞标

C. 发包人对承包人的监督和检查　　　D. 减少承包人的索赔

2. 根据《标准设计施工总承包招标文件》，组成合同的文件有：①发包人要求；②价格清单；③通用合同条款。仅就上述合同文件而言，正确的优先解释顺序是（　　）。

A. ①②③　　　　　　　　　　　　　B. ③②①

C. ③①②　　　　　　　　　　　　　D. ②③①

3. 根据《标准设计施工总承包招标文件》的规定，自监理人收到承包人设计文件之日起，对承包人设计文件的审查期限不应超过（　　）日。

A. 7　　　　　　　　　　　　　　　B. 14

C. 21　　　　　　　　　　　　　　 D. 28

4. 关于设计施工总承包合同的承包人的说法，正确的是（　　）。

A. 承包人应当是独立承包人

B. 承包人的分包工作需要征得发包人同意

C. 承包人的分包工程需要经过承包人与发包人共同发包

D. 承包人的全部承包工作内容均可分包

5. 根据《标准设计施工总承包招标文件》，当发包人要求、中标通知书、合同协议书和专用条款内容不一致时，如果专用条款没有另行约定，应以（　　）的内容为准。

A. 合同协议书　　　　　　　　　　　B. 中标通知书

C. 专用条款　　　　　　　　　　　　D. 发包人要求

6. 根据《标准施工总承包招标文件》中的《合同条款及格式》，下列文件中，属于设计施工总承包合同组成文件的是（　　）。

A. 工程量清单　　　　　　　　　　　B. 价格清单

C. 分项报价清单　　　　　　　　D. 商务及技术偏差

7. 建设工程设计施工总承包合同中"承包人文件"最主要的组成内容是（　　）。

A. 价格清单　　　　　　　　　B. 分析软件

C. 设计文件　　　　　　　　　D. 计算书

8. 根据《标准设计施工总承包招标文件》中的《合同条款及格式》，承包人应按照专用条款的约定投保建设工程设计责任险和工程保险，需要变动保险合同条款时，承包人的正确做法是（　　）。

A. 事先征得监理人同意，并通知设计人

B. 事先征得监理人同意，并通知发包人

C. 事先征得设计人同意，并通知监理人

D. 事先征得发包人同意，并通知监理人

9. 根据《标准设计施工总承包合同》，投保工伤险和人身意外伤害险的正确做法是（　　）。

A. 承包人和分包人应投保，发包人和监理人不需要投保

B. 承包人、分包人及监理人应投保，发包人不需要投保

C. 承包人和监理人应投保，发包人和分包人不需要投保

D. 发包人、监理人、承包人和分包人均应投保

10. 在设计施工总承包合同中，因发包人原因造成监理人未能在合同签订之日起（　　）日内发出开始工作通知，承包人有权提出价格调整要求，或者解除合同。

A. 14　　　　　　　　　　　B. 28

C. 56　　　　　　　　　　　D. 90

11. 根据《标准设计施工总承包合同》，"变更管理"正确程序是（　　）。

A. 发包人发出变更指示→承包人提交实施方案→监理人审批方案→监理人签发变更指令

B. 监理人发出变更意向书→承包人提交实施方案→监理人审批方案→监理人签发变更指令

C. 监理人发出变更意向书→承包人提交实施方案→发包人同意实施方案→监理人签发变更指令

D. 发包人发出变更意向书→承包人提交实施方案→发包人同意实施方案→监理人签发变更指令

12. 根据《标准设计施工总承包合同》，工程实施中应给予承包人延长工期、增加费用并支付合理利润的情形是（　　）。

A. 发包人提供的材料不符合要求　　B. 监理人的指示错误

C. 不可预见的物质条件　　　　　　D. 异常恶劣的气候条件

13. 根据《标准设计施工总承包招标文件》中的《合同条款及格式》，工程竣工试验分三个阶段，其中第二阶段进行的是（　　）。

A. 性能测试　　　　　　　　　B. 联动试车

C. 单车实验　　　　　　　　　D. 系统联调

14. 以下有关监理工程师及监理工程师授权的人员的说法，正确的是（　　）。

A. 发包人应在发出开始工作通知前 14 日将总监理工程师的任命通知承包人

B. 总监理工程师更换时，应提前 14 日通知承包人并征得承包人的同意

C. 总监理工程师超过 2 日不能履行职责的，应委派代表代行其职责，并通知承包人

D. 总监理工程师可以将自己的所有权利授权给其他监理人员

15. 根据《标准设计施工总承包合同》，设计施工总承包合同承包人完成的设计工作成果和建造完成的建筑物，如无特别约定，则除（   ）以外的著作权归发包人。

A. 收益权
B. 发布权
C. 署名权
D. 保护作品完整权

16. 根据《标准设计施工总承包合同》，承包人办理保险的情况下，如果承包人未按合同约定办理设计和工程保险、第三者责任保险，或未能使保险持续有效时，（   ）可代为办理，所需费用由（   ）承担。

A. 发包人，发包人
B. 发包人，承包人
C. 监理人，发包人
D. 监理人，承包人

17. 设计施工总承包合同模式下，关于"开始工作通知"说法正确的是（   ）。

A. 表明从发出该通知时间开始工作

B. 与"开工通知"的说法相同

C. 表明自该通知中载明的开始工作日期计算合同工期

D. 该通知是由发包人发出的

18. 设计施工总承包合同模式下，以下说法不正确的是（   ）。

A. 设计文件应由发包人向有关政府部门报送审查

B. 政府有关部门提出审查意见，发包人必须修改"发包人要求"文件，使之内容与政府审查意见一致

C. 如审查指出，发包人原要求与法律法规相抵触，发包人应重新提出"发包人要求"文件

D. 发包人应在审查同意承包人设计文件后 7 日内，向政府有关部门报送设计文件

19. 根据《标准设计施工总承包招标文件》中的通用合同条款，由监理人与承包人共同进行试验和检验时，必要的试验资料和原始记录应由（   ）负责提供。

A. 监理人
B. 设计人
C. 发包人
D. 承包人

二、多项选择题

1. 根据《标准设计施工总承包招标文件》，合同履行过程中发生（   ）情形的，承包人仅可获得工期、费用补偿，而不能获得利润补偿。

A. 争议评审组对监理人确定的修改
B. 异常恶劣的气候条件
C. 基准资料有误
D. 发包人原因造成质量不合格
E. 行政审批延误

2. 根据《标准设计施工总承包招标文件》中的通用合同条款，承包人有权提出工期、费用和利润三项索赔的情形有（   ）。

A. 不可预见的物质条件
B. 发包人原因导致工期延误
C. 监理人的指示错误
D. 发包人提供的材料延误

E. 异常恶劣的气候条件

3. 根据《标准设计施工总承包招标文件》中的《合同条款及格式》，通常有两种约定形式，需要合同双方在专用条款中约定的内容有（　　）。

A. 施工场地临时道路通行权的取得　　　B. 材料和工程设备的提供方

C. 计日工和暂估价的补偿方式　　　　　D. 施工图设计文件的提供方

E. 竣工后试验的责任方

4. 根据《标准设计施工总承包招标文件》中的《合同条款及格式》，发包人应投保的保险有（　　）。

A. 职业责任险　　　　　　　　　　　B. 现场人员工伤保险

C. 第三者责任险　　　　　　　　　　D. 设计和工程保险

E. 现场人员意外伤害保险

5. 根据《标准设计施工总承包招标文件》，发包人应当顺延合同工期的情况有（　　）。

A. 因国家标准变化而引起的变更

B. 因国家有关部门颁布施工许可证迟延

C. 承包人采购的材料因供货方违约而延误到货

D. 发包人未能按照合同要求的限期对承包人文件进行审查

E. 施工中发现了文物

6. 根据《设计施工总承包合同》通用条款。发包人可以对承包人补偿工期和费用，但不包括利润的情形有（　　）。

A. 发包人未能按时提供文件　　　　　B. 发现文物

C. 行证审批延误　　　　　　　　　　D. 发包人原因造成工期延误

E. 出现异常恶劣气候条件

7. 根据《标准设计施工总承包合同》，关于承包人的说法，正确的有（　　）。

A. 总承包合同的承包人必须是联合体

B. 联合体协议经发包人确认后作为合同附件

C. 合同履行过程中，监理人仅与联合体牵头人联系

D. 承包人不得擅自改变联合体组成和修改联合体协议

E. 联合体组成和内部分工是重要的评标内容

8. 设计施工总承包合同模式下，发包人的职责包括（　　）。

A. 对工程项目的实施负责投资支付　　B. 对项目建设有关重大事项的决定

C. 负责试运行的质量缺陷修复责任　　D. 负责缺陷责任期的质量缺陷修复

E. 提供图纸及采购设备

9. 根据《标准设计施工总承包合同》，承包人在复核"发包人要求"时未发现存在的错误而导致承包人费用增加时，由发包人承担责任的有（　　）。

A. 引用的原始数据和资料错误　　　　B. 对工程的功能要求错误

C. 对工程进度的要求不合理　　　　　D. 试验和检验标准不准确

E. 对项目生产工艺的要求错误

10. 根据《标准设计施工总承包招标文件》，"发包人要求"中的"功能要求"所包含

的内容有（　　）。

　　A. 工程目的　　　　　　　　　　B. 工程规模
　　C. 性能保证指标　　　　　　　　D. 产能保证指标
　　E. 项目实施方案

习题答案及解析

一、单项选择题

1.【答案】D

　　【解析】本题考查设计施工总承包合同的特点及优点。

2.【答案】C

　　【解析】本题考查设计施工总承包合同文件。

3.【答案】C

　　【解析】为了不影响后续工作，自监理人收到承包人的设计文件之日起，对承包人的设计文件审查期限不超过21日。

4.【答案】B

　　【解析】选项A错误，总承包合同的承包人可以是独立承包人，也可以是联合体；选项B正确，分包工作需要征得发包人同意；选项C，尽管委托分包人的招标工作由承包人完成，发包人也不是分包合同的当事人，所以不是共同发包；选项D错误，承包人不得将其承包的全部工程转包给第三人，也不得将其承包的全部工程肢解后以分包的名义分别转包给第三人。

5.【答案】A

　　【解析】本题考查的是合同文件的解释顺序。

6.【答案】B

　　【解析】选项A，是招标文件的内容；选项C、D均为材料设备采购合同的内容。

7.【答案】C

　　【解析】承包人文件中最主要的是设计文件，需在专用条款约定承包人向监理人陆续提供文件的内容、数量和时间。

8.【答案】D

　　【解析】承包人需要变动保险合同条款时，应事先征得发包人同意，并通知监理人。对于保险人作出的变动，承包人应在收到保险人通知后立即通知发包人和监理人。

9.【答案】D

　　【解析】承包人应为其履行合同所雇佣的全部人员投保工伤保险和人身意外伤害保险，并要求分包人也投保此项保险。发包人应为其现场机构雇佣的全部人员投保工伤保险和人身意外伤害保险，并要求监理人也进行此项保险。

10.【答案】D

　　【解析】因发包人原因造成监理人未能在合同签订之日起90日内发出开始工作通知，承包人有权提出价格调整要求，或者解除合同。发包人应当承担由此增加的费用和

（或）工期延误，并向承包人支付合理利润。

11.【答案】C

【解析】本题考查的是合同变更的程序。

12.【答案】B

【解析】选项 A、C、D 均为只能索赔工期和费用，不能索赔利润。

13.【答案】B

【解析】本题考查的是竣工验收的三个阶段。

14.【答案】C

【解析】选项 A，发包人任命总监理工程师没有提到时间的限制；选项 B，总监理工程师更换时，应提前 14 日通知承包人，但并不需要征得承包人的同意；选项 D，总监理工程师不应将约定应由总监理工程师作出确定的权力授权或委托给其他监理人员。

15.【答案】C

【解析】设计施工总承包合同承包人完成的设计工作成果和建造完成的建筑物，除署名权以外的著作权以及建筑物形象使用收益等其他知识产权均归发包人享有。

16.【答案】B

【解析】承包人办理保险的情况下，如果承包人未按合同约定办理设计和工程保险、第三者责任保险，或未能使保险持续有效时，发包人可代为办理，所需费用由承包人承担。

17.【答案】C

【解析】符合专用条款约定的开始工作条件时，监理人获得发包人同意后应提前 7 日向承包人发出"开始工作通知"。合同工期自开始工作通知中载明的开始工作日期起计算。

18.【答案】B

【解析】政府有关部门提出审查意见，不需要修改"发包人要求"文件，只需完善设计，承包人按审查意见修改设计文件。

19.【答案】D

【解析】由监理人与承包人共同进行试验和检验的，承包人负责提供必要的试验资料和原始记录。

二、多项选择题

1.【答案】ABE

【解析】选项 C、D 可以索赔工期、费用和利润。

2.【答案】BCD

【解析】本题考查索赔管理。选项 A，不能索赔利润。

3.【答案】ABCE

【解析】通用条款给出两种可选的形式，需要合同双方在专用条款中约定的内容。

4.【答案】BE

【解析】发包人应为其现场机构雇佣的全部人员投保工伤保险和人身意外伤害保险，并要求监理人也进行此项保险。

5.【答案】ABDE

【解析】非承包人原因可以顺延工期。

6. 【答案】BCE

【解析】本题考查索赔管理。利用排除法做题。选项 A 可以索赔利润；选项 D 可以索赔利润。

7. 【答案】BDE

【解析】选项 A，总承包合同的承包人可以是独立承包人，也可以是联合体；选项 C，对于联合体的承包人，合同履行过程中发包人和监理人可以与联合体牵头人联系，也可以与联合体授权的代表联系。

8. 【答案】AB

【解析】发包人负责投资及重大事项的决策。

9. 【答案】ABDE

【解析】无论承包人复核时发现与否，由于以下资料的错误，导致承包人增加费用和（或）延误的工期，均由发包人承担，并向承包人支付合理利润：发包人要求中引用的原始数据和资料；对工程或其任何部分的功能要求；对工程的工艺安排或要求；试验和检验标准；除合同另有约定外，承包人无法核实的数据和资料。

10. 【答案】ABCD

【解析】"功能要求"包括：工程的目的、规模，性能保证指标（性能保证表）和产能保证指标。

第八章 建设工程材料设备采购合同管理

本章内容框架及知识点分值分布如表 8-1、图 8-1 所示。

本章内容框架及知识点分值分布   表 8-1

知识点分布	2020 年			2021 年			2022 年上半年			2022 年下半年		
	单选（道）	多选（道）	分值	单选（道）	多选（道）	分值	单选（道）	多选（道）	分值	单选（道）	多选（道）	分值
材料设备采购合同特点及分类	0	0	0	0	1	2	1	1	3	0	0	0
材料采购合同履行管理	3	2	7	2	0	2	2	0	2	4	1	6
设备采购合同履行管理	3	1	5	2	1	4	2	3	8	2	2	6
合计	6	3	12	4	2	8	5	4	13	6	3	12

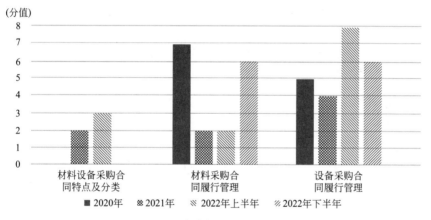

图 8-1 本章知识点分值分布

第一节 材料设备采购合同特点及分类

知识点一：材料、设备采购合同的特点

1. 材料设备采购合同的一般特点（买卖合同）

① 以转移财产所有权为目的。

② 一方支付价款，获得财产**所有权**，另一方相反。

③ 是**双务、有偿**合同。

④ 是**诺成合同**，并不以实物的交付为合同成立条件。

2. 材料设备采购合同的特点

如表 8-2 所示。

材料设备采购合同的特点　　　　　　　表 8-2

项目	特点
当事人	①买受人(采购人):发包人或承包人 ②出卖人(供货人):生产厂家或物资供应商
标的	品种繁多,供货条件差异较大
内容	①建筑材料采购合同的条款——限于物资<u>交货</u>阶段 ②大型设备采购合同——除交货阶段外,包括生产制造阶段、安装调试、设备试运行、设备性能达标检验和保修等(属于加工承揽合同)
材料设备供应时间	与<u>施工进度</u>密切相关,提前或延误交货均不妥当

【例题 1】施工单位采购大宗建筑材料,与材料供货商签订的合同属于( )合同。(2022 年上半年考试真题)

A. 委托　　　　B. 承揽　　　　C. 买卖　　　　D. 建设工程

【答案】C

【解析】本题考查材料、设备采购合同。采购大宗建筑材料或通用型批量生产的中小型设备属于买卖合同。订购非批量生产的大型复杂机组设备、特殊用途的大型非标准部件则属于加工承揽合同。

【例题 2】建设工程材料设备采购合同的属性有( )。(2022 年上半年考试真题)

A. 主合同　　　　　　　　　　B. 从合同

C. 双务有偿合同　　　　　　　D. 诺成合同

E. 委托合同

【答案】CD

【解析】材料设备采购合同属于买卖合同、有偿合同、双务合同、诺成合同。

【例题 3】建设工程材料采购合同条款主要涉及的内容有( )。(2021 年真题)

A. 材料生产制造　　　　　　　B. 材料交接程序

C. 质量检验方式　　　　　　　D. 材料质量要求

E. 合同价款支付

【答案】BCDE

【解析】建筑材料采购合同的条款一般限于物资交货阶段,主要涉及交接程序、检验方式、质量要求和合同价款的支付等。

【例题 4】建设工程材料设备采购合同属于买卖合同,除法律有特殊规定外,作为合同成立的条件是( )。(2016 年真题)

A. 标的物交付　　　　　　　　B. 当事人之间意思表示一致

C. 货款支付　　　　　　　　　D. 材料设备所有权转移

【答案】B

【解析】建设工程材料设备采购合同属于诺成合同,除了法律有特殊规定的情况外,当事人之间意思表示一致,买卖合同即可成立,并不以实物的交付为合同成立的条件。

知识点二：材料设备采购合同的分类

1. 材料设备采购合同的分类

如图 8-2 所示。

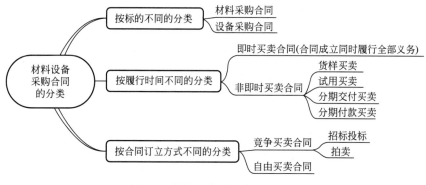

图 8-2 材料设备采购合同的分类

2. 非即时买卖合同要点

具体内容如表 8-3 所示。

非即时买卖合同要点 表 8-3

项目	特点
货样买卖	①当事人双方按照货样或样本所显示的质量进行交易 ②当事人应当封存样品，并可以对样品质量予以说明 ③凭样品买卖的买受人不知道样品有**隐蔽瑕疵**的，即使交付的标的物与样品相同，出卖人交付的标的物质量仍然应当符合合同种物的**通常标准**
试用买卖	①当可人可以约定试用期间 ②试用期届满，买受人对是否购买标的物未作表示的，视为**购买**
分期交付买卖	一批标的物不符合约定，可以就相互依存的已交付和未交付的各批标的物解除合同
分期付款买卖	分期付款的买受人未支付到期价款的金额达到全部价款的 **1/5** 的，出卖人可以要求买受人支付全部价款或者解除合同

【例题 1】建设工程材料设备采用非即时买卖合同的种类有（ ）。（2015 年真题）

A. 货样买卖　　　　　　　　　　B. 分期交付买卖

C. 试用买卖　　　　　　　　　　D. 异地交付买卖

E. 分期付款买卖

【答案】ABCE

【解析】非即时买卖合同的表现有很多种。在建设工程材料设备采购合同比较常见的是货样买卖、试用买卖、分期交付买卖和分期付款买卖等。

【例题 2】关于货样买卖合同的说法，正确的是（ ）。（2019 年真题）

A. 货样买卖适用于即时买卖合同

B. 货样买卖应当封存样品

C. 样品是交付标的物时的质量参考

D. 样品存在隐蔽瑕疵的，交货时的瑕疵风险由买受人承担

【答案】B

【解析】选项 A，货样买卖适用于非即时买卖合同；选项 C，当事人双方按照货样或样本所显示的质量进行交易，不是仅为参考；选项 D，凭样品买卖的买受人不知道样品有隐蔽瑕疵的，即使交付的标的物与样品相同，出卖人交付的标的物质量仍然应当符合同种物的通常标准。

知识点三：材料、设备采购合同文本

1. 九部委发布的材料、设备采购合同文本的适用范围

① 九部委发布的材料、设备采购合同文本均由通用合同条款、专用合同条款和合同附件格式构成。

② 九部委发布的材料、设备采购合同文本适用于**依法必须招标**的与工程建设有关的材料、设备采购项目。

2. 材料、设备采购合同文件解释的优先顺序

具体内容及总结如表 8-4、表 8-5 所示。

材料、设备采购合同文件解释的优先顺序　　表 8-4

材料采购合同	设备采购合同
①合同协议书 ②中标通知书 ③投标函 ④**商务和技术偏差表** ⑤专用合同条款 ⑥通用合同条款 ⑦**供货要求(要求)** ⑧**分项报价表(钱)** ⑨**中标材料质量标准的详细描述(技术)** ⑩**相关服务计划(服务)** ⑪其他合同文件	①合同协议书 ②中标通知书 ③投标函 ④**商务和技术偏差表** ⑤专用合同条款 ⑥通用合同条款 ⑦**供货要求(要求)** ⑧**分项报价表(钱)** ⑨**中标设备技术性能指标的详细描述(技术)** ⑩**技术服务和质保期服务计划(服务)** ⑪其他合同文件

标准合同文本文件的解释顺序归纳总结　　表 8-5

勘察合同	设计合同	施工合同	设计施工总承包合同	材料采购合同	设备采购合同
①合同协议书 ②中标通知书 ③投标函及投标函附录 ④专用条款 ⑤通用条款				①合同协议书 ②中标通知书 ③投标函 ④**商务和技术偏差表** ⑤专用条款 ⑥通用条款	
①发包人要求 ②勘察费用清单 ③勘察纲要	①发包人要求 ②设计费用清单 ③设计方案	①技术标准和要求 ②图纸 ③已标价工程量清单	①发包人要求 ②承包人建议书 ③价格清单	①供货要求 ②分项报价 ③中标材料质量标准详细描述 ④相关服务计划	①供货要求 ②分项报价 ③中标设备技术性能指标详细描述 ④技术服务和质保期服务计划

【**例题**】根据《标准设备采购招标文件》，组成设备采购的合同的文件有（　　　）。（2022 年上半年考试真题）

A. 分项报价表
B. 招标文件
C. 供货要求
D. 技术服务计划
E. 商务和技术偏差表

【**答案**】ACDE

【**解析**】设备采购合同文件的组成：①合同协议书；②中标通知书；③投标函；④商务和技术偏差表；⑤专用合同条款；⑥通用合同条款；⑦供货要求；⑧分项报价表；⑨中标设备技术性能指标的详细描述；⑩技术服务和质保期服务计划；⑪其他合同文件。

第二节　材料采购合同履行管理

知识点一：合同价格与支付

1. 合同价格

① 合同协议书中载明的签约合同价包括卖方为完成合同全部义务应承担的一切成本、费用和支出以及卖方的**合理利润**。

② 除专用合同条款另有约定外，供货周期**不超过 12 个月**的签约合同价为**固定价格**。

③ 供货周期超过 12 个月且合同材料交付时材料价格变化超过专用合同条款约定的幅度的，双方应按照专用合同条款中约定的调整方法对**合同价格进行调整**。

材料采购合同价款的支付阶段如图 8-3 所示。

图 8-3　材料采购合同价款的支付阶段

2. 预付款

① 合同生效后，买方在收到卖方开具的注明应付预付款金额的财务收据正本一份并经审核无误后 **28 日**内，向卖方支付签约合同价的 **10%** 作为预付款。

② 买方支付预付款后，如卖方未履行合同义务，则买方有权收回预付款。

③ 如卖方依约履行了合同义务，则预付款**抵作进度款**。

3. 进度款

相关规定如表 8-6 所示。

材料采购合同进度款的规定　　　　　　　　　　　　　　　　表 8-6

项目	特点
付款规定	①买方在收到卖方提交的下列单据并经审核无误后 **28 日**内,应向卖方支付进度款 ②进度款支付至该批次合同材料的合同价格的 **95%**
付款条件	①卖方出具的交货清单正本一份（交货单） ②买方签署的收货清单正本一份（收货单） ③制造商出具的出厂质量合格证正本一份（合格证） ④合同材料验收证书或进度款支付函正本一份（验收） ⑤合同价格 100% 金额的增值税发票正本一份（发票）

4. 结清款及买方扣款权利

全部合同材料质量保证期届满后，买方在收到卖方提交的由买方签署的质量保证期届满证书并经审核无误后 **28 日**内，向卖方支付合同价格 **5%** 的结清款。材料采购合同的付款阶段与比例如表 8-7 所示。

材料采购合同的付款阶段与比例　　　　　　　　　　表 8-7

预付款	进度款上限	保证期届满
10%	**95%(包括预付款)**	5%

【例题 1】根据《标准材料采购招标文件》中的通用合同条款，材料采购支付的合同价款有（　　）。（2020 年真题）

A. 预付款　　　　　B. 交货款　　　　　C. 进度款　　　　　D. 验收款

E. 结清款

【答案】ACE

【解析】材料采购合同价款的支付包括以下几种方式：预付款、进度款、结清款。

【例题 2】根据《标准材料采购招标文件》，除专用合同条款另有约定外，材料采购合同生效后，买方应在约定时间内向卖方支付签约合同价的（　　）作为预付款。（2022 年上半年考试真题）

A. 30%　　　　　B. 20%　　　　　C. 15%　　　　　D. 10%

【答案】D

【解析】买方应在约定时间内向卖方支付签约合同价的 10% 作为预付款。

【例题 3】根据《标准材料采购招标文件》，除专用合同条款另有约定外，材料采购合同价采用固定价格的，合同供货周期一般不超过（　　）个月。（2022 年下半年考试真题）

A. 24　　　　　B. 18　　　　　C. 12　　　　　D. 6

【答案】C

【解析】除专用合同条款另有约定外，供货周期不超过 12 个月的签约合同价为固定价格。

> **特别说明：**包装、标记、运输在材料采购和设备采购合同中均相同，故在设备合同中不再重复此处内容

知识点二：材料、设备采购合同中的包装、标记、运输

1. 包装

① **卖方**应对合同材料进行妥善包装，以满足合同材料运至施工场地及在施工场地保管的需要。

② 包装应采取防潮、防晒、防锈、防腐蚀、防振动及防止其他损坏的必要保护措施，从而保护合同材料能够经受多次搬运、装卸、长途运输并适宜保管。

③ 除专用合同条款另有约定外，**买方无须将包装物退还给卖方**。

2. 标记

① 除专用合同条款另有约定外，**卖方**应按合同约定在材料包装上以不可擦除的、明显的方式作出必要的标记。

② 根据合同材料的特点和运输、保管的不同要求，卖方应对合同材料清楚地标注"小心，轻放""此端朝上，请勿倒置""保持干燥"等字样和其他适当标记。

③ 如果合同材料中含有易燃易爆物品、腐蚀物品、放射性物质等危险品，卖方应标明**危险品**标志。

④ 对于专用合同条款约定的超大超重件，卖方应在包装箱两侧标注**"重心"**和**"起吊点"**以便装卸和搬运。（设备合同中）

3. 运输

① 卖方应自行选择适宜的运输工具及线路安排合同材料运输。

② 卖方应在合同材料预计**启运 7 日前**，预通知买方，并在合同材料**启运后 24 小时之内**正式通知买方。

【例题 1】根据《标准设备采购招标文件》，对于专用合同条款约定的超大超重设备，卖方应在设备包装箱两侧标注（　　），以便装卸和搬运。（2021 年真题）

A. 起吊点和平衡点　　　　　　B. 平衡点和支点

C. 支点和重心　　　　　　　　D. 重心和起吊点

【答案】D

【解析】本题考查标准设备采购合同中包装、标记、运输和交付的规定。对于专用合同条款约定的超大超重件，卖方应在包装箱两侧标注"重心"和"起吊点"以便装卸和搬运。

【例题 2】设备采购合同中，由（　　）负责提供设备运至目的地的包装。

A. 买方　　　　B. 卖方　　　　C. 运输部门　　　D. 安装单位

【答案】B

【解析】本题考查的是材料、设备采购合同履行管理。卖方应提供货物运至目的地所需要的包装。

【例题 3】设备采购合同中，卖方应在合同材料预计（　　）预通知买方，并在合同材料（　　）正式通知买方。

A. 启运 7 日前，启运 24 小时前　　B. 启运 7 日前，启运 24 小时内

C. 启运 24 小时前，启动 24 小时内　D. 启运 24 小时前，到达前 24 小时内

【答案】B

【解析】卖方应在合同设备预计启运 7 日前，预通知买方，并在合同材料启运后 24 小时之内正式通知买方。

知识点三：材料采购合同中材料的交付

1. 交付

① 合同材料交付前，卖方应对其进行全面检验，并在交付合同材料时向买方提交合同材料的质量合格证书。

② 买方签发收货清单不代表对合同材料的接受，双方还应按合同约定进行后续的检验和验收。

③ 合同材料的所有权和风险**自交付时**起由卖方转移至买方，合同材料交付给买方之前包括运输在内的所有风险均由**卖方**承担。

2. 技术资料短缺的处理

① 买方如果发现技术资料存在短缺和（或）损坏，卖方应在收到买方的通知后**7 日**

内免费补齐。

② 如果买方发现卖方提供的技术资料有误，卖方应在收到买方通知后 **7 日**内免费替换。

③ 如由于买方原因导致技术资料丢失和（或）损坏，卖方应在收到买方的通知后**7 日**内补齐，但买方应向卖方支付合理的复制、邮寄费用（收工本费、邮寄费）。

【例题 1】根据《标准材料采购招标文件》，合同材料交付前，卖方应对其进行全面检验，并在交付合同材料时向买方提交合同材料的质量证明文件是（　　）。（2022 年上半年考试真题）

A. 质量检测报告　　　　　　　　B. 产品核验清单

C. 第三方检测证明　　　　　　　D. 质量合格证书

【答案】 D

【解析】 合同材料交付前，卖方应对其进行全面检验，并在交付合同材料时向买方提交合同材料的质量合格证书。

【例题 2】根据《标准材料采购招标文件》中的通用合同条款，合同材料的所有权和风险自（　　）之日起由卖方转移至买方。（2022 年下半年考试真题）

A. 材料从卖方生产加工地出厂

B. 买方将采购材料合同款全部支付给卖方

C. 卖方按合同将材料在施工场地卸货后办理完收货清单

D. 买方按合同约定对到场材料进行抽检并经检验合格

【答案】 C

【解析】 合同材料的所有权和风险自交付时起由卖方转移至买方。

知识点四：检验和验收

1. 买方的三种检验方式

① 由**买方**对合同材料进行检验。

② 由专用合同条款约定的拥有资质的**第三方检验**机构对合同材料进行检验。

③ 专用合同条款**约定**的其他方式。

2. 检验日期与地点

① 买方应在检验日期 **3 日前**将检验的时间和地点通知卖方，卖方应自负费用派遣代表参加检验。

② 若卖方未按买方通知到场参加检验，则检验可正常进行，**卖方应接受对合同材料的检验结果**。

③ 除专用合同条款另有约定外，买方在全部合同材料交付后 **3 个月**内未安排检验和验收的，卖方可签署进度款支付函并提交买方。（材料 3 个月，设备 6 个月）

④ 买方在收到后 **7 日**内未提出书面异议，则进度款支付函自**签署之日**起生效。

3. 检验合格

① 合同材料经检验合格，买卖双方应签署合同材料验收证书一式两份，双方各持一份。

② 若合同约定了合同材料的**最低质量标准**，且合同材料经检验达到了合同约定的最

低质量标准的，视为合同材料符合质量标准，买方应验收合同材料。卖方应按专用合同条款的约定进行**减价**或向买方**支付补偿金**。（两种处理方式）

【例题1】根据《标准材料采购招标文件》中的通用合同条款，材料由专用合同条款约定的拥有资质的第三方检验机构进行检验，该第三方检验机构的检验结果对（　　）有约束力。（2022年下半年考试真题）

A. 买方　　　　　　　　　　　　B. 卖方

C. 第三方　　　　　　　　　　　D. 买卖双方

【答案】D

【解析】由专用合同条款约定的拥有资质的第三方检验机构对合同材料进行检验的，第三方检验机构的检验结果对双方均具有约束力。

【例题2】合同约定的材料经验收合格，买卖双方应签署的文件（　　）。（2020年真题）

A. 质量合格证　　　　　　　　　B. 进度款支付证

C. 验收证书　　　　　　　　　　D. 验收款支付证

【答案】C

【解析】合同材料经检验合格，买卖双方应签署合同材料验收证书一式两份，双方各持一份。

【例题3】根据《标准材料采购合同》的规定，买方在全部合同材料交付后（　　）内未安排检验和验收的，卖方可签署进度款支付函并提交买方，买方在收到后（　　）内未提出书面异议的，则进度款支付函生效。

A. 7日，3日　　　B. 28日，3日　　　C. 3个月，7日　　　D. 6个月，7日

【答案】C

【解析】买方在全部合同材料交付后3个月内未安排检验和验收的，卖方可签署进度款支付函并提交买方。买方在收到后7日内未提出书面异议，则进度款支付函自签署之日起生效。

【例题4】根据《标准材料采购合同》的规定，若合同约定了合同材料的最低质量标准，且合同材料经检验达到了合同约定的最低质量标准的，视为合同材料符合质量标准，买方应验收合同材料，卖方应（　　）。

A. 按正常价格收款　　　　　　　B. 减价

C. 向买方支付补偿金　　　　　　D. 向买方支付利息

E. 解除合同

【答案】BC

【解析】若合同约定了合同材料的最低质量标准，且合同材料经检验达到了合同约定的最低质量标准的，视为合同材料符合质量标准，买方应验收合同材料，但卖方应按专用合同条款的约定进行减价或向买方支付补偿金。

知识点五：违约责任

1. 卖方迟延交货违约金

① 卖方未能按时交付合同材料的，应向买方支付迟延交货违约金。

② 卖方支付迟延交货违约金，**不能免除**其继续交付合同材料的义务。

③ 除专用合同条款另有约定外，迟延交付违约金计算方法如下：

延迟交付违约金＝延迟交付材料金额×**0.08%**×延迟交货天数。

④ 迟延交付违约金的最高限额为合同价格的 **10%**。

2. 买方延迟付款违约金

① 买方未能按合同约定支付合同价款的，应向卖方支付延迟付款违约金。

② 除专用合同条款另有约定外，迟延付款违约金的计算方法如下：

延迟付款违约金＝延迟付款金额×**0.08%**×延迟付款天数。

③ 迟延付款违约金的总额为合同价格的 **10%**。

【例题】根据《标准材料采购招标文件》中的通用合同条款，买卖双方承担违约责任的方式有（　　）。（2022 年下半年考试真题）

A. 继续履行合同义务　　　　　　B. 采取经对方认可的补救措施

C. 免除守约方配合义务　　　　　D. 赔偿损失

E. 提交仲裁机构裁定

【答案】ABD

【解析】合同一方不履行合同义务、履行合同义务不符合约定或者违反合同项下所作出的保证的，应向对方承担继续履行、采取补救措施或者赔偿损失等违约责任。

第三节　设备采购合同履行管理

知识点一：合同价格与支付

1. 合同价格

① 合同协议书中载明的签约合同价包括卖方为完成合同全部义务应承担的一切成本、费用和支出以及卖方的合理利润。

② 除专用合同条款另有约定外，签约合同价为固定价格。（对比：材料合同，不超过12 个月的为固定价格，超过 12 个月的可以约定调价）

设备采购合同价款的支付阶段如图 8-4 所示。

图 8-4　设备采购合同价款的支付阶段

2. 预付款

① 合同生效后，买方在收到卖方开具的注明应付预付款金额的财务收据正本一份并经审核无误后 **28 日**内，向卖方支付签约合同价的 **10%**作为预付款。

② 买方支付预付款后，如卖方未履行合同义务，则买方有权收回预付款。

③ 如卖方依约履行了合同义务，则预付款**抵作合同价款**。

3. 交货款

具体内容如表 8-8 所示。

设备采购合同中交货款的支付 表 8-8

项目	特点
付款规定	买方在收到卖方提交的下列单据并经审核无误后 **28 日**内,向卖方支付合同价格的 **60%**
付款条件	① 卖方出具的交货清单正本一份(交货单) ② 买方签署的收货清单正本一份(收货单) ③ 制造商出具的出厂质量合格证正本一份(合格证) ④ 合同价格 100% 金额的增值税发票正本一份(税金发票)

4. 验收款

买方在收到卖方提交的买卖双方签署的合同设备**验收证书**或已生效的验收款支付函正本一份并经审核无误后 **28 日**内,向卖方支付合同价格的 **25%**。(材料验收时无)

5. 结清款

买方在收到卖方提交的买方签署的**质量保证期**届满证书或已生效的结清款支付函正本一份,并经审核无误后 **28 日**内,向卖方支付合同价格的 **5%**。(材料是 5%)

材料、设备采购合同价款支付阶段的对比辨析如图 8-5、表 8-9 所示。

图 8-5 材料、设备采购合同价款支付阶段的对比辨析

材料、设备采购合同价款支付阶段中的几个数字对比 表 8-9

阶段	预付款	进度款上限	交货款	验收款	结清款 保证期届满
材料	10%	**95%** (包含预付款)	—	—	5%
设备	10%	—	60%	25%	5%

【例题 1】根据《标准设备采购招标文件》中的通用合同条款,除专用合同条款另有约定外,买方应向卖方支付合同价格的（ ）作为验收款。(2022 年上半年考试真题)

A. 25%　　　　　 B. 30%　　　　　 C. 40%　　　　　 D. 60%

【答案】A

【解析】买方应向卖方支付合同价格的 25% 作为验收款。

【例题 2】根据《标准设备采购招标文件》中的通用合同条款,设备采购支付的合同价款有（ ）。(2022 年上半年考试真题)

A. 预付款　　　 B. 交货款　　　 C. 监造款　　　 D. 验收款

E. 结清款

【答案】ABDE

【解析】设备采购支付的合同价款包括:预付款、交货款、验收款、结清款。

【例题 3】根据《标准设备采购招标文件》中的通用合同条款,当卖方按合同约定交付

全部合同设备后，买方向卖方支付合同价格 60％的货款时，卖方应提交的材料有（   ）。（2022 年下半年考试真题）

    A. 卖方出具的交货清单   B. 买方签署的收货清单

    C. 制造商出具的出厂质量合格证   D. 结清款支付函

    E. 合同价格 100％金额的增值税发票

【答案】ABCE

【解析】卖方应提交：①卖方出具的交货清单正本一份；②买方签署的收货清单正本一份；③制造商出具的出厂质量合格证正本一份；④合同价格 100％金额的增值税发票正本一份。

【例题 4】根据《标准设备采购合同》的规定，买方在收到卖方提交的买方签署的（   ）证书或已生效的结清款支付函正本一份，并经审核无误后（   ）内，向卖方支付结清款。

    A. 缺陷责任期届满，14 日   B. 缺陷责任期届满，28 日

    C. 质量保证期届满，14 日   D. 质量保证期届满，28 日

【答案】D

【解析】买方在收到卖方提交的买方签署的质量保证期届满证书或已生效的结清款支付函正本一份，并经审核无误后 28 日内，向卖方支付合同价格的 5％的结清款。

知识点二：监造

1. 监造（买方）

① 专用合同条款约定买方对合同设备进行监造的，双方应按本款及专用合同条款约定履行。

② 在合同设备的制造过程中，**买方可派出监造人员**，对合同设备的生产制造进行监造，监督合同设备制造、检验等情况。

③ 卖方应免费为买方监造人员提供工作条件及便利，包括但不限于必要的办公场所、技术资料、检测工具及出入许可等。

④ 除专用合同条款另有约定外，**买方监造人员的交通、食宿费用由买方承担**。

2. 监造的规定

① 买方进行监造不应影响合同设备的正常生产。

② 除专用合同条款和（或）供货要求等合同文件另有约定外，卖方应**提前 7 日**将需要买方监造人员现场监造事项通知买方。

③ 如买方监造人员未按通知出席，**不影响**合同设备及其关键部件的制造或检验，但买方监造人员有权**事后**了解、查阅、复制相关制造或检验记录。

3. 监造的法律责任

① 买方监造人员在监造中如发现合同设备及其**关键部件**不符合合同约定的标准，则有权提出意见和建议。

② 卖方应采取必要措施消除合同设备的不符，由此增加的费用和（或）造成的延误由**卖方**负责。

③ 买方监造人员对合同设备的监造，不视为对合同设备质量的确认，不影响卖方交

货后买方依照合同约定对合同设备提出质量异议和（或）退货的权利，也不免除卖方依照合同约定对合同设备所应承担的任何义务或责任。

【例题 1】根据《标准设备采购招标文件》中的通用合同条款，买方委托第三方对合同设备进行监造的，关于监造行为的说法正确的是（　　）。（2022 年下半年考试真题）

A. 视为对合同设备制造过程符合合同要求的确认

B. 不视为对合同设备制造质量的确认

C. 视为限制买方收货后依照合同约定对设备提出质量异议

D. 视为免除卖方依照合同约定应承担的设备制造质量责任

【答案】B

【解析】买方监造人员对合同设备的监造，不视为对合同设备质量的确认，不影响卖方交货后买方依照合同约定对合同设备提出质量异议和（或）退货的权利，也不免除卖方依照合同约定对合同设备所应承担的任何义务或责任。

【例题 2】根据《标准设备采购合同》的规定，如专项条款无特别约定，则以下有关设备监造的说法，正确的是（　　）。

A. 设备生产应当由买方进行监造

B. 买方监造人员的交通、食宿费用由买方承担

C. 买方监造人员在监造中如发现合同设备及其关键部件不符合合同约定的标准，买方可以解除合同

D. 如买方人员对设备生产进行了监造，则不必再对设备进行发货前检验

E. 交货前检验的有关费用由卖方承担

【答案】BE

【解析】本题考查的是设备采购合同监造及交货前检验。选项 A，双方可以约定监造，不是应当监造；选项 C，买方监造人员在监造中如发现合同设备及其关键部件不符合合同约定的标准，则有权提出意见和建议；选项 D，监造不能免除交货前检验。

知识点三：交货前检验

① 除专用合同条款另有约定外，卖方应根据合同约定的交付时间和批次在<u>施工场地车面上</u>将合同设备交付给买方。

② 专用合同条款约定买方参与交货前检验的，合同设备交货前，<u>卖方应会同买方代表</u>根据合同约定对合同设备进行<u>交货前检验</u>并出具交货前检验记录，有关费用由<u>卖方承担</u>。

③ 卖方应提前 7 日将需要买方代表检验事项通知买方，如买方代表未按通知出席，不影响合同设备的检验。

④ 若卖方未依照合同约定提前通知买方而自行检验，则买方有权要求<u>卖方暂停发货并重新进行检验</u>，由此增加的费用和（或）造成的延误由<u>卖方</u>负责。

【例题 1】根据《标准设备采购招标文件》，买卖双方可约定合同设备的所有权和风险转移的界面为（　　）。（2020 年真题）

A. 装在设备制造厂的运输工具上　　　B. 施工场地设备安装部位

C. 运至施工场地运输工具的车面上　　D. 施工场地的安装作业面

【答案】C

【解析】除专用合同条款另有约定外，卖方应根据合同约定的交付时间和批次在施工场地车面上将合同设备交付给买方。

【例题 2】根据《标准设备采购招标文件》中的通用合同条款，合同约定设备在出厂前买方参与交货前检验，卖方在设备已包装完毕准备启运前通知买方的，监理人的正确做法是（   ）。（2020 年真题）

A. 同意卖方启运，改为设备安装前检验

B. 停止启运，按合同约定进行交货前检验

C. 停止启运，卖方自行检验后再包装启运

D. 同意启运，视为卖方违约并扣合同价 1.5% 的违约金

【答案】B

【解析】若卖方未依照合同约定提前通知买方而自行检验，则买方有权要求卖方暂停发货并重新进行检验，由此增加的费用和（或）造成的延误由卖方负责。

知识点四：设备的开箱检验

其流程如图 8-6 所示。

图 8-6 设备的开箱检验流程

1. 开箱检验的时间

① 合同设备**交付时**。

② 合同设备**交付后**的一定期限内。如开箱检验不在合同设备交付时进行，买方应在开箱检验 **3 日**前将开箱检验的时间和地点通知卖方。

2. 开箱检验的地点

① 除专用合同条款另有约定外，开箱检验应在**施工场地**进行。

② 开箱检验由**买卖双方共同进行**，卖方应自负费用派遣代表到场参加开箱检验。

③ 如果卖方代表未能依约或按买方通知到场参加开箱检验，买方有权在卖方代表未在场的情况下进行开箱检验，并签署数量、外观检验报告，对于该检验报告和检验结果，视为卖方已接受，但卖方确有合理理由且事先与买方协商推迟开箱检验时间的除外。

3. 开箱检验不在合同设备交付时进行的（期间由买方妥善保管）

其规定如表 8-10 所示。

开箱检验不在合同设备交付时进行的规定   表 8-10

情况	开箱检验中发现的合同设备的短缺、损坏或其他与合同约定不符的情形处理
开箱检验时设备外包装与交货时一致	由卖方负责
①开箱检验时设备外包装不是交货时的包装 ②虽是交货时的包装，但与交货时不一致且出现很可能导致合同设备短缺或损坏的包装破损	① 由买方负责 ② 买方能够证明是由于卖方原因或合同设备交付前非买方原因导致的除外

【例题 1】根据《标准设备采购招标文件》中的通用合同条款，除专用合同款另有约定外，合同设备的开箱检验应在（　　）进行。（2022 年上半年考试真题）

A. 卖方仓库　　　　　　　　　　　B. 第三方检测地

C. 施工场地　　　　　　　　　　　D. 第三方物流公司

【答案】C

【解析】除专用合同条款另有约定外，合同设备的开箱检验应在施工场地进行。

【例题 2】根据《标准设备采购合同》的规定，以下有关设备开箱检验的说法，正确的是（　　）。

A. 开箱检验应在施工场地进行

B. 如没有在交货时开箱，合同设备交付以后到开箱检验之前，应由买方负责保管设备

C. 在开箱检验时如果合同设备外包装与交货时一致，则开箱检验中发现的合同设备有短缺的，由卖方负责

D. 如果在开箱时合同设备外包装不是交货时的包装，则开箱检验中发现的损失由买方承担

E. 开箱检验完成后，设备应当由卖方进行安装调试

【答案】BC

【解析】选项 A，双方可以约定在其他地方开箱，如无约定是在施工场地开箱；选项 D，一般是由买方承担，但买方能够证明是由于卖方原因或合同设备交付前非买方原因导致的除外；选项 E，根据合同约定，卖方、买方或买方安排第三方可负责安装、调试。

知识点五：设备的安装、调试

① 根据合同约定，**卖方、买方或买方安排第三方**可负责合同设备的安装、调试工作。（三方都可以安装）

② 在安装、调试过程中，如由于买方或买方安排的第三方未按照卖方现场服务人员的指导导致安装、调试不成功和（或）出现合同设备损坏，**买方**应自行承担责任。

③ 如在买方或买方安排的第三方按照卖方现场服务人员的指导进行安装、调试的情况下出现安装、调试不成功和（或）造成合同设备损坏的情况，**卖方**应承担责任。

④ 除另有约定外，安装、调试中合同设备运行需要的用水、用电、其他动力和原材料（如需要）等均由**买方**承担。

【例题】根据《标准设备采购招标文件》中的通用合同条款，买方委托第三方按照卖方现场服务人员的指导和设备安装、调试技术要求进行设备安装和调试，调试过程中发现设备运行参数不符合合同约定的技术性能指标，由此造成的损失应由（　　）承担。（2022 年下半年考试真题）

A. 卖方　　　　　　　　　　　　　B. 买方

C. 买方委托的第三方　　　　　　　D. 买方和卖方共同

【答案】A

【解析】买方或买方安排第三方负责合同设备的安装、调试工作，卖方提供技术服务。

由于买方或买方安排的第三方未按照卖方现场服务人员的指导导致安装、调试不成功和（或）出现合同设备损坏，买方应自行承担责任。买方或买方安排的第三方按照卖方现场服务人员的指导进行安装、调试的情况下出现安装、调试不成功和（或）造成合同设备损坏的情况，卖方应承担责任。

知识点六：考核

1. 考核的规定

① 安装、调试完成后，双方应对合同设备进行考核，以确定合同设备是否达到合同约定的**技术性能考核指标**。

② 除专用合同条款另有约定外，考核中合同设备运行需要的用水、用电、其他动力和原材料（如需要）等均由**买方承担**。

③ 由于卖方原因未能达到合同约定的技术性能考核指标时，为卖方进行考核的机会**不超过三次**。如果由于卖方原因，三次考核均未能达到合同约定的技术性能考核指标，则买卖双方应就合同的后续履行进行协商，协商不成的，买方有权**解除合同**。

2. 卖方考核三次不达标的处理

① 如合同中约定了或双方在考核中另行达成了合同设备的**最低技术性能考核指标**，且合同设备达到了最低技术性能考核指标的，视为合同设备已达到技术性能考核指标，买方**无权解除合同**，且应接受合同设备。

② 但卖方应按专用合同条款的约定进行减价或向买方支付补偿金。

3. 买方原因未能考核的处理

除专用合同条款另有约定外，如由于买方原因在最后一批合同设备交货后**6 个月**内未能开始考核，则买卖双方应在上述期限届满后 7 日内或专用合同条款另行约定的时间内签署验收款支付函。（材料是 3 个月）

【例题】根据《标准设备采购招标文件》，由于买方原因，合同约定的设备在三次考核中均未能达到技术性能考核指标，买卖双方应签署的文件是（   ）。（2020 年真题）

A. 设备质量合格证 　　　　　　　 B. 验收款支付函

C. 进度款支付函 　　　　　　　　 D. 设备验收证书

【答案】B

【解析】如由于买方原因合同设备在三次考核中均未能达到技术性能考核指标，买卖双方应在考核结束后 7 日内或专用合同条款另行约定的时间内签署验收款支付函。

知识点七：验收

1. 合同验收证书的签发

① 在上述 6 个月的期限内，如合同设备经过考核达到或视为达到技术性能考核指标，则买卖双方应签署合同设备验收证书。

② 合同设备验收证书的签署**不能免除**卖方在质量保证期内对合同设备应承担的保证责任。

2. 技术服务

① 卖方应派遣技术熟练、称职的技术人员到施工场地为买方提供技术服务。

② 买方应免费为卖方技术人员提供工作条件及便利，包括但不限于必要的办公场所、技术资料及出入许可等。

③ 除另有约定外，卖方技术人员的交通、食宿费用由卖方承担。

④ 如果任何技术人员不合格，买方有权要求卖方撤换，因撤换而产生的费用应由卖方承担。

⑤ 在不影响技术服务并且征得买方同意的条件下，卖方也可自付费用更换其技术人员。

知识点八：违约责任

1. 承担违约责任的方式

① 合同一方不履行合同义务或履行义务不符合合同约定，应向对方承担**继续履行，采取修理、更换、退货等补救措施或者赔偿损失**等违约责任。

② 如卖方迟延交付，支付迟延交付违约金**不能免除**卖方继续交付相关合同设备的义务。（赔了钱合同还得履行）

③ 如迟延交付必然导致合同设备安装、调试、考核、验收工作推迟的，相关工作应相应顺延。

2. 卖方迟延交付或买方迟延付款的违约金

① 迟交不足一周的按一周计算。

② 迟延违约金的总额不得超过合同价格的 10%。

其比例如表 8-11 所示。

> 材料迟延则为每天0.08%

设备采购合同迟延违约责任　　　　　　表 8-11

迟延时间	每周迟延交付(或迟延付款)违约金为迟交合同设备价格的比例
第 1～4 周	0.5%
第 5～8 周	1%
从第 9 周起	1.5%

【例题】根据《标准设备采购招标文件》中的通用合同条款，如卖方未能按合同约定时间交付设备和技术文件，导致设备安装滞后，需支付迟延交付设备违约金。迟延交付设备违约金的计算方法正确的有（　　）。（2022 年下半年考试真题）

A. 迟交第 1 周，迟延交付违约金为迟交合同设备价格的 0.2%

B. 迟交第 2 周，迟延交付违约金为迟交合同设备价格的 0.3%

C. 迟交第 3 周，迟延交付违约金为迟交合同设备价格的 0.4%

D. 迟交第 4 周，迟延交付违约金为迟交合同设备价格的 0.5%

E. 迟交第 5 周，迟延交付违约金为迟交合同设备价格的 1%

【答案】DE

【解析】每周迟延交付违约金，第 1～4 周：迟交合同设备价格×0.5%；第 5～8 周：迟交合同设备价格×1%；从第 9 周起：迟交合同设备价格×1.5%。

本章精选习题

一、单项选择题

1. 根据《标准材料采购招标文件》，全部合同材料质量保证期届满后，买方应在一定时间内向卖方支付合同价格（　　）的结清款。

A. 10%
B. 5%
C. 3%
D. 2%

2. 根据《标准材料采购招标文件》，合同材料的所有权和风险自（　　）时起由卖方转移到买方。

A. 交付
B. 核验
C. 清点
D. 签约

3. 根据《标准设备采购招标文件》，除专用合同条款另有约定外，卖方按合同约定交付全部合同设备后，买方应向卖方支付合同价格的（　　）作为交货款。

A. 40%
B. 50%
C. 60%
D. 70%

4. 根据《标准材料采购招标文件》中的通用合同条款，合同约定的材料运输至施工场地卸货交付后，该材料的照管责任及风险应由（　　）承担。

A. 卖方
B. 买方
C. 卖方和买方
D. 材料生产厂家

5. 因卖方未能按时支付合同约定的材料时，每延迟一天，应向买方支付（　　）违约金。

A. 0.08%
B. 0.5%
C. 0.8%
D. 1.0%

6. 根据《标准设备采购合同》，对于专用合同条款约定的超大超重件，卖方应在包装箱两侧标注（　　）。

A. 此端朝上，请勿倒置
B. 重心、起吊点
C. 尺寸，重量
D. 危险标识

7. 根据《标准设备采购合同》的规定，设备安装完成后，为买方进行考核的机会不超过（　　）。

A. 一次
B. 二次
C. 三次
D. 四次

8. 根据《标准材料设备采购合同》以下合同文件中：①投标函；②商务和技术偏差表；③技术服务和质保期服务计划；④中标设备技术性能指标的详细描述；⑤分项报价表；⑥供货要求。效力排序正确的是（　　）。

A.①⑥②④⑤③
B.①⑥②⑤④③
C.①②⑥⑤④③
D.①②⑤⑥③④

9. 根据九部委发布的材料采购合同文本，买方在收到卖方提交的单据并经审核无误后（　　）内，应向卖方支付进度款。

A. 7 日
B. 14 日
C. 28 日
D. 30 日

10. 根据九部委发布的材料采购合同的规定，以下有关材料合同中违约责任承担的说法，不正确的是（　　）。

A. 卖方未能按时交付合同材料的，应向买方支付迟延交货违约金

B. 卖方支付迟延交货违约金，不能免除其继续交付合同材料的义务

C. 延迟交付材料金额每周为 0.5%

D. 迟延付款违约金的最高限额为合同价格的 10%

11. 根据《标准设备采购合同》的规定，买方在收到卖方提交的买方签署的（　　）证书或已生效的结清款支付函正本一份，并经审核无误后（　　）内，向卖方支付结清款。

A. 缺陷责任期届满，14 日
B. 缺陷责任期届满，28 日
C. 质量保证期届满，14 日
D. 质量保证期届满，28 日

12. 根据九部委设备采购合同的规定，由于买方原因在最后一批合同设备交货后（　　）内未能开始考核，则买卖双方应在上述期限届满后（　　）内或专用合同条款另行约定的时间内签署验收款支付函。

A. 7 日，3 日
B. 28 日，3 日
C. 3 个月，7 日
D. 6 个月，7 日

二、多项选择题

1. 根据《标准设备采购招标文件》中的通用合同条款，设备采购合同履行过程中，卖方未能按时交付合同设备的，应向买方支付迟延交付违约金。除专用合同条款另有约定外，迟延交付违约金的计算方法有（　　）。

A. 迟交 2 周的，每周迟延交付违约金为迟交合同设备价格的 0.5%

B. 迟交 3 周的，每周迟延交付违约金为迟交合同设备价格的 0.5%

C. 迟交 4 周的，每周迟延交付违约金为迟交合同设备价格的 1%

D. 迟交 6 周的，每周迟延交付违约金为迟交合同设备价格的 1.5%

E. 迟交 8 周的，每周迟延交付违约金为迟交合同设备价格的 2%

2. 根据《标准设备采购招标文件》中的通用合同条款，卖方交付合同约定的全部设备后，买方在支付合同价款前需收到卖方提交的单据有（　　）。

A. 卖方出具的交货清单正本一份

B. 买方签署的收货清单正本一份

C. 制造商出具的设备出厂质量合格证正本一份

D. 合同价格 100% 金额的增值税发票正本一份

E. 监造人员出具的合同设备监造确认书一份

3. 建设工程材料设备采购合同属于买卖合同，具备的特征包括（　　）。

A. 以转移材料设备的使用权为目的

B. 是双务合同

C. 是有偿合同

D. 是实践合同，需要交付材料设备合同才生效

E. 出卖人应当是材料设备的生产厂商

4. 某单位采用试用买卖方式签订了设备采购合同，关于采购方式及合同说法正确的有（　　）。

A. 属于非即时买卖合同

B. 试用期内可以拒绝购买

C. 试用的前提是支付价款或提供担保

D. 试用期只能由法律规定，当事人不能约定

E. 试用期届满，采购人对是否购买未做表示的视为购买

5. 根据九部委发布的材料、设备采购合同文本，在材料采购合同中，关于付款的说法，正确的是（　　）。

A. 材料预付款为 5%

B. 进度款付款的上限为 95%

C. 材料交付时再支付 5%

D. 保证期届满支付 5%的货款

E. 预付款可以抵作进度款

6. 根据九部委设备采购合同的规定，设备付款的类型包括（　　）。

A. 预付款

B. 进度款

C. 交货款

D. 验收款

E. 结清款

习题答案及解析

一、单项选择题

1.【答案】B

【解析】全部合同材料质量保证期届满后，买方在收到卖方提交的由买方签署的质量保证期届满证书并经审核无误后 28 日内，向卖方支付合同价格 5%的结清款。

2.【答案】A

【解析】合同材料的所有权和风险自交付时起由卖方转移至买方，合同材料交付给买方之前包括运输在内的所有风险均由卖方承担。

3.【答案】C

【解析】卖方按合同约定交付全部合同设备后，买方在收到卖方提交的全部单据并经审核无误后 28 日内，向卖方支付合同价格的 60%。

4.【答案】B

【解析】合同材料的所有权和风险自交付时起由卖方转移至买方，合同材料交付给买方之前包括运输在内的所有风险均由卖方承担。

5.【答案】A

【解析】除专用合同条款另有约定外，迟延交付违约金计算方法如下：延迟交付违约金＝延迟交付材料金额×0.08%×延迟交货天数。迟延交付违约金的最高限额为合同价格的 10%。

6. 【答案】B

【解析】对于专用合同条款约定的超大超重件，卖方应在包装箱两侧标注"重心"和"起吊点"以便装卸和搬运。

7. 【答案】C

【解析】为买方和卖方提供考核的机会均不超过三次。

8. 【答案】C

【解析】本题考查的是材料设备采购合同文件的效力。

9. 【答案】C

【解析】买方在收到卖方提交的单据并经审核无误后 28 日内，应向卖方支付进度款。

10. 【答案】C

【解析】除专用合同条款另有约定外，迟延交付违约金为每天 0.08%。

11. 【答案】D

【解析】买方在收到卖方提交的买方签署的质量保证期届满证书或已生效的结清款支付函正本一份，并经审核无误后 28 日内，向卖方支付合同价格的 5% 的结清款。

12. 【答案】D

【解析】如由于买方原因在最后一批合同设备交货后 6 个月内未能开始考核，则买卖双方应在上述期限届满后 7 日内或专用合同条款另行约定的时间内签署验收款支付函。

二、多项选择题

1. 【答案】AB

【解析】本题考查标准设备采购合同的违约责任。

2. 【答案】ABCD

【解析】卖方应当出具的单据有：卖方出具的交货清单正本一份，买方签署的收货清单正本一份，制造商出具的出厂质量合格证正本一份，合同价格 100% 金额的增值税发票正本一份。

3. 【答案】BC

【解析】选项 A，以转移财产的所有权为目的，不是使用权；选项 D，是诺成合同，并不以实物的交付为合同成立条件；选项 E，出卖人可以是材料设备的生产厂商，也可以是物资供应商。

4. 【答案】ABE

【解析】试用买卖的当事人可以约定标的物的试用期间，试用买卖的买受人在试用期内可以购买标的物，也可以拒绝购买。试用期间届满，买受人对是否购买标的物未作表示的视为购买。

5. 【答案】BDE

【解析】本题考查的是合同价格与支付。

6. 【答案】ACDE

【解析】设备款不包括进度款。

第九章　国际工程常用合同文本

本章内容框架及知识点分值分布如表 9-1、图 9-1 所示。

本章内容框架及知识点分值分布　　　　　　　　　　　　　表 9-1

知识点分布	2020 年			2021 年			2022 年上半年			2022 年下半年		
	单选（道）	多选（道）	分值	单选（道）	多选（道）	分值	单选（道）	多选（道）	分值	单选（道）	多选（道）	分值
FIDIC 施工合同条件	2	0	2	1	0	1	1	1	3	1	2	5
FIDIC 设计采购施工(EPC)/交钥匙工程合同条件	1	2	5	1	1	3	1	0	1	2	0	2
NEC 施工合同(ECC)及合作伙伴管理	0	1	2	1	1	3	0	1	2	1	0	1
AIA 系列合同及 CM 和 IPD 合同模式	1	0	1	0	0	0	1	0	1	0	0	0
合计	4	3	10	3	2	7	3	2	7	4	2	8

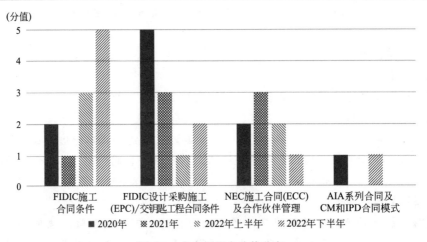

图 9-1　本章知识点分值分布

本章涉及的国际合同文本类型如图 9-2 所示。

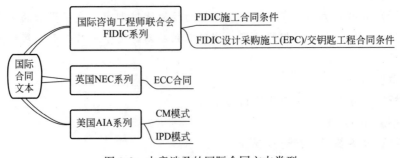

图 9-2　本章涉及的国际合同文本类型

第一节　FIDIC 施工合同条件

知识点一：工程师

具体内容如表 9-2 所示。

FIDIC《施工合同条件》中的工程师　　　　　　　　表 9-2

项目	具体内容
工程师的内涵	①工程师受业主委托授权为业主开展项目日常管理工作,相当于国内的**监理工程师** ②工程师属于**业主方**人员,应履行合同中赋予的职责,行使合同中明确规定的或必然隐含的赋予的权利,但应保持**公平(Fair)**的态度 ③工程师的人员包括具备资格的工程师及其他有能力履行职责的专业人员
工程师的主要责任和义务	①执行业主委托的施工项目质量、进度、费用、安全、环境等目标监控和日常管理工作,包括协调、联系、指示、批准和决定等 ②**确定**确认合同款支付、工程变更、试验、验收等专业事项等 ③工程师还可以向助手指派任务和委托部分权利,但工程师**无权修改合同**,无权解除任何一方依照合同具有的职责、义务或责任

【例题 1】根据 FIDIC《施工合同条件》,属于工程师职责和权利的是（　　）。（2020年真题）

A. 提供履约担保证书　　　　　　B. 及时提供设计图纸

C. 给予承包商现场进入权　　　　D. 接收并处理索赔报告

【答案】D

【解析】选项 A 属于承包商的主要责任和义务；选项 B、C 属于业主的主要责任和义务。

【例题 2】根据 FIDIC《施工合同条件》,工程师受业主委托进行合同管理时,应履行的工作职责和义务有（　　）。（2022年上半年考试真题）

A. 确认工程变更和合同价款支付

B. 提前将其参加试验的意向通知承包商

C. 解除任何一方依照合同应具有的职责

D. 向其助手指派任务和委托部分权利

E. 随时进行工程计量

【答案】ABD

【解析】选项 C 工程师可以向助手指派任务和委托部分权利,但工程师无权修改合同,无权解除任何一方依照合同具有的职责、义务或责任；选项 E,当工程师要求对工程量进行计量时,应提前通知承包商代表。

【例题 3】根据 FIDIC《施工合同条件》,关于工程师的地位和权利的说法,不正确的有（　　）。（2018年真题修改）

A. 工程师可以行使施工合同中规定的权利

B. 工程师属于雇主人员

C. 工程师应当以雇主的名义作出指示

D. 工程师在施工合同履行期间独立工作

【答案】C

【解析】选项 C 错误，工程师在施工合同履行期间独立工作，以自己的名义作出指示。

知识点二：计量与履行中的相关规定

具体内容如表 9-3 所示。

FIDIC《施工合同条件》中计量与履行中的相关规定 表 9-3

项目	具体内容
通过试验或颁发证书后，工程师仍可以指示的修补工作	①将不符合合同规定的永久设备或材料从现场移走并进行更换 ②对不符合合同规定的任何工作进行返工 ③实施任何因事故、不可预见事件等导致的为保护工程安全而急需的工作
工程计量时间和方法	①当工程师要求对工程量进行计量时，应提前通知承包商代表 ②如果承包商在被要求对测量记录进行审查后 **14 日**内未向工程师发出此类通知，则视为记录准确予以认可 ③如果承包商未能派人到场，则工程师的记录应视为准确并予以认可 ④对永久工程每项工程应以**实际完成的净值**计算，不考虑**膨胀、收缩或浪费**
不可预见的物质条件	①是指承包商在工程实施中遇见的外界自然条件及人为的条件和其他障碍和污染物，**包括地下和水文条件(但不包括气候条件)** ②如果承包商因此遭受了工期延误或费用增加，承包商有权提出**工期和费用(但不包括利润)**索赔

【例题 1】根据 FIDIC《施工合同条件》，对永久工程每项工程的计量，应以（ ）计算。

A. 图纸净值

B. 双方签证确定的净值

C. 实际完成的净值

D. 考虑膨胀、收缩或浪费在内的实际完成值

【答案】C

【解析】本题考查的是 FIDIC《施工合同条件》典型条款分析。工程计量的方法：对永久工程每项工程应以实际完成的净值计算，不考虑膨胀、收缩或浪费。

【例题 2】根据国际咨询工程师联合会（FIDIC）发布的《施工合同条件》，关于工程计量工作的说法，正确的有（ ）。（2022 年下半年考试真题）

A. 永久工程中的每项工程计量应按合同数据表中规定的方法

B. 合同数据表中无规定的，永久工程中的每项工程计量方法应按符合工程量表或其他适用的明细表中的规定

C. 永久工程中的每项工程应以实际完成值计算，并考虑膨胀、收缩或浪费

D. 工程计量应由工程师独立进行，不得向承包商通知和联系

E. 对承包商提出的工程量测量结果的不准确之处，工程师应予以确认或修改

【答案】ABE

【解析】永久工程每项工程计量方法应按合同数据表中规定的方法，若无规定，则按符合工程量表或其他适用的明细表中的规定；对永久工程每项工程应以实际完成的净值计算，

不考虑膨胀、收缩或浪费。当工程师要求对工程量进行计量时，应提前通知承包商代表，承包商应派员及时协助工程师进行测量并提供工程师所要求的详细资料。如果承包商不同意工程量测量记录，应通知工程师并说明记录中不准确之处，工程师应予以确认或修改。

知识点三：工程师调整价格

具体内容如表 9-4 所示。

（量超10%+价超0.01%+单位成本超1%）

FIDIC《施工合同条件》中调整价格须同时满足的两类条件　　　表 9-4

项目	内容
同时满足四条	①工作测量的**工程量**比工程量表或其他报表中规定的工程量的变动超过 10% ②**工程量的变动与费率的乘积**超过了中标合同额的 0.01% ③工程量的变动直接导致该项工作每**单位成本**的变动超过 1% ④合同中没有规定此项工作为固定费率
同时满足三条	①根据变更和调整的规定指示的工作 ②合同中没有规定该项目工作的费率或价格 ③由于该项工作的性质不同或实施条件不同,合同中未规定适合的费率或价格

【例题】 根据 FIDIC《施工合同条件》，可以调整合同约定单价的条件之一是：与工程量清单中估计工程量相比，实际计量的工程量变化超过（　　　）。

A. 5%　　　　　　B. 10%　　　　　　C. 15%　　　　　　D. 20%

【答案】 B

【解析】 本题考查的是 FIDIC《施工合同条件》典型条款分析。当该部分工作通过计量超过工程量清单中估计工程量的数量变化超过 10%时，且同时满足其他条件时，可以调整合同约定的单价。

知识点四：关于工程照管与接收

具体内容如表 9-5 所示。

FIDIC《施工合同条件》中工程照管与接收　　　表 9-5

项目	内容
工程照管责任	①承包商应从开**工日**期起,承担工程照管责任,直到颁发**工程接收证书**之日止,工程照管责任应移交给**业主** ②在照管责任按上述规定移交给业主后,承包商仍应对其扫尾工作承担照管责任,直到扫尾工作完成 ③合同终止,从**终止**之日起,承包商不再承担工程照管责任 ④在承包商负责照管期间,因合同规定的业主风险以外的原因导致工程、货物或承包商文件发生任何损失或损害,**承包商**应自行承担风险和费用予以修复,使其达到合同要求
业主接收工程	①工程已按合同竣工,并通过竣工试验 ②对承包商按合同要求提交的竣工记录没有给出反对通知 ③对承包商按合同要求提交的操作与维护手册没有给出反对通知 ④承包商完成了合同要求的培训工作 ⑤根据本条款签发了接收证书或被视为签发了接收证书 ⑥承包商可在其认为工程即将竣工并做好接收准备的日期前不少于 **14 日**,向工程师发出申请接收证书的通知 ⑦工程师在收到承包商申请通知后 **28 日**内,应向承包商颁发接收证书

续表

项目	内容
在接收证书颁发前业主确实使用了工程的任何部分的处理	①该使用的部分应视为自**开始使用之日**起已被业主接收 ②承包商应从该开始使用之日起停止对该部分的照管责任，转由业主责任 ③如承包商提出要求，工程师应为此部分颁发接收证书

【例题 1】根据 FIDIC《施工合同条件》，承包商应从开工之日起，承担工程照管责任，直到（　　）之日止。（2021 年真题）

　　A. 承包商提交工程竣工验收申请　　　　B. 业主颁发工程接收证书

　　C. 承包商提交工程竣工结算申请　　　　D. 业主颁发工程缺陷责任证书

【答案】B

【解析】承包商应从开工日期起，承担照管工程、货物、承包商文件的工程照管责任，直到颁发工程接收证书之日止。

【例题 2】根据 FIDIC《施工合同条件》，承包商向工程师发出申请工程接收证书通知的时间应在承包商认为工程即将竣工并做好接收准备日期前不少于（　　）日。（2020 年真题）

　　A. 14　　　　　　B. 21　　　　　　C. 28　　　　　　D. 30

【答案】A

【解析】承包商可在其认为工程即将竣工并做好接收准备的日期前不少于 14 日，向工程师发出申请接收证书的通知。

【例题 3】在接收证书颁发前业主确实使用的工程，视为自（　　）起已被业主接收。

　　A. 开工之日　　　　　　　　　　　　B. 开始使用之日

　　C. 缺陷责任期结束之日　　　　　　　D. 办理接收证书之日

【答案】B

【解析】本题考查的是 FIDIC《施工合同条件》典型条款分析。在接收证书颁发前业主确实使用了工程的任何部分的处理，该使用的部分应视为自开始使用之日起已被业主接收。

知识点五：争端避免/裁决（DAAB）

①　业主和承包商双方联合任命 DAAB，由 1 人或 3 人组成。

②　DAAB 成员与业主、承包商及工程师没有利害关系，由业主、承包商双方分摊酬金，是真正意义上的**第三方**。

③　DAAB 应在收到委托事项后 **84 日**内或在双方认可的其他期限内，提出其有理由的决定。

④　如果任一方对 DAAB 的决定不满，可以在收到该决定通知后 **28 日**内，将其不满向另一方发出通知。

⑤　如双方均未发出表示不满的通知，则该决定应作为最终的对**双方有约束力**的决定。

【例题 1】根据 FIDIC《施工合同条件》。合同争端可按照规定由争端避免裁决委员会（DAAB）裁决。关于 DAAB 人员任命和酬金的说法，正确的是（　　）。（2022 年上半年

考试真题）

 A. 由业主任命、承包商承担酬金　　　　B. 合同双方联合任命、业主承担酬金

 C. 合同双方联合任命、承包商承担酬金　D. 合同双方联合任命、分摊酬金

【答案】D

【解析】本题考查 FIDIC《施工合同条件》中争端避免和裁决委员会的相关规定。业主和承包商双方应在规定的日期前联合任命 DAAB，分摊酬金。

【例题2】以下有关争端裁决的说法，正确的有（　　　）。

 A. DAAB 应当由具有适当资格的三人组成

 B. DAAB 成员不得与业主、承包商及工程师有利害关系

 C. DAAB 由业主、承包商双方联合任命、分摊酬金

 D. DAAB 应在收到委托事项后 28 日内或在双方认可的其他期限内，提出其有理由的决定

 E. DAAB 的裁决对双方都有约束力

【答案】BC

【解析】本题考查的是 FIDIC《施工合同条件》典型条款分析。选项 A，DAAB 由 1 人或 3 人组成；选项 D，DAAB 应在收到委托事项后 84 日内或在双方认可的其他期限内，提出其有理由的决定；选项 E，裁决是否具有约束力，取决于双方是否接受裁决。如果任一方对 DAAB 的决定不满，可以在收到该决定通知后 28 日内，将其不满向另一方发出通知。如双方均未发出表示不满的通知，则该决定应作为最终的对双方有约束力的决定。

第二节　FIDIC 设计采购施工（EPC）/交钥匙工程合同条件

知识点一：业主采用 EPC 模式的期望

① 期望工程总造价固定、不超过投资限额。（固定总造价）

② 项目风险大部分由承包商承担。

③ 期望工期确定，使项目能在预定的时间投产运行。（固定工期）

④ 业主缺乏经验或人员有限，需要一揽子将项目发包给一个承包商，由其负责组织完成整个项目。

⑤ 业主采用比较宽松的管理方式，按里程碑方式支付。

⑥ 严格竣工检验以保证工程完工的质量，使项目发挥预期效益。（不管过程管结果）

【例题1】FIDIC《设计采购施工（EPC）/交钥匙工程合同条件》的特征有（　　　）。（2020 年真题）

 A. 招标文件应提供详细的施工图纸

 B. 承包商应负责建成后设施的长期商业运营

 C. 业主承担全部"不可预见的困难"风险

 D. 采用总价合同计价模式

 E. 业主委派"业主代表"负责管理合同

【答案】DE

【解析】选项 A，EPC 项目的招标文件中不包含施工图纸，应当有承包人完成；选项 B，承包人按照业主的要求对业主人员进行培训，后期长期的商业运营应当由业主来进行；选项 C，承包商应当承担不可预见的困难，因为承包商被认为已取得了对工程可能产生影响及风险的全部必要资料。

【例题 2】以下有关 FIDIC《设计采购施工（EPC）/交钥匙工程合同条件》，说法正确的有（   ）。

A. 项目风险大部分由业主承担

B. 采用成本加酬金计价模式

C. 工期固定

D. 业主采用比较宽松的管理方式，按里程碑方式支付

E. 业主通过严格竣工检验以保证工程完工的质量

【答案】CDE

【解析】本题考查的是 FIDIC《设计采购施工（EPC）/交钥匙工程合同条件》及各方责任和义务。选项 A，风险大部分由承包商承担；选项 B，固定总造价合同。

知识点二：合同文件的优先次序

① 合同协议书；

② 专用合同条件；

③通用合同条件；

④业主要求；

⑤明细表；

⑥投标书；

⑦联合体保证（如投标人为联合体）；

⑧ 其他组成合同的文件。

【例题 1】根据 FIDIC《设计采购施工（EPC）/交钥匙工程合同条件》，优先解释顺序仅次于合同协议书和合同条件的合同文件是（   ）。（2021 年真题）

A. 投标书　　　　　B. 工程量清单　　　　C. 业主要求　　　　D. 设计标准

【答案】C

【解析】该合同文件的组成及其优先次序是：①合同协议书；②专用合同条件；③通用合同条件；④业主要求；⑤明细表；⑥投标书；⑦联合体保证（如投标人为联合体）；⑧其他组成合同的文件。

【例题 2】根据 FIDIC《设计采购施工（EPC）/交钥匙工程合同条件》，合同文件的优先解释顺序是（   ）。（2020 年真题）

A. 通用合同条件、专用合同条件、投标书、业主要求

B. 专用合同条件、通用合同条件、业主要求、投标书

C. 通用合同条件、专用合同条件、业主要求、投标书

D. 专用合同条件、通用合同条件、投标书、业主要求

【答案】B

【解析】该合同文件的组成及其优先次序是：①合同协议书；②专用合同条件；③通

用合同条件；④业主要求；⑤明细表；⑥投标书；⑦联合体保证（如投标人为联合体）；⑧其他组成合同的文件。

知识点三：业主代表和承包商代表

如表 9-6 所示。

业主代表和承包商代表　　　　　　　　　　　　　　　　　　表 9-6

项目	内容
业主代表	①《设计采购施工(EPC)/交钥匙工程合同文件》中**没有"工程师"**这一角色，而是由业主方委派**"业主代表"**代替业主负责工程管理工作 ②承包商应接受业主或业主代表提出的指令 ③业主应任命一名"业主代表"，代表业主进行管理工作 ④业主方希望替换任何已任命的业主代表，应在不少于**14 日**前将替换人员的姓名、地址、职责、权利及任命日期通知给承包商 ⑤承包商**有权**对替换人选提出反对，但需要给出合理的理由
业主代表的助理人员	①业主或业主代表可随时向其助理人员指派和授予一定的任务和权利，这些助理人员可包括驻地工程师以及担任检验试验各种生产设备和材料的独立检查员 ②由业主代表及其助理人员根据授权作出的批准、证明、同意、检查、指示、通知、建议、要求、试验等，**应如同业主采取**的行动一样有效 ③承包商应接受业主、业主代表及助理人员根据授权向承包商发出的指令
承包商代表	①承包商应任命一名"承包商代表"，并授予其代表承包商履行合同所需的全部权利 ②如未在合同中事先指定承包商代表，则承包商应在开工日期前将其拟任命为承包商代表的人选及资料提交给业主，以征得同意 ③承包商代表还可向任何胜任的人员授予权力和职责，该授权应在业主收到承包商代表签署的告知通知后方能生效

【例题 1】国际咨询工程师联合会（FIDIC）系列合同条件中，没有"工程师"角色的是（　　）。（2022 年下半年考试真题）

A. 施工合同条件

B. 设计采购施工（EPC）/交钥匙工程合同条件

C. 土木工程施工合同条件

D. 生产设备和设计—施工合同条件

【答案】B

【解析】该合同的当事方是业主和承包商，双方分别任命业主代表负责项目的日常管理，没有"工程师"这一角色。

【例题 2】在 FIDIC《设计采购施工（EPC）/交钥匙工程合同条件》中，（　　）代表业主方进行项目管理。

A. 工程师　　　　　　　　　　　　　B. 工程师助理

C. 业主代表　　　　　　　　　　　　D. 承包商代表

【答案】C

【解析】本题考查的是 FIDIC《设计采购施工（EPC）/交钥匙工程合同条件》。该文件中没有"工程师"这一角色，而是由业主方委派"业主代表"代替业主负责工程管理工作。

知识点四：FIDIC《设计采购施工（EPC）/交钥匙工程合同条件》的其他相关规定

1. 分包

① 承包商不得将整个工程分包出去。

② 只有在专用合同条件中**没有限制分包的**部分，承包商才能分包。

③ 承包商应对任何分包商及其人员的行为承担**连带责任**。

④ 银皮书给予了承包商选择分包商的**更大自主权**。只有在专用合同条件中对分包商有要求的，承包商才需在不少于 28 日前向业主通知分包商情况。

2. 承包商需要向业主通知的事项

① 拟雇用的分包商。

② 分包商承担工作的拟定开工日期。

③ 分包商承担现场工作的拟定开工日期。

3. 业主应对"业主要求"正确性负责的部分

① 在合同中规定的由业主负责或不可改变的部分、数据和资料。

② 对工程的预期目标的说明。

③ 工程竣工的试验和性能的标准。

④ 承包商不能核实的部分、数据和资料，除非合同另有规定。

4. 放线的规定

① 由**承包商**负责对工程的所有部分正确定位，并应纠正在工程的位置、标高、尺寸或准线中的任何差错。

② 承包商应特别注意对放线工作的有关数据进行**校验核实**，而不能太过依赖于业主提供的此类数据的正确性。

5. 不可预见的困难（承包商不能索赔）

① 承包商应被认为已取得了对工程可能产生影响和作用的有关风险、意外事件和其他情况的全部必要资料。

② 通过签署合同，承包商接受对预见到的为顺利完成工程的所有困难和费用的全部职责。

③ **合同价格对任何不可预见的困难或费用不应考虑给予调整**。

④ 合同中另有规定的除外。

【例题 1】根据国际咨询工程师联合会（FIDIC）《设计采购施工（EPC）/交钥匙工程合同条件》，因发生"不可预见的困难"所产生的费用应由（　　）承担。（2022 年下半年考试真题）

A. 业主
B. 承包商
C. 工程师决定业主或承包商
D. 业主和承包商协商

【答案】B

【解析】该文件基本上排除了承包商以外界物质条件不可预见为理由向业主提出费用索赔的机会。

【例题 2】根据 FIDIC《设计采购施工（EPC）/交钥匙工程合同条件》，承包商应履行的合同义务有（　　）。（2021 年真题）

A. 向业主提供工程设计标准　　B. 向业主提交月进度报告

C. 向业主提供临时操作与维护手册　　D. 向工程师报批所有分包商

E. 对业主人员进行操作与维修培训

【答案】BCE

【解析】选项 A 错误，设计和技术标准属于"业主要求"的内容，不是承包商向业主提供的；选项 D 错误，只有在专用合同条件中对分包商有要求的，承包商才需在不少于 28 日前向业主通知。

【例题 3】以下有关 FIDIC《设计采购施工（EPC）/交钥匙工程合同条件》的描述中，正确的有（　　）。

A. 承包商不得将整个工程分包出去

B. 承包商应负责建成设施的长期商业运营

C. 业主承担全部"不可预见的困难"风险

D. 采用总价合同计价模式

E. 工程师负责管理合同

【答案】AD

【解析】本题考查的是 FIDIC《设计采购施工（EPC）/交钥匙工程合同条件》。选项 B，承包人按照业主的要求对业主人员进行培训，后期长期的商业运营应当由业主来进行；选项 C，承包商应当承担不可预见的困难，因为承包商被认为已取得了对工程可能产生影响和作用的有关风险、意外事件和其他情况的全部必要资料；选项 E，EPC 承包中没有工程师，由业主代表管理项目。

【例题 4】在 FIDIC《设计采购施工（EPC）/交钥匙工程合同条件》中，业主应对资料中（　　）的正确性负责。

A. 不可预见的困难情况　　B. 施工进度计划

C. 对工程的预期目标的说明　　D. 放线数据

E. 工程竣工的试验和性能的标准

【答案】CE

【解析】本题考查的是 FIDIC《设计采购施工（EPC）/交钥匙工程合同条件》典型条款分析。选项 A，为承包商承担责任的事项；选项 B，由承包商编制；选项 D，放线数据需要承包商核实，不完全依靠甲方的数据。

知识点五：进度计划及延长工期索赔的情形

1. 进度计划

① 承包商应在开工日期后 **28 日**内向业主提交一份进度计划。

② 进度计划应包括承包商计划实施工程的工作顺序，包括工程各主要阶段的预期时间安排（选项 B）、各项检验（选项 C）和试验（选项 D）的顺序和时间安排。

③ 当原定进度计划与实际进度不相符时，承包商还应提交一份修订的进度计划，除非业主在收到进度计划后的 **21 日**内向承包商发出通知，指出其不符合合同要求，承包商即应按照该进度计划进行工作。

④ 承包商应编制并向业主提交月进度报告，第一次报告应自开工日期起至当月的月

底止。以后应每月报告一次，在每次报告期最后一天后 **7 日**内报出。

2. 承包商有权提出要求延长竣工时间的索赔的情形

① 根据合同变更的规定调整竣工时间。

② 根据合同条件承包商有权获得工期顺延。

③ 由业主或在现场的业主的其他承包商造成的延误或阻碍。

> 注意和国内合同的区别：异常不利的气候条件+由于流行病或政府行为导致的不可预见的人员或货物的短缺，这两种情况不能索赔工期

【例题 1】根据 FIDIC《设计采购施工（EPC）/交钥匙工程合同条件》，承包商应在开工日期后（　　）日内向业主提交一份进度计划。（2022 年上半年考试真题）

A. 21　　　　　　B. 28　　　　　　C. 42　　　　　　D. 56

【答案】B

【解析】承包商应在开工日期后 28 日内向业主提交一份进度计划。

【例题 2】根据 FIDIC《设计采购施工（EPC）/交钥匙工程合同条件》承包商在开工后向业主提交的进度计划中所包括的内容有（　　）。（2020 年真题）

A. 保证进度计划如期实现承诺书　　　B. 工程各主要阶段的预期安排

C. 各项重要检验工作的顺序安排　　　D. 各项重要试验的时间安排

E. 计划采取的赶工方案及措施

【答案】BCD

【解析】该文件规定，承包商应在开工日期后 28 日内向业主提交一份进度计划。进度计划应包括承包商计划实施工程的工作顺序，包括工程各主要阶段的预期时间安排（选项 B）、各项检验（选项 C）和试验（选项 D）的顺序和时间安排。

知识点六：支付与运维培训

1. 支付

① 业主应在收到有关报表和证明文件后的 **28 日**内向承包商发出关于报表中业主不同意支付的任何项目的通知，并附详细说明。

② 业主在收到承包商的报表和证明文件后的 **56 日**内支付每期报表的应付款额。

③ 业主在收到经双方商定的最终报表和书面结清证明后 **42 日**内，向承包商支付应付的最终款额。

2. 运维培训

① 作为交钥匙工程，为帮助业主顺利实现项目运行，承包商要按照业主要求中规定的工作范围，对业主人员进行操作与维护培训。

② 如果合同规定在工程接收前需进行培训，则在该培训结束前，不应认为工程已经按照合同规定的接收要求竣工。

第三节　NEC 施工合同（ECC）及合作伙伴管理

知识点一：NEC 合同系列

具体内容如表 9-7 所示。

NEC 合同系列　　　　　　　　　　　　　　表 9-7

模式	内涵
工程施工合同（ECC）	用于业主和总承包商之间的主合同，也被用于总包管理的一揽子合同
工程施工分包合同	用于总承包商与分包商之间的合同
专业服务合同	用于业主与项目管理人、监理人、设计人、测量师、律师、社区关系咨询师等之间的合同
裁决人合同	用于业主和承包商共同与裁决人订立的合同，也可用于分包和专业服务合同

知识点二：ECC 合同

1. ECC 合同的三类条款
具体内容对比如表 9-8 所示。

ECC 合同的核心条款、主要选项条款和次要选项条款　　　表 9-8

核心条款	主要选项条款	次要选项条款
①总则 ②承包商的主要责任 ③工期 ④测试和缺陷 ⑤付款 ⑥补偿事件 ⑦所有权 ⑧风险和保险 ⑨争端和合同终止	①选项 A ②选项 B ③选项 C ④选项 D ⑤选项 E ⑥选项 F	①履约保证 ②母公司担保 ③支付承包商预付款 ④多种货币 ⑤区段竣工 ⑥承包商对其设计所承担的责任只限运用合理的技术和精心设计 ⑦通货膨胀引起的价格调整 ⑧保留金 ⑨提前竣工奖金 ⑩工期延误赔偿费 ⑪功能欠佳赔偿费 ⑫法律的变化等

2. 合同的主要选项条款（6 个不同的计价模式）
① 选项 A：带有分项工程表的**标价**合同。
② 选项 B：带有工程量清单的**标价**合同。
③ 选项 C：带有分项工程表的**目标**合同。
④ 选项 D：带有工程量清单的**目标**合同。
⑤ 选项 E：成本补偿合同。
⑥ 选项 F：管理合同。

3. 六类合同计价模式的内涵与适用
具体内容如表 9-9 所示。

六类合同计价模式的内涵与适用范围　　　　　表 9-9

模式	内涵
标价合同	适用于在签订合同时**价格已经确定**的合同
目标合同	适用于在签订合同时工程范围尚未确定，合同双方先约定合同的**目标成本**，当实际费用节支或超支时，双方按合同约定的方式分摊

模式	内涵
成本补偿合同	适用于工程范围很<u>不确定且急需尽早开工的项目</u>,工程成本部分实报实销,再根据合同确定承包商酬金的取值比例或计算方法
管理合同	适用施工管理承包,管理承包商与业主签订管理承包合同,但不直接承担施工任务,以管理费用和估算的分包合同总价报价,管理承包商与若干施工分包商订立分包合同,分包合同费用由业主支付

【例题1】英国土木工程师学会发布的工程施工合同（ECC）的基本组成内容有（　　）。（2020年真题）

A. 核心条款
B. 索赔条款
C. 主要选项条款
D. 次要选项条款
E. 裁决协议条款

【答案】ACD

【解析】工程施工合同（ECC）的组成内容主要包括：核心条款、主要选项条款、次要选项条款三部分。

【例题2】根据英国工程施工合同（ECC）文件,属于次要选项条款的有（　　）。（2022年上半年考试真题）

A. 测试和缺陷
B. 保留金
C. 争端和合同终止
D. 所有权
E. 工期延误赔偿费

【答案】BE

【解析】选项A、C、D是核心条款。

【例题3】根据英国工程施工（ECC）条件,属于ECC核心条款的是（　　）。（2021年真题）

A. 履约保证
B. 承包商预付款
C. 区段竣工
D. 测试和缺陷

【答案】D

【解析】工程施工合同（ECC）中的核心条款是施工合同的主要共性条款,包括：总则；承包商的主要责任；工期；测试和缺陷；付款；补偿事件；所有权；风险和保险；争端和合同终止9条,构成了施工合同的基本构架,适用于施工承包、设计施工总承包和交钥匙工程承包等不同模式。

【例题4】根据英国土木工程师学会颁布的《工程施工合同》（ECC）,采用综合单价计量承包的,应选择的合同是（　　）。（2022年下半年考试真题）

A. 带有工程量清单的标价合同
B. 带有分项工程量表的标价合同
C. 带有工程量清单的目标合同
D. 带有分项工程量表的目标合同

【答案】A

【解析】带有工程量清单的标价合同适用于采用综合单价计量承包；带有分项工程量表的标价合同适用于固定价格承包；目标合同适用于在签订合同时工程范围尚未确定,合同双方先约定合同的目标成本,当实际费用节支或超支时,双方按合同约定的方式分摊。

【例题5】一份施工合同采用了英国 NEC 合同文本，其中的主要选项条款为选项 E，则下列（　　）论述正确。

A. 该合同是固定总价合同

B. 承包商的投标价作为目标成本

C. 工程成本部分实报实销，按合同约定的工程成本一定百分比作为承包商的收入

D. 该合同的乙方，可与若干施工分包商订立分包合同，确定的分包合同履行费用由雇主支付

【答案】C

【解析】本题考查的是 NEC 合同系列中 ECC 合同的内容组成。主要选项条款为 E，即为成本补偿合同。成本补偿合同的特点是工程成本部分实报实销，再根据合同确定承包商酬金的取值比例或计算方法。

知识点三：合作伙伴管理理念

① 鼓励当事人采取合作，而不是采取对抗行为，是 ECC 合同的典型特点。

② ECC 合同核心条款提出**业主、承包商、项目经理（指业主方项目经理）和工程师**在工作中相互信任、相互合作的工作原则。

③ ECC 通过建立**早期警告**和补偿事件为特征的合作机制，让项目各方致力于提高整个工程项目的管理水平。

知识点四：一种风险预警机制——早期警告

具体内容如表 9-10 所示。

早期警告的内涵、程序与会议的内容　　　　　　　　　　　　表 9-10

项目	具体内容
内涵	一经察觉发现可能出现诸如增加合同价款、拖延竣工、工程使用功能降低等问题,项目经理或承包商均应向对方发出早期警告
程序	①项目经理(甲方)和承包商都可要求对方出席早期警告会议,每一方都可在**对方同意后**要求其他人员出席该会议 ②**项目经理**应在早期警告会议上对所研究的建议和作出的决定记录在案,并将记录发给承包商
会议的内容	①提出并研究建议措施以避免或减少作为早期警告的每一问题的影响 ②寻求对将要受影响的所有各方均有利的解决办法 ③决定与会各方应采取的行动以及根据合同采取行动的一方

【例题】根据 NEC《工程施工合同》，关于合同风险预警机制"早期警告"的说法，正确的有（　　）。（2018 年真题）

A. 项目经理遇有风险事件可以向对方发出早期警告

B. 承包商可以提出召开早期警告会议

C. 承包商负责记录早期警告会议建议或决定

D. 雇主主持早期警告会议

E. 地方行政机关代表可以受邀参加早期警告会议

【答案】ABE

【解析】本题考查英国 NEC 合同文本中早期警告的规定。选项 C，项目经理应在早期警告会议上对所研究的建议和作出的决定记录在案，会后发给承包商；选项 D，项目经理主持早期警告会议。

知识点五：补偿事件

① 补偿事件是一些**非承包商**的过失原因而引起的事件，承包商有权根据事件对合同价款及工期的影响要求补偿，包括获得额外的付款和工期延长。

② 通过补偿事件明确了业主和承包商的**风险划分**。

③ 若变更由业主提供的工程信息，则该补偿事件的影响按对承包商最有利的解释进行计价。（有利于被动方原则）

④ 若变更由承包商提供的工程信息，则按对业主最有利的解释计价。

⑤ 鼓励双方相互提供真实可靠的工程信息。

【例题 1】根据 ECC 合同，最突出体现合作伙伴管理理念的是（　　）。

A. 风险和保险　　　　　　　　B. 早期警告和补偿事件

C. 测试和缺陷　　　　　　　　D. 争端和合同终止

【答案】B

【解析】本题考查的是 ECC 合同中的合作伙伴管理理念。早期警告和补偿事件，是 ECC 合同中体现合作伙伴管理理论的条款。

【例题 2】根据 ECC 合同，发生了非承包商的过失原因而引起的事件，需要核算补偿，若变更由承包商提供的工程信息，则该补偿事件的影响按对（　　）最有利的解释进行计价。

A. 业主　　　　　B. 承包商　　　　　C. 工程师　　　　　D. 善意第三方

【答案】A

【解析】本题考查的是 ECC 合同中的合作伙伴管理理念。在补偿事件中，若变更由承包商提供的工程信息，则按对业主最有利的解释计价。

第四节　AIA 系列合同及 CM 和 IPD 合同模式

知识点一：AIA 合同体系

① A 系列：业主与施工承包商、CM 承包商、供应商，以及总承包商与分包商之间的标准合同文件。

② B 系列：业主与建筑师之间的标准合同文件。

③ C 系列：建筑师与专业咨询人员之间的标准合同文件。

④ D 系列：建筑师行业内部使用的文件。

⑤ E 系列：合同和办公管理中使用的文件。

⑥ F 系列：财务管理报表。

⑦ G 系列：建筑师企业与项目管理中使用的文件。

知识点二：CM 合同

1. CM 合同的内涵

① 指由业主委托一家 CM 单位承担项目管理工作，该 CM 单位以**承包单位**的身份进行施工管理，并在一定程度上影响工程设计活动，组织**快速路径**（Fast-Track）的生产方式，使工程项目实现有条件的边设计边施工。

② CM 模式尤其适用于实施周期长、工期要求紧的大型复杂工程。

③ 与传统总分包模式下施工总承包商对分包合同的管理不同，CM 合同属于**管理承包**合同。

CM 承包与传统承包模式的区别如图 9-3 所示。

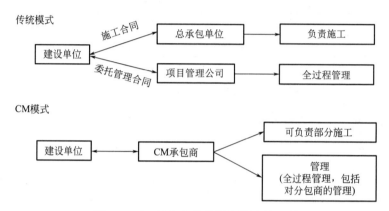

图 9-3　CM 承包与传统承包模式的区别

2. CM 合同类型

如表 9-11 所示。

两种类型的 CM 合同　　　　　　　　　　　　表 9-11

类型	设计阶段	施工阶段
代理型 CM	为雇主提供**咨询**服务，但**不参与**合同履行的**管理**	提供咨询服务，不负责工程分包的发包，与分包单位的合同由业主直接签订，不承担实施风险
风险型 CM		①承担管理承包的责任 ②采用成本加酬金的计价方式 ③按保证工程最大费用的限定

3. 风险型 CM

① 风险型 CM 采用成本加酬金的计价方式，成本部分由业主承担，CM 承包商获取约定的酬金。

② CM 承包商签订的每一个分包合同均对业主公开，**CM 承包商不赚取总包与分包合同之间的差价**。

风险型 CM 合同的工作范围如图 9-4 所示。

4. 保证工程最大费用值（GMP）

相关规定如表 9-12 所示。

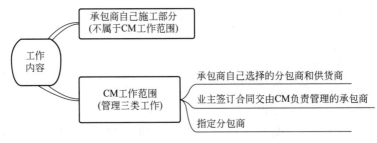

图 9-4　风险型 CM 合同的工作范围

保证工程最大费用值的相关规定　　　　　　　　　　　　　　表 9-12

项目	内容
编制	施工图设计完成后,CM 承包商按照最终的工程预算提出保证工程最大费用值
作用	CM 承包商按 GMP 的限制制定计划和组织施工,对施工阶段的工作承担经济责任
实际总费用超过 GMP	超过部分由 CM 承包商承担,即管理性承包的含义
可以与雇主协商调整 GMP 的情况(甲方原因)	①发生设计变更或补充图纸 ②业主要求变更材料、设备的标准、种类、数量和质量 ③业主签约交由 CM 承包商管理的施工承包商或业主指定分包商与 CM 承包商签约的合同价大于 GMP 中的相应金额等情况

【例题 1】关于 CM 合同模式的说法,正确的有 (　　)。(2021 年真题)

A. 风险型 CM 合同采用成本加酬金的计价方式

B. 代理型 CM 承包商负责工程分包的发包

C. CM 合同属于管理承包合同

D. 代理型 CM 承包商不承担工程实施风险

E. 风险型 CM 承包商只负责施工阶段的组织管理工作

【答案】ACD

【解析】选项 B 错误,对于代理型 CM 模式,CM 承包商只为业主对设计和施工阶段的有关问题提供咨询服务,不负责工程分包的发包,与分包单位的合同由业主直接签订,CM 承包商不承担项目实施的风险;选项 E 错误,风险型 CM 承包商的工作内容包括施工前阶段的咨询服务和施工阶段的组织管理工作。

【例题 2】美国建筑师学会(AIA)合同文本中,关于风险型管理承包合同(CM)的说法,正确的是 (　　)。(2019 年真题)

A. 承包商不与分包商订立分包合同　　　B. 不允许承包商将全部施工任务进行分包

C. 采用成本加酬金的计价方式　　　　　D. 采用单价合同的计价方式

【答案】C

【解析】本题考查的是美国 AIA 合同文本。选项 A,承包商签订的每一个分包合同均对雇主公开;选项 B,CM 承包商对雇主委托范围的工作,可以自己承担部分施工任务,也可以全部由分包商实施;选项 D,风险型合同采用成本加酬金的计价方式。

【例题 3】关于风险型 CM 合同模式的说法,正确的有 (　　)。(2018 年真题)

A. CM 承包商在设计阶段为雇主提供咨询服务

B. CM 承包商不参与设计阶段合同履行的管理

C. CM 承包商在施工阶段与分包商签订分包合同

D. CM 承包商在施工阶段承担分包合同协调管理责任

E. CM 承包商在保证工程最大费用的前提下完成工程施工任务

【答案】ABDE

【解析】选项 C，施工阶段自己施工部分相当于总承包商，不在 CM 工作范围。CM 工作则是负责对自己选择的施工分包商和供货商，以及雇主签订合同交由 CM 负责管理的承包商和指定分包商的实施进行组织、协调、管理。

【例题 4】关于风险型 CM 模式的说法，正确的有（　　）。

A. CM 合同属于管理承包合同

B. CM 合同采用成本加酬金的计价方式

C. CM 承包商不赚取总包、分包合同的差价

D. CM 承包商属于专业咨询机构

E. CM 承包商在工程设计阶段参与合同管理

【答案】ABC

【解析】选项 D，CM 合同类型属于管理承包合同，有别于施工总承包商承包后对分包合同的管理。与雇主签订合同的承包商，属于承担施工的承包商公司，而非建筑师或专业咨询机构。选项 E，工作内容包括施工前阶段的咨询服务和施工阶段的组织、管理工作。

【例题 5】风险型 CM 合同中，关于保证工程最大费用值（GMP）的说法，正确的是（　　）。（2018 年真题）

A. GMP 为合同承包总价

B. 节约的 GMP 全部归 CM 承包商

C. 节约的 GMP 全部归业主

D. 工程实际总费用超过 GMP 的部分由 CM 承包商承担

【答案】D

【解析】本题考查的是美国 AIA 合同文本。选项 A 错误，GMP 费用不是合同承包总价，是承包商对施工阶段的工作承担经济责任的标准，超过时，超过部分由 CM 承包商承担；选项 B、C 错误，对于工程节约的费用归雇主，CM 承包商可以按合同约定的一定百分比获得相应的奖励。

知识点三：IPD 模式

1. IPD 模式中合同主体及附件（表 9-13）

IPD 模式中的合同主体及附件　　　　　　　　表 9-13

类型	内容
多方合同主体	①业主 ②设计单位 ③承包商 ④供应商、分包商

续表

类型	内容
四个附件	①通用条款 ②项目法律描述 ③业主标准 ④目标标准修正案

2. 项目实施分为 8 个阶段

① 概念阶段；

② 标准设计阶段；

③ 详细设计阶段；

④ 执行文件阶段；

⑤ 机构审查阶段；

⑥ 采购分包阶段；

⑦ 施工阶段；

⑧ 竣工收尾阶段。

3. 报酬激励方面

① 参与各方共同商定项目目标实现的报酬金额。

② 若实际成本小于目标成本，则业主应将结余资金按合同约定的比例支付给其他参与方作为激励报酬。（**节余分享**）

③ 若项目实际成本超出目标成本，根据合同约定，业主可选择偿付工程的所有成本，包括设计单位和承包商人员的工资，也可选择不再偿付任何单位的人员成本，只支付材料、设备和分包成本。（超标可以**不付人工费用**）

4. 索赔与争端处理

① 在索赔方面，参与各方应**放弃**任何对其他参与方的**索赔**。（故意违约等情形除外）

② 在争端处理方面，该模式下任何一方提出的争议应提交到由**业主、设计单位、承包商**等参与方的**高层代表**和**项目中立人**所组成的**争议处理委员会**协商解决，项目中立人由参与各方共同指定。

【例题 1】采用集成项目交付（IPD）模式时，工程参建各方需要在（   ）阶段共同确定项目目标成本。（2022 年上半年考试真题）

A. 标准设计　　　　B. 策划　　　　　　C. 详细设计　　　　D. 施工

【答案】A

【解析】本题考查 IPD 模式的规定。标准设计阶段的工作内容，包括确定各阶段工作任务，参与各方共同制定项目定义，确定项目目标成本，开始执行目标标准修正案。

【例题 2】根据美国建筑师学会（A1A）发布的 IPD（集成项目交付）合同，关于争端和索赔的说法，正确的是（   ）。（2020 年真题）

A. 争端应提交合同各方没有任何利害关系的争端裁决委员会裁决

B. 争端应提交业主委托任命的代表业主进行合同管理的工程师裁决

C. 合同各方应通过合同中约定的早期警告和补偿事件机制处理索赔

D. 合同各方应放弃除故意违约等情形外的对合同任何一方的索赔

【答案】D

【解析】选项 A、B 在争端处理方面，该模式下任何一方提出的争议应提交到由业主、设计单位、承包商等参与方的高层代表和项目中立人所组成的争议处理委员会协商解决，项目中立人由参与各方共同指定；选项 C 错误，在索赔方面，参与各方应放弃任何对其他参与方的索赔（故意违约等情形除外）。早期警告的补偿事件，是 NEC 合同中 ECC 的内容，不是 IPD 合同的。

【例题 3】IPD 合同条件包括 IPD 多方合同标准协议和附件，附件包括（　　）。

A. 通用条款
B. 专用条款
C. 项目法律描述
D. 业主标准
E. 目标标准修正案

【答案】ACDE

【解析】本题考查的是 IPD 合同模式。合同包括 IPD 多方合同标准协议和 4 个附件（通用条款、项目法律描述、业主标准、目标标准修正案）。

【例题 4】根据 IPD 合同条件，若项目实际成本超出目标成本，根据合同约定，业主可选择不再偿付任何单位的（　　）。

A. 人员成本　　　B. 材料成本　　　C. 设备成本　　　D. 分包成本

【答案】A

【解析】本题考查的是 IPD 合同模式。若项目实际成本超出目标成本，业主可选择不再偿付任何单位的人员成本，只支付材料、设备和分包成本。

【例题 5】根据 IPD 合同条件，争议处理委员会的成员包括（　　）。

A. 业主高层
B. 设计单位高层
C. 施工项目部经理
D. 项目中立人
E. 工程师

【答案】ABD

【解析】本题考查的是 IPD 合同模式。由业主、设计单位、承包商等参与方的高层代表和项目中立人组成争议处理委员会。

本章精选习题

一、单项选择题

1. 国际咨询工程师联合会（FIDIC）《施工合同条件》中，业主可以根据合同向承包商提出索赔，索赔的金额应由（　　）确定。

A. 业主代表
B. 承包商
C. 工程师
D. 争端裁决委员会

2. 从开工直到颁发工程接收证书之日止的时段，工程照管的责任应由（　　）承担。

A. 发包人
B. 承包人
C. 工程师
D. 争端避免裁决委员会

3. 根据《英国工程施工合同文本》（ECC），如果采用固定价格承包，则应该选择

（　　）。

    A. 带有分项工程表的标价合同
    B. 带有工程量清单的标价合同

    C. 带有分项工程表的目标合同
    D. 带有工程量清单的目标合同

4. 在 AIA 合同中的 C 序列，是（　　）。

    A. 雇主与施工承包商、CM 承包商、供应商之间的合同

    B. 总承包商与分包商之间合同的文本

    C. 建筑师与专业咨询人员之间合同的文本

    D. 雇主与建筑师之间合同的文本

5. 根据 FIDIC《施工合同条件》，承包商可在其认为工程即将竣工并做好接收准备的日期前不少于（　　），向工程师发出申请接收证书的通知。工程师在收到承包商申请通知后（　　）内，应向承包商颁发接收证书。

    A. 7 日，7 日
    B. 7 日，14 日

    C. 14 日，28 日
    D. 28 日，56 日

6. 根据 FIDIC《施工合同条件》，可以调整合同约定单价的条件之一是：工程量的变动直接导致该项工作每单位成本的变动超过（　　）。

    A. 0.01%
    B. 1%

    C. 5%
    D. 10%

7. 根据 FIDIC《施工合同条件》，工程师在收到索赔是报告或证明资料后（　　）日内，或在工程师可能建议并经承包商认可的其他期限内，作出回应。

    A. 14
    B. 28

    C. 42
    D. 56

8. 在 FIDIC《设计采购施工（EPC）/交钥匙工程合同条件》中，由（　　）负责对工程的所有部分正确定位，并应纠正在工程的位置、标高、尺寸或准线中的任何差错。

    A. 业主
    B. 承包商

    C. 工程师
    D. 业主或承包商

9. NEC 合同文本是由（　　）编制的。

    A. 国际咨询工程师联合会
    B. 英国土木工程师学会

    C. 美国建筑师学会
    D. 我国建筑工程学会

10. 根据 NEC《工程施工合同》，选项 F 属于（　　）。

    A. 目标合同
    B. 标价合同

    C. 管理合同
    D. 成本补偿合同

11. 根据 ECC 合同，发生了非承包商的过失原因而引起的事件，需要核算补偿，若变更由业主提供的工程信息，则该补偿事件的影响按对（　　）最有利的解释进行计价。

    A. 业主
    B. 承包商

    C. 工程师
    D. 善意第三方

12. 根据美国 AIA 标准合同文本，在风险型 CM 合同中，与雇主订立合同的当事人是（　　）。

    A. 建筑师
    B. 专业咨询机构

    C. CM 承包商
    D. 承担分包工作的分包商

13. CM 模式中，如果工程实际总费用超过保证工程最大费用（GMP）时，超过部分由（　　）承担，即管理性承包的含义。

A. 雇主
B. CM 承包商

C. 总承包商
D. 工程师

14. IPD 合同中，将整个项目实施过程分为 8 个阶段，以下不属于项目划分阶段的有（　　）。

A. 概念阶段
B. 采购分包阶段

C. 准备阶段
D. 施工阶段

E. 机构审查阶段

15. 根据 IPD 合同条件，若项目实际成本超出目标成本，根据合同约定，业主可选择不再偿付任何单位的（　　）。

A. 人员成本
B. 材料成本

C. 设备成本
D. 分包成本

二、多项选择题

1. 根据 FIDIC《施工合同条件》，项目通过了试验或颁发了证书后，工程师可以指示进行的工作包括（　　）。

A. 进行项目日常管理工作

B. 进行工程结算

C. 对不符合合同规定的任何工作进行返工

D. 将不符合合同规定的永久设备或材料从现场移走并进行更换

E. 实施任何因事故、不可预见事件等导致的为保护工程安全而急需的工作

2. 根据 FIDIC《施工合同条件》，以下有关不可预见的物质条件论述正确的是（　　）。

A. 包括承包商在工程实施中遇见的外界自然条件及人为的条件

B. 包括承包商在工程实施中遇见的其他障碍和污染物

C. 不包括地下和水文条件

D. 不包括气候条件

E. 承包商有权提出工期和费用和利润索赔

3. 根据国际咨询工程师联合会（FIDIC）《施工合同条件》，关于工程师履行职责的说法，正确的有（　　）。

A. 工程师拒收不符合合同规定的永久设备

B. 工程师拒收有缺陷的材料

C. 工程师指示承包商对不符合合同规定的工作进行返工

D. 工程师指示承包商按合同约定重新进行试验

E. 工程师拒绝回复承包商的索赔要求

4. 根据《英国工程施工合同文本》（ECC），属于核心条款的有（　　）。

A. 承包商的主要责任
B. 工期

C. 通货膨胀引起的价格调整
D. 法律的变化

E. 履约保证

5. 根据 ECC 合同，以下有关早期警告的论述，正确的有（　　）。

A. 早期警告会应由工程师发起

B. 项目经理和承包商都可要求对方出席早期警告会议

C. 项目经理和承包商每一方都可在对方同意后要求其他人员出席该会议

D. 在早期警告会上寻求对将要受影响的所有各方均有利的解决办法

E. 工程师应在早期警告会议上对所研究的建议和作出的决定记录在案，并将记录发给业主和承包商

6. 关于代理型 CM 管理模式的说法，正确的有（   ）。

A. CM 承包商不承担项目实施风险

B. CM 承包商只为雇主提供咨询服务

C. CM 合同属于设计施工总承包合同

D. CM 承包商在施工阶段相当于总承包商

E. CM 承包商按保证工程最大费用值（GMP）的限制组织施工

7. 以下有关 FIDIC《设计采购施工（EPC）/交钥匙工程合同条件》，说明正确的是（   ）。

A. 项目风险大部分由业主承担

B. 采用成本加酬金计价模式

C. 工期固定

D. 业主采用比较宽松的管理方式，按里程碑方式支付

E. 业主通过严格竣工检验以保证工程完工的质量

8. 在 FIDIC《设计采购施工（EPC）/交钥匙工程合同条件》中，以下（   ）属于合同文件的内容。

A. 合同协议书　　　　　　　　B. 中标通知书

C. 业主要求　　　　　　　　　D. 明细表

E. 投标书

习题答案及解析

一、单项选择题

1. 【答案】C

【解析】由工程师确定业主通过索赔是否有权得到承包商的支付和（或）缺陷通知期的延长。

2. 【答案】B

【解析】本题考查的是《施工合同条件》典型条款分析。承包商应从开工日期起，承担工程照管责任，直到颁发工程接收证书之日止，这时工程照管责任应移交给业主。

3. 【答案】A

【解析】本题考查的是英国 NEC 合同文本。选项 A（带有分项工程表的标价合同）适用于固定价格承包。

4. 【答案】C

【解析】本题考查的是 AIA 系列合同条件。C 系列：建筑师与专业咨询人员之间的标准合同文件。

5.【答案】C

【解析】承包商可在其认为工程即将竣工并做好接收准备的日期前不少于 14 日，向工程师发出申请接收证书的通知。工程师在收到承包商申请通知后 28 日内，应向承包商颁发接收证书。

6.【答案】B

【解析】此项工作测量的工程量比工程量表或其他报表中规定的工程量的变动超过 10％。工程量的变动与费率的乘积超过了中标合同额的 0.01％。工程量的变动直接导致该项工作每单位成本的变动超过 1％。

7.【答案】C

【解析】工程师在收到索赔报告或证明资料后 42 日内，或在工程师可能建议并经承包商认可的其他期限内，作出回应。

8.【答案】B

【解析】由承包商负责对工程的所有部分正确定位，并应纠正在工程的位置、标高、尺寸或准线中的任何差错。承包商应特别注意对放线工作的有关数据进行校验核实，而不能太过依赖于业主提供的此类数据的正确性。

9.【答案】B

【解析】FIDIC 是指国际咨询工程师联合会编制的，NEC 是由英国土木工程师学会编制，AIA 是由美国建筑师学会编制的。

10.【答案】C

【解析】本题考查的是 ECC 合同的内容组成。

11.【答案】B

【解析】在补偿事件中，若变更由业主提供的工程信息，则该补偿事件的影响按对承包商最有利的解释进行计价；若变更由承包商提供的工程信息，则按对业主最有利的解释计价。

12.【答案】C

【解析】风险型 CM 中与雇主签订合同的 CM 承包商，属于承担施工的承包商公司。

13.【答案】B

【解析】当工程实际总费用超过 GMP 时，超过部分由 CM 承包商承担。

14.【答案】C

【解析】本题考查的是 AIA 系列合同及 CM 和 IPD 合同模式。

15.【答案】A

【解析】本题考查的是 AIA 系列合同及 CM 和 IPD 合同模式。若项目实际成本超出目标成本，业主可选择不再偿付任何单位的人员成本，只支付材料、设备和分包成本。

二、多项选择题

1.【答案】CDE

【解析】本题考查通过了试验或颁发了证书后工程师可以指示的修补工作内容。

2. 【答案】ABD

【解析】选项 C，包括地下和水文条件；选项 E，承包商有权提出工期和费用索赔，但不包括利润。

3. 【答案】ABCD

【解析】本题可凭常识作答。

4. 【答案】AB

【解析】本题考查的是英国 NEC 合同文本。工程施工合同第二版中的核心条款设有 9 条：总则；承包商的主要责任；工期；测试和缺陷；付款；补偿事件；所有权；风险和保险；争端和合同终止。

5. 【答案】BCD

【解析】选项 A，项目经理（甲方）和承包商都可要求对方出席早期警告会议，也就是并不是由工程师发起；选项 E，项目经理应在早期警告会议上对所研究的建议和作出的决定记录在案，并将记录发给承包商。

6. 【答案】AB

【解析】选项 C、D，代理型 CM 合同，CM 承包商只为雇主对设计和施工阶段的有关问题提供咨询服务，不承担项目的实施风险；选项 E，CM 承包商按简单成本加酬金方式组织施工。风险型 CM 按保证工程最大费用值的限制组织施工。

7. 【答案】CDE

【解析】选项 A，风险大部分由承包商承担；选项 B，固定总造价合同。

8. 【答案】ACDE

【解析】FIDIC《设计采购施工（EPC）/交钥匙工程合同条件》包括：合同协议书、专用合同条件、通用合同条件、业主要求、明细表、投标书、联合体保证（如投标人为联合体）、其他组成合同的文件。